电气自动化原理与系统

主　编　袁　东
副主编　张运银　魏曙光

北京航空航天大学出版社

内 容 简 介

本书主要介绍自动控制基本理论、典型电气自动化系统结构组成、工作原理,以及电气自动化系统的校正与优化方法。全书共9章,第1章为概论,第2章为系统数学建模,第3章为系统时域分析方法,第4章为系统频域分析方法,第5章为直流调速控制系统,第6章为交流调速控制系统,第7章为位置随动控制系统,第8章为其他典型电气自动化系统,第9章为电气自动化系统的校正与优化。

本书可作为高等院校电气工程及其自动化专业本科学员的专业课程教材,亦可供从事电气工程和工业自动化专业的技术人员参考。

图书在版编目(CIP)数据

电气自动化原理与系统 / 袁东主编.

北京 : 北京航空航天大学出版社,2025.2.

ISBN 978 - 7 - 5124 - 4508 - 6

Ⅰ. TM

中国国家版本馆 CIP 数据核字第 20241UP515 号

电气自动化原理与系统

主 编 袁 东

副主编 张运银 魏曙光

策划编辑 刘 扬 责任编辑 杨国龙

*

北京航空航天大学出版社出版发行

北京市海淀区学院路 37 号(邮编 100191) http://www.buaapress.com.cn

发行部电话:(010)82317024 传真:(010)82328026

读者信箱 qdpress@buaacm.com 邮购电话:(010)82316936

涿州市新华印刷有限公司印装 各地书店经销

*

开本:787×1 092 1/16 印张:17.75 字数:454 千字

2025 年 2 月第 1 版 2025 年 2 月第 1 次印刷

ISBN 978 - 7 - 5124 - 4508 - 6 定价:79.00 元

编委会

主　审　马晓军

主　编　袁　东

副主编　张运银　魏曙光

校　对　张嘉曦

前　言

　　较之其他能源形式,电能具有清洁高效、传输变换便利等优势,是现代社会能源转换的枢纽和应用的重要形式。围绕着电能的产生、变换、存储、传输与使用全链路,构建形成的各类电气自动化系统已成为工业生产和武器装备发展的重要支柱。近年来,随着电机制造、电力电子技术与现代控制理论的发展,军用电气自动化技术领域焕发出蓬勃生机,武器全电驱动、机动平台电力推进、电磁轨道发射、电磁弹射、车载综合电力系统、战术微电网等新型电气自动化系统不断应用,武器装备全电化和战场电气化发展加速推进。掌握电气自动化基本原理和典型系统分析方法是后续开展装备系统教学,特别是新质装备教学的基础,也是培养系统思维和创新素养的重要支撑。

　　为了更好地适应人才培养转型和教学改革需求,我们将“自动控制原理”与“坦克武器电力传动控制原理与应用”两门课程重组充实为“电气自动化原理与系统”课程。我们总结以往教学经验与不足,并系统地融合原有课程教学内容,以专著《坦克武器电力传动控制原理与应用》为基础,通过重构教学内容体系,调整教学内容难度,拓展教学内容广度,编写了本教材。其中,标 * 的章节为选学内容。

　　全书共分为 9 章:第 1 章为概论,概要介绍电气自动化技术的发展历程,系统结构组成、分类方法和控制方式,以及系统的性能指标要求;第 2~4 章介绍控制系统基本理论,主要包括系统数学建模和时域分析与频域分析方法;第 5~7 章选取直流调速控制系统、交流调速控制系统、位置随动控制系统这 3 类最基本,也是最典型的电气自动化系统为对象,分析其结构组成、工作原理和控制方法;第 8 章对发电控制系统、电力变换系统,以及车载微电网系统等其他典型自动化系统进行分析介绍;第 9 章分析电气自动化系统的校正与优化方法。各章内容在总体上构成了由简到难、逐渐深入的关系。教材内容的选取注重结合装备技术,在各章例题、习题和系统应用部分穿插介绍了各种典型电气自动化系统的装备应用案例。为方便理解,各章中还融入了大量的电气自动化系统相关基础原理知识,并力求尽量保持其理论体系完备性。

　　本书第 5、6、8、9 章由袁东编写,第 2、3、4 章由张运银编写,第 1、7 章由魏曙光编写,全书由袁东统稿,张嘉曦校对。在撰写本书过程中得到了马晓军教授的关心帮助和倾情指导,马教授多次对全书内容进行审阅,提出了许多宝贵意见。同时,本书编写过程中参考了大量的国内外经典教材、专著、论文,谨向相关著作者致以衷心感谢!

　　本书可作为高等院校电气工程及其自动化专业本科学员的专业课程教材,亦可供从事电气工程和工业自动化专业的技术人员参考。限于编者水平和工作局限性,书中难免存在错漏之处,恳请广大读者和同行批评指正!

编　者

2024 年 7 月

目　　录

第1章 概　论

1.1　电气自动化技术发展概述

本章导学

　　控制论是在人类生产实践活动中孕育、产生，并随着社会生产和科学技术的进步不断发展、完善起来的。早在古代，劳动人民就凭借生产实践中积累的丰富经验和对反馈概念的直观认识，构建了应用于不同领域的自动控制装置。例如，我国西汉或夏朝以前，劳动人民就发明了指南车，它是按照扰动原理构成的开环自动调节系统；在北宋时期，苏颂和韩公廉等人利用天衡装置制造的水运仪象台，也是一个按照负反馈原理构成的闭环非线性自动控制系统。17世纪以来，随着工业生产的不断发展，在欧洲的一些国家相继出现了多种自动化装置。例如，1765年，俄国学者普尔佐诺夫发明了浮子式阀门水位调节器（见图1-1），用来保持蒸汽锅炉水位恒定；1788年，英国机械师瓦特发明了离心式调速器（见图1-2），用于蒸汽机速度控制，这些发明对推动第一次工业革命进程起到了重要的作用。

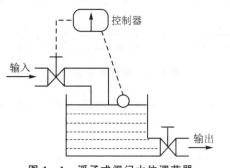

图1-1　浮子式阀门水位调节器

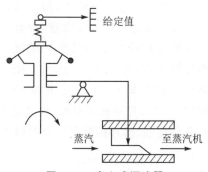

图1-2　离心式调速器

水位调节器
工作原理

离心式调速器
工作原理

　　在进一步对上述装置研究时发现，锅炉的水位往往难以持续稳定在期望点上，而是在其附近波动，蒸汽机的转速也会忽高忽低，这些现象引发了对控制系统的理论探究。1868年，英国物理学家麦克斯韦通过建立调速系统微分方程，解释了瓦特速度控制系统中出现不稳定现象的原因，开辟了利用数学方法研究控制系统的途径。1877年和1895年，英国数学家劳斯和德国数学家赫尔维茨相继提出了线性系统稳定性代数判据；1892年，俄国数学家李雅普诺夫提出了系统稳定性的严格数学定义；1932年，美国电气工程师奈奎斯特提出了根据系统开环传递函数或频率特性曲线判断系统稳定性的方法，即奈奎斯特判据；1945年，伯德根据奈奎斯特判据提出了用对数频率特性曲线分析反馈控制系统的方法，这些方法奠定了控制系统基础理论。在控制理论研究逐渐深入的同时，控制系统的应用实践也在不断发展，特别是随着第二次工业革命的推进，人类进入了电气时代，围绕电力产生、变换、存储、传输与利用等各个环节的控制与自动化技术飞速发展,并广泛的应用于能源、交通、制造和国防工业等领域。

20 世纪后半叶以来,各类电气自动化系统向着大型、连续和综合化方向发展,系统结构愈发复杂,这种对象、过程和环境的复杂性对传统的控制理论和方法提出了新的挑战。为此,自适应控制、预测控制、容错控制、鲁棒控制和大系统、复杂系统控制等新的控制理论与方法相继提出。1971 年,美籍华人傅京逊将控制论和人工智能相结合,提出了智能控制理论,该理论以控制论、信息论和仿生学为基础,为信息与控制学科研究注入了蓬勃生命力,无论在数学工具、理论基础,还是在研究方法上都产生了实质性的飞跃。在促进国民经济和工业生产蓬勃发展的同时,控制论与电气自动化技术的快速发展也催生了武器装备形态和作战样式的变革,武器全电驱动、机动平台电力推进、电磁轨道发射、电磁弹射、车载综合电力系统、战术微电网等新型电气自动化系统不断应用,装备全电化与战场电气化特征日趋显著,并成为实现作战能力和保障能力跃升新的增长极。

1.2 系统结构组成与控制方式

1.2.1 系统基本控制方式

系统是由一些相互联系、相互制约的环节或部件组成,并具有特定功能的整体。每个系统都有输入量和输出量,含有控制装置和被控对象的系统一般被称为控制系统,如图 1 - 3 所示。控制器接收输入量 $r(t)$,产生相应的

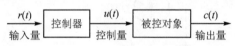

图 1 - 3 控制系统组成

控制量 $u(t)$ 去控制被控对象,使其输出量 $c(t)$ 符合预期的性能要求。常见的控制方式有开环控制、闭环控制和复合控制 3 种。

1. 开环控制系统

系统控制作用不受输出影响的控制系统称为开环控制系统。在开环控制系统中,输入和输出端之间,只有信号的前向通道而没有从输出端到输入端的反馈通道。图 1 - 4(a)为他励直流电动机转速开环控制系统原理图,其工作原理是:调节电位计滑臂,改变输入给定参考值 U_ω^*,经信号转换电路产生控制量 u_c,通过功率放大器放大后得到电枢电压 U_{dc},控制电动机,带动负载以角速度 ω 转动。在负载恒定条件下,电动机角速度 ω 与电枢电压 U_{dc} 相关,只要改变给定参考值 U_ω^* 就可以得到相应的电动机角速度 ω。该系统中,直流电动机是被控对象,电动机角速度 ω 为被控量,也称为系统输出量,U_ω^* 为系统给定量,或称输入量,系统工作过程中,只有控制量 u_c 对输出量 ω 的单向控制作用,而输出量 ω 对控制量 u_c 不产生影响。

他励直流电动机转速开环控制系统可用图 1 - 4(b)所示的结构框图表示。图中,方框代表系统中相应的元部件,箭头表示元部件之间的信号及其传递方向。在实际系统运行过程中,工作环境变化,如系统内部元件参数变化、电网电压波动、工作机

构负载变化等都会对系统产生扰动。在输入量 U_ω^* 一定时,这些扰动量会影响系统的输出,使其偏离预期值,导致整个系统难以达到较高的精度。因此,开环控制通常只适用于对控制精度要求不高或者扰动变化很小的情况。

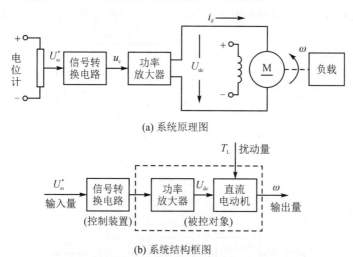

(a) 系统原理图

(b) 系统结构框图

图1-4　他励直流电动机转速开环控制系统

2. 闭环控制系统

从上述分析不难发现,开环控制精度不高的重要原因是:没有根据系统的实际输出及时的修正控制量,即缺少系统输出到输入的反馈回路。若要提高控制精度,就必须把输出量的信息反馈到输入端,通过比较输入值和输出值,产生偏差信号。该偏差信号以一定的控制规律产生控制作用,逐步减小或消除偏差,从而达到所要求的控制性能。系统的控制作用受输出量影响的控制系统被称为闭环控制系统。

在图1-4所示的他励直流电动机转速开环控制系统中,加入测速发电机,并对信号转换电路进行适当改进,可构成如图1-5所示的他励直流电动机转速闭环控制系统。其系统原理图如图1-5(a)所示,测速发电机与直流电动机同轴连接,将电动机实际角速度 ω 测量出来,并转换成电压 U_ω 反馈到系统输入端,与给定值 U_ω^* 比较得到偏差信号,经信号转换电路处理后调节电动机转速。

他励直流电动机转速闭环控制系统可用图1-5(b)所示的结构框图表示。通常,把从系统输入量到输出量之间的通道称为前向通道,从输出量到反馈信号之间的通道称为反馈通道。方框图中的"⊗"表示比较环节,其输出量等于各个输入量之和。不难看出,由于采用了反馈回路,致使信号传输路径形成闭合回路,使输出量反过来影响控制作用,从而达到减小或消除偏差的目的。在系统的主反馈通道中,一般都采用负反馈控制,正反馈会引起系统发散,无法正常工作。

3. 复合控制系统

反馈控制是在外部给定或扰动作用下,系统的输出量发生变化后才进行相应的调节和控制。在受控对象具有较大时滞的情况下,其控制作用不能及时影响控制量,从而难以形成快速有效的反馈控制。复合控制是在闭环控制回路的基础上,附加一个输入信号或者扰动作用的前馈通道,以提高系统的控制精度。复合控制系统分为按输入信号补偿和按扰动作用补偿两种,仍以前述他励直流电动机转速闭环控制系统为例,可构建两种复合控制结构框图,如图1-6所示。复合控制将前馈与反馈相结合,使得同时具备了开环补偿和闭环控制的优点,广泛的应用于各类高精度控制系统。

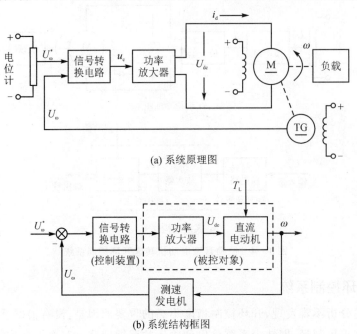

(a) 系统原理图

(b) 系统结构框图

图1-5 他励直流电动机转速闭环控制系统

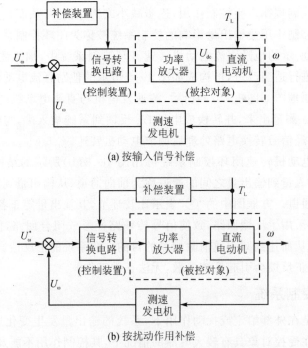

(a) 按输入信号补偿

(b) 按扰动作用补偿

图1-6 他励直流电动机转速复合控制系统

1.2.2　控制系统的结构组成

如前所述,当采用不同的控制方式时,系统往往具有不同的结构。以闭环控制系统为例,其一般结构可描述为如图 1-7 所示结构。

图中,输入量 $r(t)$——输入到控制系统的指令信号;反馈量 $b(t)$——与输出量成正比或某种其他函数关系,但是量纲与输入量相同的信号;误差 $e(t)$——输入量与反馈量之差的信号;控制量 $u(t)$——来自控制器,作用于被控对象的信号;扰动 $T_L(t)$——作用于被控对象的干扰信号;输出量 $c(t)$——被控对象的输出信号。

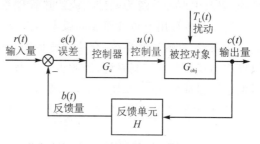

图 1-7　闭环控制系统结构

1.2.3　控制系统的分类

由于采用不同的划分标准,控制系统有多种分类方法,其中常用的有以下几种。

(1) 定常系统和时变系统

按照系统参数是否随时间变化,可以将系统分为定常系统和时变系统。如果控制系统的参数在运行过程中保持恒定,则称之为定常系统或者时不变系统;否则称之为时变系统。在实际系统中,由于温漂、元件老化等影响,严格的定常系统是不存在的。在所考察的时间间隔内,若系统参数变化相对于系统运动缓慢得多,就可以将其近似为定常系统。

(2) 线性系统和非线性系统

按照系统是否满足叠加原理,可以将系统分为线性系统和非线性系统。由线性元部件组成的系统称之为线性系统,其运动方程可以由线性微分方程描述。线性系统的主要特点是:具有齐次性和叠加性,且系统的稳定性与初始状态和外部作用无关。如果控制系统中含有一个或一个以上的非线性元件,将不再满足叠加原理,此时系统为非线性系统,其稳定性通常可能受初始状态和外部作用影响。实际物理系统都具有某种程度的非线性,但是在一定程度上通过合理简化,许多系统都可以近似为线性系统。

(3) 连续系统和离散系统

按照系统输入和输出信号的形式,可以将系统分为连续系统和离散系统。如果系统中的各部分信号都是连续函数形式的模拟量,则将其称为连续系统,如果某些环节存在离散信号(脉冲序列或者数码),则称其为离散系统,计算机控制系统是一种典型的离散系统。

除了按系统特性进行分类的方法外,在实际运用时也经常按控制对象对控制系统进行分类,如分为机械控制系统、电气控制系统、液压控制系统、气动控制系统等,本书主要分析电气控制系统。

电气控制系统主要包括发电控制系统、电力变换控制系统、电力传动控制系统等。典型发电控制系统有电励磁发电系统、永磁发电机及其稳压变换系统等;典型的电力变换控制系统有直流稳压电源、交流变频电源、程控充电系统等;典型的电力传动控制系统有直流调速系统、交流调速系统和位置随动系统等。此外,还有继电保护系统,以及由调速系统为基础构成的热管理系统、空调系统,由分布式发电、储能、电力变换以及各种用电负载组成的微电网系统等其他电气控制系统。从控制原理和控制结构来看,直流调速系统、交流调速系统和位置随动系统比较典型,其分析方法可以推广到其他电气控制系统,因此也是本书的主要分析对象。作为拓展,本书第8章对发电控制系统、电力变换系统,以及车载微电网系统等其他典型电气自动化系统进行了补充介绍,以作为读者进一步了解电气控制基本原理与分析方法的参考。

1.3 系统的性能指标要求

在实际运行过程中,当系统输入量和扰动量不变时,整个系统一般处于相对平衡状态,系统中各种信号变化率为零。这种系统状态不随时间变化而改变的平衡状态被称为静态或稳态。如果人为改变系统输入量或者外部干扰作用破坏了系统原有的平衡,系统状态就会发生变化,通过反馈控制作用,控制器产生的控制量相应改变,实时调节使得系统输出重新回到平衡状态。系统从原有平衡状态过渡到新的平衡状态的过程被称为动态或暂态。控制系统的稳态和动态性能均可由相应的指标来衡量,常用的指标有稳定性、稳态性能和动态性能指标。

1.3.1 稳定性指标

稳定性是表征系统在受到扰动作用后,其动态过程的振荡倾向趋于恢复系统平衡的能力,它是对控制系统最基本的要求,也是进行系统分析和设计的前提条件。一个稳定的系统,其输出值偏离期望值的初始偏差应随时间增长而逐渐减小或趋于零(见图1-8(a));反之,不稳定的控制系统其输出量偏离期望值的初始偏差随时间增长而发散(见图1-8(b)),不稳定系统是难以实现预定控制任务的。此外,若系统在扰动作用下出现等幅振荡的输出响应曲线(如图1-8(c)所示),则该系统为临界稳定系统。

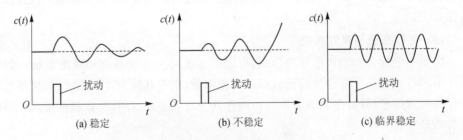

(a) 稳定   (b) 不稳定   (c) 临界稳定

图1-8 系统稳定性分析

1.3.2　稳态性能指标

当系统从一个稳态过渡到新的稳态,或受到扰动作用又重新稳定后,系统输出量可能出现偏差,这种偏差被称为稳态误差。稳态误差反映了系统控制的准确程度,稳态误差越小,系统的控制精度越高。若稳态误差为零,则系统被称为无差系统,如图1-9(a)所示,否则称之为有差系统,如图1-9(b)所示。

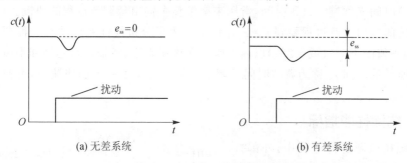

(a) 无差系统　　　　　　　　　(b) 有差系统

图1-9　系统稳态误差

1.3.3　动态性能指标

控制系统在过渡过程中的性能指标被称为动态指标,动态性能指标一般包括跟随性能指标和抗扰性能指标两类。

1. 跟随性能指标

跟随性能通常用来描述系统在给定量(或称输入信号)$r(t)$的作用下,输出量$c(t)$的变化情况。对于不同类型的给定信号,其输出响应也不一样。一般以系统初始状态为零,给定信号为单位阶跃信号时的过渡过程作为典型的跟随过程,此时动态响应又称作阶跃响应曲线(见图1-10),常用的阶跃响应跟随性能指标有上升时间、超调量、峰值时间和调节时间等。

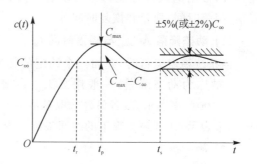

控制系统
跟踪响应过程

图1-10　典型阶跃响应曲线和跟随性能指标

(1) 上升时间 t_r

单位阶跃响应曲线从零开始,第一次上升到稳态值 C_∞ 所需的时间被称为上升时间;对于没有振荡的系统,通常也采用响应曲线从 C_∞ 的 10% 开始,上升到 C_∞ 的 90% 所需的时间作为上升时间,它常用于描述系统的快速性。

(2) 超调量 $\sigma\%$ 和峰值时间 t_p

单位阶跃响应过程中,输出量达到稳态值后可能继续增加,直到达到最大值 C_{max} 后再回落。在此过程中,达到最大值时的时间 t_p 被称为峰值时间,C_{max} 超过稳

态值 C_∞ 的百分数被称为超调量,用 $\sigma\%$ 表示,则有

$$\sigma\% = \frac{C_{\max} - C_\infty}{C_\infty} \times 100\% \qquad (1-1)$$

超调量反映了系统的相对稳定性,超调量越小,系统的相对稳定性越好,即动态响应越平稳。

(3) 调节时间 t_s

调节时间又称过渡过程时间,常用来衡量整个输出量调节过程的快慢。理论上,线性系统的输出过渡过程要到 $t \to \infty$ 才稳定。为了分析线性系统动态过程调节的快慢,取稳态值的 $\pm 5\%$(或 $\pm 2\%$)以内范围为允许误差带,将输出量达到并不再超过该误差带所需的时间 t_s 称为调节时间。调节时间既反映了系统的快速性,也包含着稳定性。

2. 抗扰性能指标

控制系统
扰动响应过程

系统在稳态运行过程中,外部扰动(如负载阻转矩变化、电压波动等)条件变化会引起输出量变化。由于扰动量的作用点不同于给定量的作用点,因此系统的抗扰特性也不同于跟随响应特性。图 1-11 为系统突加扰动量 $d(t)$ 后,输出量由稳态值 $C_{\infty 1}$ 降低,而后恢复到新的稳态值 $C_{\infty 2}$ 的过渡过程,常用的抗扰性能指标有动态降落、降落时间、静差和恢复时间等。

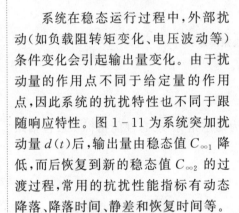
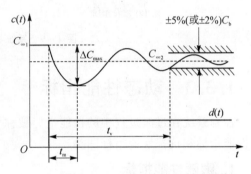

图 1-11 突加扰动的动态过程和抗扰性能指标

(1) 动态降落 $\Delta C_{\max}$ 与降落时间 t_m

当系统稳定运行时,突加一个约定的标准扰动量,所引起的输出量最大降落值 $\Delta C_{\max}$ 被称为动态降落,一般用 $\Delta C_{\max}$ 占输出量原稳态值 $C_{\infty 1}$ 的百分数 $(\Delta C_{\max}/C_{\infty 1}) \times 100\%$ 来表示,或者另外选取基准值 C_b,用基准值 C_b 的百分数 $(\Delta C_{\max}/C_b) \times 100\%$ 来表示;达到最大降落的时间被称为降落时间 t_m。

(2) 静 差

输出量在动态降落后逐渐恢复,达到新的稳态值 $C_{\infty 2}$,$C_{\infty 1} - C_{\infty 2}$ 是系统在该扰动作用下的稳态误差,称之为静差,动态降落一般都大于静差。

(3) 恢复时间 t_v

从扰动作用开始到输出量 $c(t)$ 基本恢复稳态,距新的稳态值 $C_{\infty 2}$ 之差 $(c(t) - C_{\infty 2})$ 进入基准值 C_b 的 $\pm 5\%$(或 $\pm 2\%$)以内范围所需的时间,被称为恢复时间 t_v。当允许的动态降落较大时,可以直接用 $C_{\infty 2}$ 作为基准值 C_b,但如果允许的动态降落很小,比如小于 $\pm 5\%$,则按进入 $\pm 5\% C_{\infty 2}$ 的范围定义恢复时间 t_v,会得到 $t_v = 0$,没有实际意义,此时需选用比稳态值更小的值作为基准值 C_b。

本章习题

1.1 什么是控制系统？常见的控制方式有哪些？

1.2 控制系统的性能要求有哪些？

1.3 线性系统和非线性系统的本质区别是什么？

1.4 某直流发电机电压控制系统如图1-12所示。图1-12(a)为开环控制，图1-12(b)为闭环控制，发电机感应电势$E_a = C_e \Phi n$，其中，Φ为励磁电流产生的主磁通，n为发电机转速。

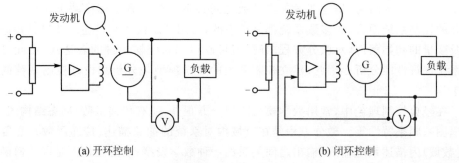

(a) 开环控制   (b) 闭环控制

图1-12 题1.4图

(1) 试说明开环控制原理，并分析发动机转速波动和负载变化对发电机输出电压的影响。

(2) 试分析闭环控制的调节过程，并与开环控制比较，说明负反馈的作用。

1.5 图1-13是控制导弹发射架的电位器式随动系统原理图。其中，电位计P_1、P_2并联后跨接到输入电源U_s的两端，其滑臂分别与输入轴和输出轴相连接，组成方位角的输入给定元件和测量反馈元件。输入轴由手轮操纵，输出轴则由直流电动机经减速后带动，电机采用调压调速控制方式。

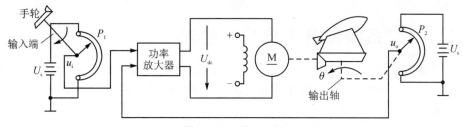

图1-13 题1.5图

试分析系统的工作原理，指出系统的被控对象、控制量、输出量和给定量，并画出系统方框图。

1.6 图1-14为一个晶体管稳压电源的电路简图，试指出给定量、输出量和扰动量，并说明调节原理。

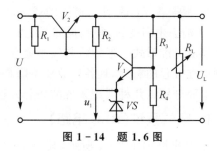

图1-14 题1.6图

第2章　系统数学建模

本章导学

数学模型是分析控制系统最基本的理论工具,是对实际物理系统的一种数学抽象,是能够描述系统内部物理量之间关系的数学表达式。数学模型可分为静态模型和动态模型,当系统中各变量随时间变化缓慢,对时间的变化率可忽略不计时(也即变量的各阶导数为零),描述变量之间关系的代数方程称作静态模型;若变量随时间的变化率不能忽略时,描述变量各阶导数之间关系的微分方程称作动态模型。对于实际的控制系统而言,大多数系统都是动态的,要用动态模型来描述。如果已知输入量及变量的初始条件,对微分方程求解,就可以得到系统输出量的表达式,由此可以对系统进行性能分析。因此,建立控制系统的数学模型是分析和设计控制系统的首要工作。

在经典控制理论中,常用数学模型除微分方程外,还有传递函数、动态结构图(系统框图)、频率特性等。微分方程是在时域内对系统的抽象描述;传递函数是在复域(复数域)内描述系统输入、输出之间关系的一种数学模型;动态结构图是以传递函数概念为基础,描述控制系统各组成部件和变换关系的图形表达式;频率特性是在频域内对控制系统建立的模型。本章主要介绍微分方程、传递函数这两种数学模型,频率特性在第4章进行介绍。除了上述数学模型外,在现代控制理论中还经常采用状态空间表达式来描述和分析系统,这种数学模型不但适用于单输入-单输出定常系统,还是多输入-多输出系统以及时变系统有效的分析手段,本章2.3节对其进行介绍,并分析其与传递函数等经典控制模型之间的转换方法。

2.1　系统微分方程模型

2.1.1　系统微分方程模型的建立

本节重点介绍描述线性定常控制系统的微分方程建立及求解方法。微分方程是数学模型最基本的形式,通过它可以得到其他形式的数学模型。建立微分方程模型的一般步骤为:

① 分析系统的工作原理及其各变量间的关系,确定系统的输入量和输出量。

② 根据各元(部)件所遵循的规律,依次列出其微分方程。

③ 消去中间变量,得到描述系统输出量、输入量之间关系的微分方程,并把微分方程写成标准形式。通常将与输出量有关的各项放在方程的左边,与输入量有关的各项放在方程的右边,且各导数项按降幂排列。

下面分别以几种典型系统的微分方程建模过程为例进行分析。

1. 电气系统(RLC 电路)

RLC 电路如图 2-1 所示,其中,包含电阻、电感、电容 3 个电路元件。首先确定系统输入量为电流源电流,记为$r(t)$,输出量为3个元件两端的电压,记为$U(t)$,设初始状态为0,则根据各电路元件特性可知

$$\begin{cases} i_1(t) = \dfrac{U(t)}{R} \\[2mm] i_2(t) = \dfrac{1}{L}\displaystyle\int_0^t U(t)\,\mathrm{d}t \\[2mm] i_3(t) = C\,\dfrac{\mathrm{d}U(t)}{\mathrm{d}t} \end{cases} \qquad (2-1)$$

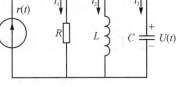

图2-1 RLC电路

式中,$i_1(t)$、$i_2(t)$、$i_3(t)$分别为电阻、电感、电容3个元件的电流。

进一步,利用基尔霍夫电流定理(节点总电流为零或节点流入电流等于流出电流)将各元件的微分方程联系起来,消去中间变量$i_1(t)$、$i_2(t)$、$i_3(t)$,可得到系统微分方程模型为

$$\frac{U(t)}{R} + \frac{1}{L}\int_0^t U(t)\,\mathrm{d}t + C\,\frac{\mathrm{d}U(t)}{\mathrm{d}t} = r(t) \qquad (2-2)$$

2. 机械系统(弹簧-质量-阻尼器系统)

弹簧-质量-阻尼器系统受力分析如图2-2所示。质量块M在外力$r(t)$、弹簧弹性力F_1、摩擦力F_2和自身重力G作用下运动,设其形变量为$y(t)$。

首先,确定系统输入量为$r(t)$,输出量为$y(t)$。设墙壁对质量块的摩擦是粘性摩擦,即摩擦力与位移的一阶导数成正比。根据动力学基本原理可知

$$\begin{cases} G = mg \\ F_1 = -k_e[y_0 + y(t)] \\ F_2 = -k_f\,\dfrac{\mathrm{d}y(t)}{\mathrm{d}t} \end{cases} \qquad (2-3)$$

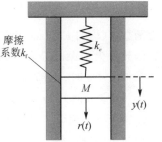

图2-2 弹簧-质量-阻尼器系统受力分析

弹簧-质量-阻尼器受力响应过程

式中,k_e为理想弹簧的弹性系数,k_f为摩擦系数,y_0为形变初始量。

进一步,利用牛顿第二定律可得

$$m\,\frac{\mathrm{d}^2 y(t)}{\mathrm{d}t^2} = mg + r(t) - k_e[y_0 + y(t)] - k_f\,\frac{\mathrm{d}y(t)}{\mathrm{d}t} \qquad (2-4)$$

考虑在静态条件下,有平衡关系式$mg = k_e y_0$,则有

$$m\,\frac{\mathrm{d}^2 y(t)}{\mathrm{d}t^2} + k_f\,\frac{\mathrm{d}y(t)}{\mathrm{d}t} + k_e y(t) = r(t) \qquad (2-5)$$

为了进一步揭示上述机械系统和电气系统之间的相似性,设置速度变量

$$v(t) = \frac{\mathrm{d}y(t)}{\mathrm{d}t} \qquad (2-6)$$

则式(2-5)可改写为

$$m\,\frac{\mathrm{d}v(t)}{\mathrm{d}t} + k_f v(t) + k_e\int_0^t v(t)\,\mathrm{d}t = r(t) \qquad (2-7)$$

对比可见,式(2-2)与式(2-7)具有相似的结构形式,速度$v(t)$与电压$U(t)$在

方程中是等效的变量,称为"相似变量",上述系统也称为"相似系统"。在实际工程实践中,可以把机械系统和电气系统通过相似变量联系起来,以便把一个系统的分析结果推广到具有相同微分方程模型的其他系统,这样可以揭示不同物理现象之间的相似关系,从而方便地用简单系统去研究相似的复杂系统。

2.1.2　系统微分方程模型的求解方法

建立控制系统数学模型的目的之一是为了用数学方法定量研究控制系统的运行特性,因此在建立系统微分方程后还需考虑其求解问题。如果已知微分方程的输入量及各状态变量的初始条件,则可以通过对微分方程求解得到系统的输出量随时间变化的特性,并且可以通过绘制时域响应图直观地观察系统输出与输入之间的关系。线性定常微分方程的求解方法有经典法(积分因子法或待定系数法等)和拉普拉斯变换法等。在控制系统分析时常用拉普拉斯变换法求解线性微分方程,尤其是高阶线性微分方程。

1. 拉普拉斯(Laplace)变换

设函数 $f(t)$ 当 $t \geqslant 0$ 时有定义,而且积分

$$\int_0^{+\infty} f(t) \mathrm{e}^{-st} \mathrm{d}t$$

在复参量 $s(s = \sigma + \mathrm{j}\omega)$ 的某一域内收敛,则可将其积分所确定的函数

$$F(s) = \int_0^{+\infty} f(t) \mathrm{e}^{-st} \mathrm{d}t \tag{2-8}$$

称为函数 $f(t)$ 的 Laplace 变换式,记为 $F(s) = L[f(t)]$,$f(t)$ 称为原函数,$F(s)$ 称为象函数。为了保证等式右侧积分存在(收敛),$f(t)$ 通常满足下列条件:

① 当 $t < 0$ 时,$f(t) = 0$。

② 当 $t \geqslant 0$ 时,$f(t)$ 分段连续。

③ 当 $t \to \infty$ 时,e^{-st} 比 $f(t)$ 衰减的更快。

如对于阶跃函数

$$f(t) = \begin{cases} 0 & (t < 0) \\ 1 & (t \geqslant 0) \end{cases} \tag{2-9}$$

根据象函数定义,可得其 Laplace 变换式为

$$F(s) = L[f(t)] = \int_0^{+\infty} f(t) \mathrm{e}^{-st} \mathrm{d}t = \int_0^{+\infty} 1 \times \mathrm{e}^{-st} \mathrm{d}t = -\frac{1}{s} \mathrm{e}^{-st} \Big|_0^{\infty} = \frac{1}{s} \tag{2-10}$$

再如,对于正弦函数 $f(t) = \sin(\omega t)$,根据象函数定义,可得

$$F(s) = L[f(t)] = \int_0^{+\infty} f(t) \mathrm{e}^{-st} \mathrm{d}t = \int_0^{+\infty} \sin(\omega t) \mathrm{e}^{-st} \mathrm{d}t = \int_0^{+\infty} \frac{1}{2\mathrm{j}} \left(\mathrm{e}^{\mathrm{j}\omega t} - \mathrm{e}^{-\mathrm{j}\omega t} \right) \mathrm{e}^{-st} \mathrm{d}t$$

$$= \frac{1}{2\mathrm{j}} \left[\int_0^{+\infty} \left(\mathrm{e}^{-(s-\mathrm{j}\omega)t} \right) \mathrm{d}t - \int_0^{+\infty} \left(\mathrm{e}^{-(s+\mathrm{j}\omega)t} \right) \mathrm{d}t \right]$$

$$= \frac{1}{2\mathrm{j}} \left(\frac{1}{s - \mathrm{j}\omega} - \frac{1}{s + \mathrm{j}\omega} \right) = \frac{\omega}{s^2 + \omega^2} \tag{2-11}$$

实际应用中,可将原函数与象函数之间的对应关系列成对照表格的形式,通过查表,就可以方便的得到原函数的象函数,或象函数的原函数。常用 Laplace 变换对如表 2-1 所列。

表 2-1 常用 Laplace 变换对

原函数 $f(t)$	象函数 $F(s)$	原函数 $f(t)$	象函数 $F(s)$
脉冲函数 $\delta(t)$	1	单位阶跃函数 $1(t)$	$\dfrac{1}{s}$
单位斜坡函数 $t \cdot 1(t)$	$\dfrac{1}{s^2}$	指数函数 e^{-at}	$\dfrac{1}{s+a}$
t^n	$\dfrac{n!}{s^{n+1}}$	$t^n e^{-at}$	$\dfrac{n!}{(s+a)^{n+1}}$
正弦函数 $\sin(\omega t)$	$\dfrac{\omega}{s^2+\omega^2}$	余弦函数 $\cos(\omega t)$	$\dfrac{s}{s^2+\omega^2}$
$e^{-at}\sin(\omega t)$	$\dfrac{\omega}{(s+a)^2+\omega^2}$	$e^{-at}\cos(\omega t)$	$\dfrac{s+a}{(s+a)^2+\omega^2}$

在应用 Laplace 变换时,有时还需要借助于基本性质,这些性质可以通过 Laplace 变换的定义加以证明。常用的 Laplace 变换基本性质如下。

(1) 线性性质
$$L[a_1 f_1(t) + a_2 f_2(t)] = a_1 F_1(s) + a_2 F_2(s) \quad (2-12)$$
式中,a_1、a_2 是常数。

(2) 微分性质
$$L\left[\frac{\mathrm{d}}{\mathrm{d}t}f(t)\right] = sF(s) - f(0) \quad (2-13)$$
式中,$f(0)$ 为原函数 $f(t)$ 在 $t=0$ 处的值。进一步,容易推导得到
$$\begin{cases} L[f''(t)] = s^2 F(s) - sf(0) - f'(0) \\ L[f'''(t)] = s^3 F(s) - s^2 f(0) - sf'(0) - f''(0) \\ L[f^n(t)] = s^n F(s) - s^{n-1}f(0) - s^{n-2}f'(0) - \cdots - f^{n-1}(0) \end{cases}$$

(3) 积分性质
$$L\left[\int_0^t f(t)\mathrm{d}t\right] = \frac{1}{s}F(s) \quad (2-14)$$
进一步,容易推导得到
$$L\left[\underbrace{\int_0^t \mathrm{d}t \int_0^t \mathrm{d}t \cdots \int_0^t}_{n次} f(t)\mathrm{d}t\right] = \frac{1}{s^n}F(s) \quad (2-15)$$

(4) 延迟性质
设 $t<0$ 时 $f(t)=0$,则对于任一非负实数 τ,有
$$L[f(t-\tau)] = e^{-s\tau}F(s) \quad (2-16)$$

(5) 复位移定理
$$L[e^{at}f(t)] = F(s-a) \quad (2-17)$$
式中,a 为常数。

(6) 初值定理

设 $\lim\limits_{s \to \infty} sF(s)$ 存在,则

$$f(0) = \lim_{t \to 0} f(t) = \lim_{s \to \infty} sF(s) \tag{2-18}$$

(7) 终值定理

设 $sF(s)$ 的所有极点全部在 s 平面虚轴左侧(或原点),即在 s 平面的虚轴右侧和虚轴上(不含原点)没有极点,则

$$f(\infty) = \lim_{t \to \infty} f(t) = \lim_{s \to 0} sF(s) \tag{2-19}$$

2. 拉普拉斯(Laplace)反变换

由象函数求取原函数的运算被称为 Laplace 反变换,其常用表达式为

$$f(t) = L^{-1}[F(s)] = \frac{1}{2\pi j} \int_{c-j\infty}^{c+j\infty} F(s) e^{st} \, ds \tag{2-20}$$

式中,c 是一个实常数且大于 $F(s)$ 的所有奇异点的实部。

Laplace 变换和反变换是一一对应的,对于比较简单的象函数,可以通过查表直接求取原函数。但在实际系统中,常遇到的象函数是 s 的有理分式,即

$$F(s) = \frac{B(s)}{A(s)} = \frac{b_m s^m + b_{m-1} s^{m-1} + \cdots + b_1 s + b_0}{a_n s^n + a_{n-1} s^{n-1} + \cdots + a_1 s + a_0} \tag{2-21}$$

不能通过查表法直接求取,采用式(2-20)计算又比较繁琐。此时,可用部分分式展开法将 $\frac{B(s)}{A(s)}$ 化为一些简单分式之和,再由查表获得这些简单分式的原函数,并通过求取各分式原函数之和得到 $F(s)$ 的原函数。

设方程 $A(s) = 0$ 的根为 $-s_1, -s_2, \cdots, -s_n$,则有

$$F(s) = \frac{B(s)}{A(s)} = \frac{B(s)}{(s+s_1)(s+s_2)\cdots(s+s_n)} \tag{2-22}$$

进一步,将其展开成部分分式,即

$$F(s) = \frac{B(s)}{A(s)} = \frac{c_1}{s+s_1} + \frac{c_2}{s+s_2} + \cdots + \frac{c_n}{s+s_n} \tag{2-23}$$

式中,$c_1, c_2, \cdots, c_n$ 为待定系数。下面分两种情况介绍待定系数的求取方法。

(1) $A(s) = 0$ 无重根

此时 $F(s)$ 可展开为 n 个简单的部分分式之和,每个部分分式都是以 $A(s)$ 的一个因式作为分母,即

$$F(s) = \frac{c_1}{s+s_1} + \frac{c_2}{s+s_2} + \cdots + \frac{c_n}{s+s_n} = \sum_{i=1}^{n} \frac{c_i}{s+s_i} \tag{2-24}$$

对于待定系数 c_i,可用 $(s+s_i)$ 乘以式(2-24),即

$$F(s)(s+s_i) = c_i + \left[\left(\frac{c_1}{s+s_1} + \frac{c_2}{s+s_2} + \cdots + \frac{c_n}{s+s_n} \right)(s+s_i) \right] \tag{2-25}$$

当 $s = -s_i$ 时,式(2-25)右侧方括号内将为零,于是

$$c_i = [F(s)(s+s_i)] \big|_{s=-s_i} \tag{2-26}$$

求得全部待定系数后,进行 Laplace 反变换并运用线性性质,即可求得

$$f(t) = L^{-1}[F(s)] = \sum_{i=1}^{n} c_i e^{-s_i t} \qquad (2-27)$$

(2) $A(s)=0$ 有重根

设 $A(s)=0$ 在 $s=-s_1$ 处有 r 个重根,则 $F(s)$ 可展开为如下部分分式之和

$$F(s) = \frac{b_r}{(s+s_1)^r} + \frac{b_{r-1}}{(s+s_1)^{r-1}} + \cdots + \frac{b_1}{s+s_1} + \frac{c_{r+1}}{s+s_{r+1}} + \cdots + \frac{c_n}{s+s_n} \qquad (2-28)$$

式中,$s_{r+1},\cdots,s_n$ 为 $F(s)$ 的 $n-r$ 个单根,其对应的待定系数 $c_{r+1},\cdots,c_n$ 仍可采用前述方法计算。下面重点介绍重根待定系数的求法。

将式(2-28)乘以 $(s+s_1)^r$,得

$$F(s)(s+s_1)^r = b_r + b_{r-1}(s+s_1) + \cdots + b_1(s+s_1)^{r-1} +$$
$$\left(\frac{c_{r+1}}{s+s_{r+1}} + \cdots + \frac{c_n}{s+s_n}\right)(s+s_1)^r \qquad (2-29)$$

同理,令 $s=-s_1$,则有

$$b_r = [F(s)(s+s_1)^r]\big|_{s=-s_1} \qquad (2-30)$$

若将式(2-29)对 s 求导,则有

$$\frac{d[F(s)(s+s_1)^r]}{dt} = b_{r-1} + 2b_{r-2}(s+s_1) + \cdots + (r-1)b_1(s+s_1)^{r-2} +$$
$$r(s+s_1)^{r-1}\left(\frac{c_{r+1}}{s+s_{r+1}} + \cdots + \frac{c_n}{s+s_n}\right) +$$
$$\left(\frac{c_{r+1}}{s+s_{r+1}} + \cdots + \frac{c_n}{s+s_n}\right)'(s+s_1)^r \qquad (2-31)$$

令 $s=-s_1$,则有

$$b_{r-1} = \frac{d[F(s)(s+s_1)^r]}{ds}\bigg|_{s=-s_1} \qquad (2-32)$$

以此类推,可得

$$b_{r-2} = \frac{1}{2}\frac{d^2[F(s)(s+s_1)^r]}{ds^2}\bigg|_{s=-s_1} \qquad (2-33)$$

$$b_1 = \frac{1}{(r-1)!}\frac{d^{(r-1)}[F(s)(s+s_1)^r]}{dt^{(r-1)}}\bigg|_{s=-s_1} \qquad (2-34)$$

求得全部待定系数后,进行 Laplace 反变换并运用线性性质,即可求得

$$f(t) = L^{-1}[F(s)] = \left[\frac{b_r t^{r-1}}{(r-1)!} + \frac{b_{r-1} t^{r-2}}{(r-2)!} + \cdots + b_1\right]e^{-s_1 t} + \sum_{i=r+1}^{n} c_i e^{-s_i t} \qquad (2-35)$$

3. Laplace 变换求解微分方程

利用 Laplace 变换求解微分方程的基本步骤为:

① 考虑初始条件,对微分方程中的每一项分别进行 Laplace 变换,将微分方程转换为以 s 为变量的代数方程。

部分分式
展开的
MATLAB 实现

② 由代数方程求出输出量 Laplace 变换函数的表达式。

③ 对输出量 Laplace 变换函数进行反变换，求得输出量的时域表达式，即为所求微分方程的解。

例如，对于式(2-5)表示的系统，设 $m=1$、$k_f=3$、$k_e=2$，则系统微分方程可写成

$$\frac{d^2 y(t)}{dt^2} + 3\frac{dy(t)}{dt} + 2y(t) = r(t) \tag{2-36}$$

令 $r(t)=1(t)$、$y(0)=0$、$\dot{y}(0)=0$，根据上述步骤，首先对微分方程进行 Laplace 变换，可得

$$s^2 Y(s) + 3sY(s) + 2Y(s) = \frac{1}{s} \tag{2-37}$$

由此可求得系统输出量的表达式为

$$Y(s) = \frac{1}{s^2 + 3s + 2} \cdot \frac{1}{s} \tag{2-38}$$

将上式展开成部分分式，有

$$Y(s) = \frac{A_1}{s} + \frac{A_2}{s+2} + \frac{A_3}{s+1} \tag{2-39}$$

利用前述方法，可求得 $A_1=1/2$，$A_2=1/2$，$A_3=-1$。根据表 2-1，对式(2-39)进行 Laplace 反变换，可得

$$y(t) = \frac{1}{2} + \frac{1}{2}e^{-2t} - e^{-t} \tag{2-40}$$

此即为该系统输出量 $y(t)$ 的动态过程。

上述分析的式(2-38)中分母多项式的根均为实数，当存在复数根时其求解方法与之类似。如设系统输出量的表达式为

$$Y(s) = \frac{s+3}{s^2 + 2s + 2} \cdot \frac{1}{s} \tag{2-41}$$

亦可将式(2-41)展开为部分分式，即

$$Y(s) = \frac{A_1}{s+1-j} + \frac{A_2}{s+1+j} + \frac{A_3}{s} \tag{2-42}$$

仍利用前述方法，可以求得

$$\begin{cases} A_1 = \frac{s+3}{s^2+2s+2}\frac{1}{s}(s+1-j)\Big|_{s=-1+j} = -\frac{3-j}{4} \\ A_2 = \frac{s+3}{s^2+2s+2}\frac{1}{s}(s+1+j)\Big|_{s=-1-j} = -\frac{3+j}{4} \\ A_3 = \frac{s+3}{s^2+2s+2}\frac{1}{s}s\Big|_{s=0} = \frac{3}{2} \end{cases}$$

因此

$$Y(s) = -\frac{3-j}{4}\frac{1}{s+1-j} - \frac{3+j}{4}\frac{1}{s+1+j} + \frac{3}{2s} \tag{2-43}$$

进行 Laplace 反变换，可得

$$y(t) = \frac{3}{2} - \frac{3-j}{4}e^{(-1+j)t} - \frac{3+j}{4}e^{(-1-j)t} = \frac{3}{2} - \frac{e^{-t}}{2}(3\cos t + \sin t) \tag{2-44}$$

系统动态
过程求解的
MATLAB 实现
式(2-40)

16

对于式(2-41),也可以应用复位移定理求解,将$Y(s)$转化为

$$Y(s) = \frac{s+3}{s^2+2s+2} \cdot \frac{1}{s} = \frac{3}{2s} - \frac{1}{2} \times \frac{3s+4}{s^2+2s+2}$$

$$= \frac{3}{2s} - \frac{3}{2} \times \frac{(s+1)}{(s+1)^2+1} - \frac{1}{2} \times \frac{1}{(s+1)^2+1} \qquad (2-45)$$

对照表2-1,可得

$$y(t) = \frac{3}{2} - \frac{e^{-t}}{2}(3\cos t + \sin t) \qquad (2-46)$$

系统动态
过程求解的
MATLAB 实现
式(2-46)

2.1.3　线性系统的基本特征

本章中讨论的 n 阶线性系统可以用 n 阶线性常微分方程来描述,即

$$a_n \frac{d^n c(t)}{dt^n} + a_{n-1} \frac{d^{n-1}c(t)}{dt^{n-1}} + \cdots + a_1 \frac{dc(t)}{dt} + a_0 c(t) =$$

$$b_m \frac{d^m r(t)}{dt^m} + b_{m-1} \frac{d^{m-1}r(t)}{dt^{m-1}} + \cdots + b_1 \frac{dr(t)}{dt} + b_0 r(t) \qquad (2-47)$$

式中,$n \geq m$,$c(t)$ 为输出量,$r(t)$ 为输入量,$a_0, a_1, \cdots, a_n$ 和 $b_0, b_1, \cdots, b_n$ 均为由系统结构和参数决定的常系数。

线性系统的重要性质是满足叠加原理,即具有可叠加性和齐次性,这也是判断一个系统是否是线性系统的基本准则。

1. 可叠加性

当处于静止状态的系统被施加一个输入量 $r_1(t)$ 时,其产生一个输出量 $c_1(t)$;而当系统被施加另外一个输入量 $r_2(t)$ 时,其产生一个相对应的输出量 $c_2(t)$。对于线性系统,如果施加输入量为 $r_1(t) + r_2(t)$ 时,其输出量满足 $c_1(t) + c_2(t)$,这通常被称为可叠加性。

2. 齐次性

考察一个由输入量 $r(t)$ 产生输出量 $c(t)$ 的线性系统,当输入量变化为 $k \cdot r(t)$ 时,其输出量相应的变化为 $k \cdot c(t)$,这通常被称为齐次性。

根据上述性质,在对线性系统进行分析与设计时,如果有几个输入量同时作用于系统,可以对它们进行分别处理,然后将结果叠加。同时,每个输入量在数值上可以只取单位值,这就使得线性系统的分析难度大大简化。

*2.1.4　非线性系统的线性化方法

前面介绍的对象都是线性系统,但实际系统都不同程度的存在非线性特性,如何处理非线性特性是实际系统建模时面临的一个重要问题。为了简化研究难度,在一定条件下可以忽略实际系统的非线性影响,将其视为线性系统,如 2.1.1 节中分析弹簧-质量-阻尼器系统时就认为弹簧是处在线性区,分析 RLC 电路时也认为各电路元件工作在线性区,这是常用的一种线性化方法。

对于不能在全工作范围内忽略非线性影响的情况,可在一个很小的范围内将非

线性特性用一段直线代替,从而实现非线性系统的线性化,这种方法被称为小偏差法(或切线法)。事实上,控制系统在正常工作时一般都处于一个稳定的工作状态,即平衡状态,这时被控对象输出量与期望值通常相等,执行机构也不进行动作。一旦被控量偏离期望值时,执行机构便开始动作,控制偏差信号减小甚至消失,回到平衡状态。

由于控制系统中偏差信号一般不会很大,是"小偏差",且系统微分方程通常将系统稳定工作状态作为起始状态,因此小偏差法常被用于研究平衡状态附近系统输入与输出之间的动态特性。

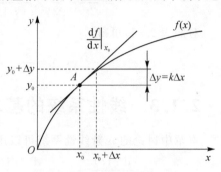

图 2-3　小偏差线性化原理图

下面对小偏差法的基本原理进行分析,如图 2-3 所示。设连续变化的非线性函数 $y(t)=f(x(t))$,取 A 点为平衡工作点,且有 $y_0=f(x_0)$。设函数在(x_0,y_0)附近连续可微,则利用泰勒级数展开,有

$$y(t)=f(x)=f(x_0)+\frac{\mathrm{d}f(x)}{\mathrm{d}t}\bigg|_{x=x_0}\frac{(x-x_0)}{1!}+\frac{\mathrm{d}^2f(x)}{\mathrm{d}t^2}\bigg|_{x=x_0}\frac{(x-x_0)^2}{2!}+\cdots$$

$$(2-48)$$

令平衡工作点处的斜率为 k,则当增量$(x-x_0)$很小时,略去高阶项,可得

$$y(t)=f(x)\approx f(x_0)+\frac{\mathrm{d}f(x)}{\mathrm{d}t}\bigg|_{x=x_0}\frac{(x-x_0)}{1!}=y_0+k(x-x_0)$$

$$(2-49)$$

因此,$y(t)$的线性化方程可写为

$$(y-y_0)=k(x-x_0) \qquad (2-50)$$

当平衡工作点 A 满足零初始条件时,即(x_0,y_0)为$(0,0)$,函数 $y=f(x)$ 在其附近的线性化方程为

$$y=kx \qquad (2-51)$$

下面以图 2-4 所示的钟摆为例,分析小偏差法线性化的具体过程。根据动力学基本原理,作用在钟摆上的力矩为

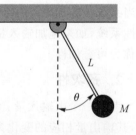

图 2-4　钟摆原理图

$$T=mgL\sin\theta \qquad (2-52)$$

式中,m 为钟摆的质量,g 为重力加速度。根据式(2-49),有

$$T\approx T_0+\frac{\mathrm{d}T}{\mathrm{d}\theta}\bigg|_{\theta=\theta_0}(\theta-\theta_0)=mgL\big[\sin\theta_0+(\theta-\theta_0)\cos\theta_0\big] \qquad (2-53)$$

考虑到初始平衡点为 $\theta_0=0°$,代入式(2-53)可得该平衡点附近的线性化方程为

$$T\approx mgL(\cos 0°)(\theta-0°)=mgL\theta \qquad (2-54)$$

该近似在 θ 较小时是比较精确的,如在$\pm30°$之内摆动的线性模型响应误差不超过 5%。

2.2　传递函数与动态结构图

微分方程是在时域对系统动态性能进行描述,在给定输入及初始条件下,求解微分方程可以得到系统的输出响应。这种方法比较直观,但在系统结构或参数发生变化时,往往需要重新构建并求解微分方程,给分析和设计带来许多不便。

实际上,在上述用 Laplace 变换求解线性微分方程过程中,将微分方程转化为代数方程时,就已经得到了控制系统在复数域中的数学模型,称之为传递函数。它采用系统自身参数描述线性定常系统的输入量与输出量之间的关系,不仅可以表征系统内在的固有特性,而且可以用来研究系统结构或参数变化对系统性能的影响,是线性定常系统分析设计的重要理论工具。

2.2.1　传递函数的定义与性质

设线性定常系统可描述为如图 2-5 所示结构,$R(s)$ 为输入量 $r(t)$ 的 Laplace 变换象函数,$C(s)$ 为输出量 $c(t)$ 的 Laplace 变换象函数,则系统传递函数 $G(s)$ 为零初始条件下 $C(s)$ 与 $R(s)$ 之比,即

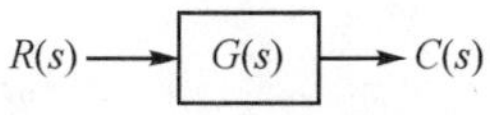

$$R(s) \longrightarrow \boxed{G(s)} \longrightarrow C(s)$$

图 2-5　传递函数结构图

$$G(s) = \frac{C(s)}{R(s)} \qquad (2-55)$$

零初始条件是指当 $t \leqslant 0$ 时,系统的输入量、输出量及其各阶导数均为 0。

设 n 阶线性定常系统微分方程由式(2-47)表示,当其满足零初始条件时,进行 Laplace 变换,可得

$$(a_n s^n + a_{n-1} s^{n-1} + \cdots + a_1 s + a_0)C(s) = (b_m s^m + b_{m-1} s^{m-1} + \cdots + b_1 s + b_0)R(s) \qquad (2-56)$$

由此,可将系统传递函数的一般形式记为

$$G(s) = \frac{C(s)}{R(s)} = \frac{b_m s^m + b_{m-1} s^{m-1} + \cdots + b_1 s + b_0}{a_n s^n + a_{n-1} s^{n-1} + \cdots + a_1 s + a_0} \qquad (2-57)$$

传递函数的分母多项式方程被称为系统的特征方程。分母中 s 的最高阶次被称为系统的阶数,如分母中 s 的最高阶次为 n,则称之为 n 阶系统。分子中 s 的最高阶次为 m,一般有 $n \geqslant m$。

式(2-57)通常被称为传递函数的有理分式形式。除此之外,传递函数还可表示为零极点形式和典型环节形式。

将式(2-57)中的分子、分母多项式变为首一多项式,然后在复数域内进行因式分解,即可得传递函数的零极点形式,有时也称之为首一标准型,即

$$G(s) = \frac{C(s)}{R(s)} = \frac{b_m s^m + b_{m-1} s^{m-1} + \cdots + b_1 s + b_0}{a_n s^n + a_{n-1} s^{n-1} + \cdots + a_1 s + a_0} = K^* \frac{\prod\limits_{j=1}^{m}(s + z_j)}{\prod\limits_{i=1}^{n}(s + p_i)}$$

$$(2-58)$$

传递函数有理分式形式转换的 MATLAB 实现

传递函数首一标准型转换的 MATLAB 实现

式中，$-p_i$，$-z_j(i=1,2,\cdots,n,j=1,2,\cdots,m)$分别为系统的极点和零点。

根据系统分析需要，有时也将首一标准型在实数域内进行因式分解，即

$$G(s)=\frac{C(s)}{R(s)}=\frac{b_m s^m+b_{m-1}s^{m-1}+\cdots+b_1 s+b_0}{a_n s^n+a_{n-1}s^{n-1}+\cdots+a_1 s+a_0}$$

$$=K^*\frac{\prod_{j=1}^{m_1}(s+z_j)\prod_{l=1}^{m_2}(s^2+2\zeta_l\omega_l s+\omega_l^2)}{\prod_{i=1}^{n_1}(s+p_i)\prod_{k=1}^{n_2}(s^2+2\zeta_k\omega_k s+\omega_k^2)} \tag{2-59}$$

式中，$m_1+2m_2=m$，$n_1+2n_2=n$。

类似地，将(2-57)中的分子、分母多项式变为尾一多项式，然后在实数域内进行因式分解，即可得传递函数的典型环节形式，有时也称之为尾一标准型，即

$$G(s)=\frac{C(s)}{R(s)}=\frac{b_m s^m+b_{m-1}s^{m-1}+\cdots+b_1 s+b_0}{a_n s^n+a_{n-1}s^{n-1}+\cdots+a_1 s+a_0}$$

$$=K\frac{\prod_{j=1}^{m_1}(\tau_j s+1)\prod_{l=1}^{m_2}(\tau_l^2 s^2+2\zeta_l\tau_l s+1)}{s^v\prod_{i=1}^{n_1-v}(T_i s+1)\prod_{k=1}^{n_2}(T_k^2 s^2+2\zeta_k T_k s+1)} \tag{2-60}$$

式中，K称为系统放大倍数；v为积分环节个数，通常也将积分环节个数称为系统的"型"，如对应$v=0,1,2$的系统，分别称为0型系统、I型系统和II型系统。

根据系统分析的需要，有时也将尾一标准型在复数域内进行因式分解，即

$$G(s)=\frac{C(s)}{R(s)}=\frac{b_m s^m+b_{m-1}s^{m-1}+\cdots+b_1 s+b_0}{a_n s^n+a_{n-1}s^{n-1}+\cdots+a_1 s+a_0}=K\frac{\prod_{j=1}^{m}(\tau_j s+1)}{s^v\prod_{i=1}^{n-v}(T_i s+1)} \tag{2-61}$$

传递函数具有如下基本性质：

① 传递函数是由线性系统微分方程在零初始条件下经过Laplace变换得到的，因此仅适用于线性定常系统，一般不用于非线性系统或时变系统分析。

② 传递函数完全取决于系统内部的结构、参数，反映了系统的固有特性，与输入量和输出量的大小和形式无关。

③ 传递函数描述的系统输入量与输出量关系是外部模型，不能反映系统内部物理结构的相关信息(许多性质完全不同的系统可能具有相同的传递函数)。

④ 传递函数只反映一个特定的输入、输出关系，对于多输入、多输出系统，不同输出量对同一输入量或同一输出量对不同输入量之间的传递函数是不同的。

2.2.2 典型环节的传递函数

组成系统的常用基本环节被称为典型环节。虽然电气自动化系统中的元部件种类繁多，工作机理各不相同，但从其数学模型的形式可将其分为比例环节、惯性环节、积分环节、理想微分环节、振荡环节、时滞环节(延迟环节)、一阶微分环节、二阶微分

环节等。下面分别介绍其中几个典型环节的传递函数。

1. 比例环节

比例环节又称放大环节,输出量以一定比例复现输入量。比例环节微分方程为

$$c(t) = Kr(t) \tag{2-62}$$

式中,K 为放大倍数或称增益。对其进行 Laplace 变换,可得其传递函数为

$$G(s) = \frac{C(s)}{R(s)} = K \tag{2-63}$$

在实际系统中,分压器、不考虑间隙的齿轮传动比、比例运算放大器、测速发电机的电压与转速等在一定条件下可近似的看作为比例环节。

2. 惯性环节

惯性环节微分方程为

$$T\frac{\mathrm{d}c(t)}{\mathrm{d}t} + c(t) = Kr(t) \tag{2-64}$$

式中,T 为时间常数,K 为比例系数。对微分方程进行 Laplace 变换,可得其传递函数为

$$G(s) = \frac{C(s)}{R(s)} = \frac{K}{Ts+1} \tag{2-65}$$

利用前述方法,可求得惯性环节在阶跃输入 $r(t) = 1(t)$(或 $R(s) = 1/s$)作用下的输出如图 2-6 所示。不难发现,惯性环节的特点是:不能无延时的复现输入信号,而是缓慢反映输入量变化。在实际系统中,RC 滤波电路、电热炉加温装置等可近似的看作为惯性环节。

3. 积分环节

积分环节的微分方程为

$$T\frac{\mathrm{d}c(t)}{\mathrm{d}t} = r(t) \tag{2-66}$$

式中,T 为时间常数。对微分方程进行 Laplace 变换,可得其传递函数为

$$G(s) = \frac{C(s)}{R(s)} = \frac{1}{Ts} \tag{2-67}$$

当输入信号为单位阶跃信号时,可以求得积分环节的输出如图 2-7 所示。积分环节的特点是:输出量与输入量对时间的积分成正比。若输入量突变,输出值要等时

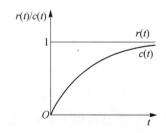

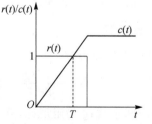

图 2-6　惯性环节的单位阶跃响应　　图 2-7　积分环节的单位阶跃响应

间 T 之后才能等于输入值,存在滞后作用。在输出累积一段时间之后,即使输入为零,输出也将保持原有值不变,具有记忆功能。在实际系统中,电机的力矩与转速、转速与角位移之间,理想电容端电压与电流、理想电感电流与端电压之间均表现出积分环节特征。

4. 理想微分环节

理想微分环节的微分方程为

$$c(t) = T\frac{\mathrm{d}r(t)}{\mathrm{d}t} \tag{2-68}$$

式中,T 为时间常数。对微分方程进行 Laplace 变换,可得其传递函数为

$$G(s) = \frac{C(s)}{R(s)} = Ts \tag{2-69}$$

其单位阶跃响应为

$$c(t) = T\delta(t) \tag{2-70}$$

理想微分环节的单位阶跃响应如图 2-8 所示,在 $t=0$ 时刻,面积为 T、宽度为零、幅值无穷大的理想脉冲,即要求系统能够瞬间提供无穷大信号的能源,且不存在任何惯性。在实际物理系统中难以实现理想的微分环节,通常采用如下的实用微分环节,即

$$G(s) = \frac{Ts}{Ts+1} \tag{2-71}$$

当惯性很小,即 $T \ll 1$ 时,有 $G(s) \approx Ts$,即可近似为理想微分环节。实用微分环节的单位阶跃响应如图 2-9 所示。

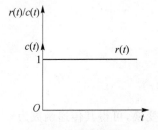

图 2-8　理想微分环节的
单位阶跃响应

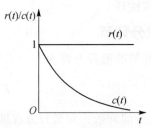

图 2-9　实用微分环节的
单位阶跃响应

微分环节的特点是:输出与输入信号对时间的微分成正比,即输出量反映了输入量的变化率,而不反映输入量本身的大小。

5. 振荡环节

振荡环节的微分方程为

$$T^2\frac{\mathrm{d}^2c(t)}{\mathrm{d}t^2} + 2\zeta T\frac{\mathrm{d}c(t)}{\mathrm{d}t} + c(t) = r(t) \tag{2-72}$$

式中,T 为时间常数;ζ 为阻尼比,且通常有 $0 < \zeta < 1$。容易得到其传递函数为

$$G(s) = \frac{C(s)}{R(s)} = \frac{1}{T^2s^2 + 2\zeta Ts + 1} \tag{2-73}$$

也可以写成

$$G(s) = \cfrac{\cfrac{1}{T^2}}{s^2 + \cfrac{2\zeta}{T}s + \cfrac{1}{T^2}} = \cfrac{\omega_n^2}{s^2 + 2\zeta\omega_n s + \omega_n^2} \qquad (2-74)$$

式中,$\omega_n = \cfrac{1}{T}$ 为振荡环节的无阻尼自然振荡频率。

振荡环节的单位阶跃响应如图 2-10 所示,其动态响应具有衰减振荡的形式。在实际系统中,当含有两个储能元件时往往呈现出振荡特性,如图 2-1 中的 RLC 电路和图 2-2 中的弹簧-质量-阻尼器系统,当其参数选取满足一定条件时可看做振荡系统。

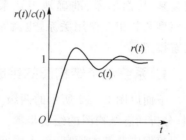

图 2-10 振荡环节的单位阶跃响应

6. 时滞环节

时滞环节也称延迟环节,其数学表达式为

$$c(t) = r(t - \tau) \qquad (2-75)$$

式中,τ 为延迟时间。根据 Laplace 变换延迟性质,可得其传递函数为

$$G(s) = \frac{C(s)}{R(s)} = e^{-\tau s} = \frac{1}{e^{\tau s}} \qquad (2-76)$$

时滞环节的单位阶跃响应如图 2-11 所示,其特点是:输出量与输入量形状完全相同,但延迟了时间 τ。在实际系统中,电力变换装置、网络传输中的信号延迟均可以看作为时滞环节。

为了便于分析计算,可对时滞环节进行近似处理,即将 $e^{-\tau s}$ 按泰勒级数展开,在 τ 很小的条件下,略去高次项,用低阶传递函数近似,可近似为惯性环节。其近似过程为

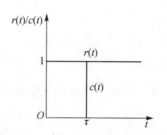

图 2-11 时滞环节的单位阶跃响应

$$G(s) = \frac{1}{e^{\tau s}} = \cfrac{1}{1 + \tau s + \cfrac{\tau^2}{2!}s^2 + \cdots} \approx \frac{1}{1 + \tau s} \qquad (2-77)$$

常用的典型环节传递函数如表 2-2 所列。

表 2-2 常用的典型环节传递函数

典型环节	传递函数	典型环节	传递函数
比例环节	K	积分环节	$1/(Ts)$
理想微分环节	Ts	惯性环节	$K/(Ts+1)$
振荡环节	$1/(T^2 s^2 + 2\zeta Ts + 1)$	一阶微分环节	$\tau s + 1$
二阶微分环节	$\tau^2 s^2 + 2\zeta\tau s + 1$	时滞环节	$e^{-\tau s}$

2.2.3　系统动态结构图及其等效变换

微分方程和传递函数描述的是系统输入量与输出量之间的特性,单独将其用于系统分析时,难以直观的反映系统内部各环节之间的相互作用关系以及单个环节对整个系统的性能影响。控制系统的动态结构图将系统中的所有环节用方框表示,在图中标明各个环节自身的传递函数,并且按照系统中各环节之间的关系将各方框连接起来,从而形象、准确地表达系统各环节的数学模型及其相互作用关系,也就是图形化的系统动态模型。

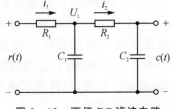

图 2-12　两级 RC 滤波电路

1. 系统动态结构图的组成与绘制

下面以图 2-12 所示的两级 RC 滤波电路为例,分析动态结构图的绘制步骤。

根据电路基本原理,引入中间变量 $i_1(t)$、$U_1(t)$、$i_2(t)$ 可列出各环节的微分方程为

$$\begin{cases} i_1(t) = \dfrac{r(t) - U_1(t)}{R_1} \\[2mm] U_1(t) = \dfrac{1}{C_1}\int [i_1(t) - i_2(t)]\mathrm{d}t \\[2mm] i_2(t) = \dfrac{U_1(t) - c(t)}{R_2} \\[2mm] c(t) = \dfrac{1}{C_2}\int i_2(t)\mathrm{d}t \end{cases} \tag{2-78}$$

对上式进行 Laplace 变换,可得相应的复数域方程组为

$$\begin{cases} i_1(s) = (R(s) - U_1(s))/R_1 \\ U_1(s) = (i_1(s) - i_2(s))/C_1 s \\ i_2(s) = (U_1(s) - C(s))/R_2 \\ C(s) = i_2(s)/C_2 s \end{cases} \tag{2-79}$$

根据变换的方程组,从输入端开始依次画出各元件的动态结构图,并连接同名信号线,可得系统的动态结构图,如图 2-13 所示。

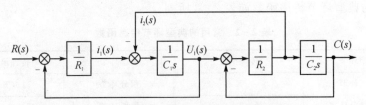

图 2-13　两级 RC 滤波电路的动态结构图

总结上述分析过程,可得绘制系统动态结构图的主要步骤为:

① 确定系统的输入量与输出量,根据所遵循的规律,从输入端开始,依次列出系统中各环节的微分方程组。

② 对微分方程组进行 Laplace 变换,得到相应的复数域代数方程组。

③ 根据代数方程组,从输入端开始依次画出各环节的动态结构图,并标注输入量与输出量。

④ 根据信号关系,连接同名信号线得到系统的动态结构图。

从组成来看,系统动态结构图一般包括以下基本单元:

① 信号线:带有箭头的直线,箭头表示信号的流向,在旁边标记对应的信号。

② 方框:表示对信号进行的数学变换,方框中写入该变换环节的传递函数。

③ 引出点:表示信号引出或测量的位置,从同一位置引出的信号在数值和性质方面完全相同。

④ 比较点:表示对两个或两个以上信号进行加减运算,"+"号可省略不画。

2. 系统动态结构图的等效变换

为了分析方便,在建立系统动态结构图后往往需要对其进行等效变换以求取系统的传递函数。对于实际系统来说,无论系统动态结构图的形式如何错综复杂,方框间的基本连接方式通常为串联、并联和反馈连接 3 种,因此对应的化简方法也主要是进行方框运算,将串联、并联和反馈的方框合并。在一些复杂的动态结构图中,回路之间往往存在交叉连接,为了消除交叉,以便进行上述 3 种等效变换,通常还会用到比较点或引出点的移动。下面对这几种等效变换方法进行介绍,变换过程满足等效原则,即在变换前后,被变换部分的输入量与输出量之间的数学关系保持不变。

(1) 串联连接

如图 2-14 所示,在等效变换前传递函数分别为 $G_1(s)$ 和 $G_2(s)$ 的两个环节以串联方式连接,$G_1(s)$ 的输出量作为 $G_2(s)$ 的输入量,等效变换后两个串联环节合并为一个传递函数为 $G(s)$ 的环节。

图 2-14 两个环节的串联及其等效变换

利用等效原则,不难求得

$$G(s) = G_1(s)G_2(s) \tag{2-80}$$

以此类推,对于 n 个串联环节,其合并后的等效传递函数等于各串联环节传递函数的乘积,即

$$G(s) = \prod_{i=1}^{n} G_i(s) \tag{2-81}$$

(2) 并联连接

如图 2-15 所示,在等效变换前传递函数分别为 $G_1(s)$ 和 $G_2(s)$ 的两个环节以并联方式连接,它们有相同的输入量,输出量等于两个环节输出量的代数和,等效变换后两个并联环节合并为一个传递函数为 $G(s)$ 的环节。

利用等效原则,不难求得

$$G(s) = G_1(s) \pm G_2(s) \tag{2-82}$$

串联连接的
MATLAB 表达

并联连接的
MATLAB 表达

以此类推，对于 n 个并联环节，其合并后的等效传递函数等于各并联环节传递函数的代数和。

（3）反馈连接

若传递函数分别为 $G(s)$ 和 $H(s)$ 的两个环节采用如图 2-16 中所示形式连接，则称之为反馈连接。"+"为正反馈，"-"为负反馈，实际系统通常为负反馈。

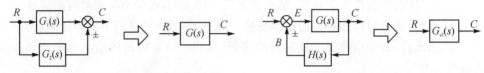

图 2-15　两个环节的并联及其等效变换　　　　图 2-16　反馈连接及其等效变换

反馈连接的
MATLAB 表达

根据其连接关系，有 $C(s)=G(s)E(s)$，$B(s)=H(s)C(s)$，$E(s)=R(s)\pm B(s)$，消去中间变量 $E(s)$ 和 $B(s)$，可得

$$G_{cl}(s)=\frac{G(s)}{1\mp G(s)H(s)} \tag{2-83}$$

（4）比较点和引出点的移动

比较点和引出点的移动一般有：比较点之间或引出点之间的位置交换、比较点相对方框的移动、引出点相对方框的移动等情况。其等效变换过程比较简单，本节不再赘述，需特别注意的是，一般不能将比较点和引出点的位置进行交换。

常用的系统动态结构图等效变换法则可参考表 2-3。

表 2-3　常用的系统动态结构图等效变换法则

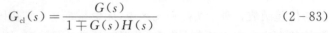

序　号	原结构图	等效结构图	等效法则
1	$R \to G_1(s) \to G_2(s) \to C$	$R \to G_1(s)G_2(s) \to C$	串联等效 $\dfrac{C(s)}{R(s)}=G_1(s)G_2(s)$
2	$R,\ G_1(s),\ G_2(s),\ \pm,\ C$	$R \to G_1(s)\pm G_2(s) \to C$	并联等效 $\dfrac{C(s)}{R(s)}=G_1(s)\pm G_2(s)$
3	$R,\pm,G(s),C,H(s)$	$R \to \dfrac{G(s)}{1\mp G(s)H(s)} \to C$	反馈等效 $\dfrac{C(s)}{R(s)}=\dfrac{G(s)}{1\mp G(s)H(s)}$
4	$R,\pm,G(s),C,H(s)$	$R \to \dfrac{1}{H(s)} \to \ominus \to H(s) \to G(s) \to C$	等效单位反馈 $\dfrac{C(s)}{R(s)}=\dfrac{1}{H(s)}\cdot\dfrac{G(s)H(s)}{1+G(s)H(s)}$
5	$R \to G(s) \to \pm \to C,\ D$	$R \to \pm \to G(s) \to C,\ \dfrac{1}{G(s)} \leftarrow D$	比较点前移 $C(s)=R(s)G(s)\pm D(s)$ $=\left[R(s)\pm\dfrac{D(s)}{G(s)}\right]G(s)$

序 号	原结构图	等效结构图	等效法则
6			比较点后移 $C(s) = [R(s) \pm D(s)]G(s)$ $= R(s)G(s) \pm D(s)G(s)$
7			引出点前移 $C(s) = R(s)G(s)$
8			引出点后移 $R(s) = R(s)G(s)\dfrac{1}{G(s)}$
9			交换和合并比较点 $C(s) = R_1(s) \pm R_2(s) \pm R_3(s)$
10			负号在支路上移动 $E(s) = R(s) - H(s)C(s)$ $= R(s) + H(s) \times (-1)C(s)$

　　根据上述等效变换法则,可对图 2-13 进行化简:对 $i_2(s)$ 支路利用比较点前移和引出点后移,得到图 2-17(a);前向通道采用串联等效变换可得图 2-17(b);前向通道再进一步采用反馈等效变换可得图 2-17(c);整系统采用串联等效和反馈等效变换可得图 2-17(d)。

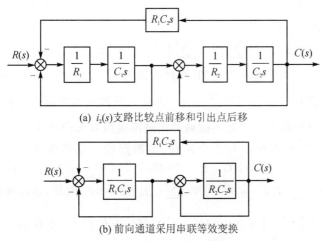

(a) $i_2(s)$ 支路比较点前移和引出点后移

(b) 前向通道采用串联等效变换

图 2-17 两级 RC 滤波电路的动态结构图化简

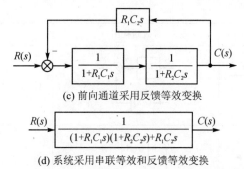

(c) 前向通道采用反馈等效变换

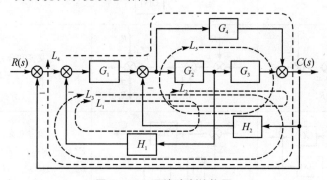

(d) 系统采用串联等效和反馈等效变换

图 2-17　两级 RC 滤波电路的动态结构图化简(续)

3. 梅森公式

除了等效变换,也可以直接利用梅森公式求取系统动态结构图对应的传递函数。下面以图 2-18 为例说明系统动态结构。

图 2-18　系统动态结构图

梅森公式为

$$G(s) = \frac{\sum\limits_{k=1}^{n} P_k \Delta_k}{\Delta} \tag{2-84}$$

式中,各项含义如下:

① Δ 为特征式,即

$$\Delta = 1 - \sum L_i + \sum L_i L_j - \sum L_i L_j L_z + \cdots \tag{2-85}$$

其中,$\sum L_i$ 为各回路传递函数之和,回路传递函数是指回路内前向通道和反馈通道传递函数的积(含相应的符号);$\sum L_i L_j$ 为所有两两互不接触的回路传递函数乘积之和;$\sum L_i L_j L_z$ 为所有三个互不接触的回路传递函数乘积之和。

在图 2-18 所示系统中有 5 个回路,各回路的传递函数为:$L_1 = -G_1 G_2 H_1$,$L_2 = -G_2 G_3 H_2$,$L_3 = -G_1 G_2 G_3$,$L_4 = -G_1 G_4$,$L_5 = -G_4 H_2$。系统中没有两两互不接触的回路,则 $\sum L_i L_j = 0$。同样,$\sum L_i L_j L_z = 0$。因此,该系统的特征式为

$$\Delta = 1 - \sum_{i=1}^{5} L_i = 1 + G_1 G_2 H_1 + G_2 G_3 H_2 + G_1 G_2 G_3 + G_1 G_4 + G_4 H_2$$

$$\tag{2-86}$$

② P_k 为第 k 条前向通道的传递函数，Δ_k 为对应的余子式（即将 Δ 中去掉与第 k 条前向通道相接触的回路所在项后的剩余部分）。

在图 2-18 所示系统中有 2 条前向通道，与 5 个回路都有接触，则 $P_1 = G_1G_2G_3$，$\Delta_1 = 1$，$P_2 = G_1G_4$，$\Delta_2 = 1$，将其代入梅森公式可得到系统的传递函数为

$$\frac{C(s)}{R(s)} = \frac{\sum_{k=1}^{n} P_k \Delta_k}{\Delta} = \frac{G_1G_2G_3 + G_1G_4}{1 + G_1G_2H_1 + G_2G_3H_2 + G_1G_2G_3 + G_1G_4 + G_4H_2}$$

$$(2-87)$$

2.2.4 反馈控制系统的传递函数

控制系统一般受到两类信号的作用：一类是输入信号 $r(t)$，一般施加在控制系统的输入端；另一类是扰动信号 $d(t)$，一般作用在被控对象上，也可能出现在其他环节甚至夹杂在输入信号中，且一个系统中往往有多个扰动信号，为了分析方便，本节将其等效为一个总的扰动作用。受这两类信号作用下的闭环控制系统典型动态结构如图 2-19 所示。

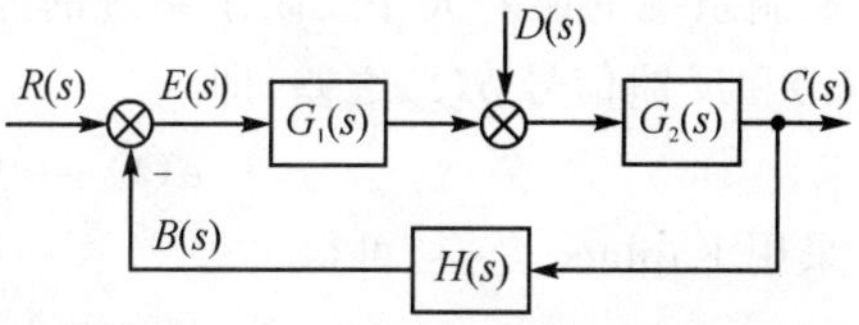

图 2-19 闭环控制系统典型动态结构

对于如图 2-19 所示的闭环控制系统，有以下几类常用的传递函数。

1. 系统的开环传递函数

将反馈环节 $H(s)$ 的输出端切断，即断开系统的反馈通道。此时，反馈信号 $B(s)$ 与输入信号 $R(s)$ 的比值被称为系统的开环传递函数 $G_{op}(s)$，可表示为

$$G_{op}(s) = \frac{B(s)}{R(s)} = G_1(s)G_2(s)H(s) \qquad (2-88)$$

需要注意的是：式(2-88)为闭环系统的开环传递函数，当实际系统无反馈通道时，$G_{op}(s) = G_1(s)G_2(s)$。

2. 系统的闭环传递函数

系统的闭环传递函数包括给定信号作用下的闭环传递函数 $G_{cl,r}(s)$ 和扰动信号作用下的闭环传递函数 $G_{cl,d}(s)$。当只考虑给定信号 $r(t)$ 的作用时，可设扰动信号 $d(t) = 0$，则图 2-19 可化简为图 2-20。

此时，$G_{cl,r}(s)$ 可表示为

$$G_{cl,r}(s) = \frac{C(s)}{R(s)} = \frac{G_1(s)G_2(s)}{1 + G_1(s)G_2(s)H(s)} \qquad (2-89)$$

同理，当只考虑扰动信号 $d(t)$ 的作用时，可设扰动信号 $r(t) = 0$，则图 2-19 可化简为图 2-21。

此时，$G_{cl,d}(s)$ 可表示为

$$G_{cl,d}(s) = \frac{C(s)}{D(s)} = \frac{G_2(s)}{1 + G_1(s)G_2(s)H(s)} \qquad (2-90)$$

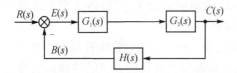

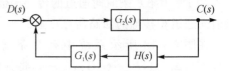

图 2 - 20 仅 $r(t)$ 作用时系统动态结构　　**图 2 - 21 仅 $d(t)$ 作用时系统动态结构**

根据线性系统叠加原理,系统总输出为给定信号 $r(t)$ 和扰动信号 $d(t)$ 作用引起的输出的总和,可得

$$C(s) = G_{cl,r}(s)R(s) + G_{cl,d}(s)D(s) = \frac{G_1(s)G_2(s)R(s) + G_2(s)D(s)}{1 + G_1(s)G_2(s)H(s)}$$

$$(2-91)$$

3. 系统的误差传递函数

控制系统的误差大小反映了系统的控制精度,闭环系统的误差 $e(t)$ 是指给定信号 $r(t)$ 和反馈信号 $b(t)$ 之差,即

$$e(t) = r(t) - b(t) \tag{2-92}$$

采用 Laplace 变换,可得

$$E(s) = R(s) - B(s) \tag{2-93}$$

与前述的闭环传递函数类似,系统的误差传递函数也包括给定信号作用下的误差传递函数 $G_{e,r}(s)$ 和扰动信号作用下的误差传递函数 $G_{e,d}(s)$。

令 $d(t) = 0$,以 $R(s)$ 为输入量,$E(s)$ 为输出量,则图 2 - 19 可化简为图 2 - 22,可以求得

$$G_{e,r}(s) = \frac{E(s)}{R(s)} = \frac{1}{1 + G_1(s)G_2(s)H(s)} \tag{2-94}$$

同理,令 $r(t) = 0$,则图 2 - 19 可化简为图 2 - 23,可以求得

$$G_{e,d}(s) = \frac{E(s)}{D(s)} = \frac{-G_2(s)H(s)}{1 + G_1(s)G_2(s)H(s)} \tag{2-95}$$

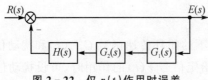

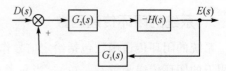

图 2 - 22 仅 $r(t)$ 作用时误差　　　**图 2 - 23 仅 $d(t)$ 作用时误差**
输出的动态结构图　　　　　　**输出的动态结构图**

根据线性系统叠加原理,可得系统的总误差为

$$E(s) = G_{e,r}(s)R(s) + G_{e,d}(s)D(s) = \frac{R(s) - G_2(s)H(s)D(s)}{1 + G_1(s)G_2(s)H(s)} \tag{2-96}$$

比较 $G_{cl,r}(s)$、$G_{cl,d}(s)$、$G_{e,r}(s)$、$G_{e,d}(s)$ 可以发现,它们都具有同样的分母 $1 + G_1(s)G_2(s)H(s)$,也就是具有同样的特征方程,即

$$1 + G_1(s)G_2(s)H(s) = 0 \tag{2-97}$$

该特征方程反映了它们共同的本质。

下面以某坦克炮塔电力传动控制系统为例分析反馈系统传递函数的求取方法。该系统采用基于速度反馈的电机放大机传动结构模式,主要由操纵台、信号放大装置、电机放大机、炮塔电机、方向机和炮塔等组成,如图 2-24 所示。

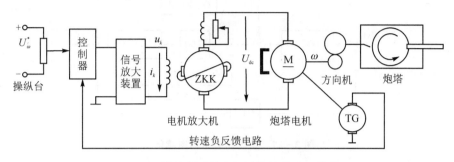

图 2-24 转速负反馈电机放大机传动系统原理

该系统构建的动态结构图如图 2-25 所示,其中,$R(s)$、$C(s)$ 分别为系统输入量(给定转速)和输出量(实际转速),$G_1(s)$ 为控制器传递函数,$G_2(s)$ 为电机放大机环节传递函数,$G_3(s)$、$G_4(s)$ 分别为炮塔电机电磁环节和机电环节传递函数,$G_5(s)$ 为负载(即炮塔)传递函数,$H_1(s)$ 为转速检测与反馈环节传递函数,$H_2(s)$ 为电机转动产生的反电势影响等效传递函数,$H_3(s)$ 为电机电枢电流对电机放大机输出电压影响等效传递函数。

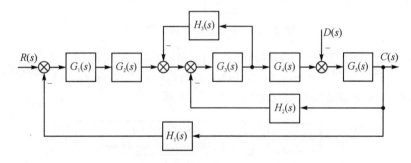

图 2-25 转速负反馈电机放大机传动系统动态结构图

① 当只考虑给定信号 $R(s)$ 作用,且令 $D(s)=0$ 时,合并部分前向通道串联环节 $G_1(s)$、$G_2(s)$ 和 $G_4(s)$、$G_5(s)$,可将系统动态结构图简化为如图 2-26 所示。

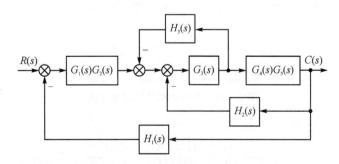

图 2-26 系统动态结构图简化一

反馈环节 $H_3(s)$ 引出点后移到系统输出端,则系统动态结构图简化为如图 2-27 所示。

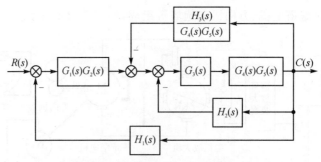

图 2-27　系统动态结构图简化二

化简最内侧由 $G_3(s)$、$G_4(s)$、$G_5(s)$、$H_2(s)$ 组成的闭环反馈环节,则系统动态结构图简化为如图 2-28 所示。

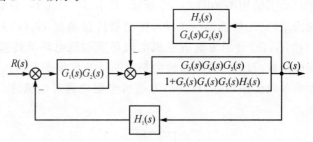

图 2-28　系统动态结构图简化三

进一步化简内侧由 $\dfrac{G_3(s)G_4(s)G_5(s)}{1+G_3(s)G_4(s)G_5(s)H_2(s)}$ 与 $\dfrac{H_3(s)}{G_4(s)G_5(s)}$ 组成的闭环反馈环节,则系统动态结构图简化为如图 2-29 所示。

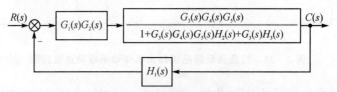

图 2-29　系统动态结构图简化四

进一步合并串联环节并化简闭环反馈环节,则系统动态结构图简化为如图 2-30 所示。

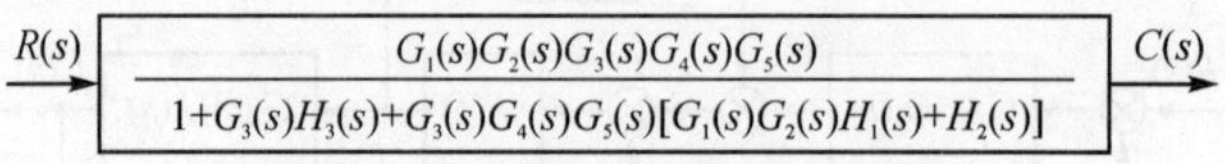

$$\frac{R(s)\quad\quad\quad G_1(s)G_2(s)G_3(s)G_4(s)G_5(s)\quad\quad\quad C(s)}{1+G_3(s)H_3(s)+G_3(s)G_4(s)G_5(s)[G_1(s)G_2(s)H_1(s)+H_2(s)]}$$

图 2-30　系统动态结构图简化五

通过上述简化,可得

$$G_{\text{cl,r}}(s)=\frac{G_1(s)G_2(s)G_3(s)G_4(s)G_5(s)}{1+G_3(s)H_3(s)+G_3(s)G_4(s)G_5(s)\left[G_1(s)G_2(s)H_1(s)+H_2(s)\right]}$$

$$(2-98)$$

② 当只考虑扰动信号 $D(s)$ 作用,且令 $R(s)=0$ 时,合并串联环节 $G_1(s)$、$G_2(s)$、$H_1(s)$,可将系统动态结构图简化为如图 2-31 所示。

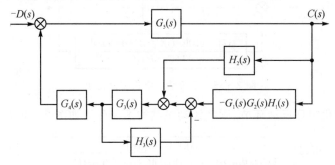

图 2-31 系统动态结构图简化六

反馈环节 $H_3(s)$ 引出点移至 $G_4(s)$ 输出端,合并串联环节 $G_3(s)$、$G_4(s)$,则系统动态结构图简化为如图 2-32 所示。

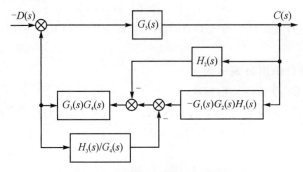

图 2-32 系统动态结构图简化七

合并反馈通道并联环节 $-G_1(s)G_2(s)H_1(s)$ 与 $H_2(s)$,并合并比较点,则系统动态结构图简化为如图 2-33 所示。

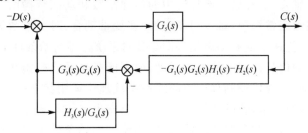

图 2-33 系统动态结构图简化八

化简反馈通道中由 $G_3(s)G_4(s)$ 与 $H_3(s)/G_4(s)$ 组成的闭环反馈环节,则系统动态结构图简化为如图 2-34 所示。

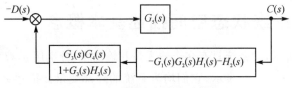

图 2-34 系统动态结构图简化九

合并反馈通道串联环节,则系统动态结构图简化为如图 2-35 所示。

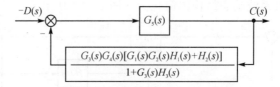

图 2-35　系统动态结构图简化十

进一步简化闭环反馈环节,则系统动态结构图简化为如图 2-36 所示。

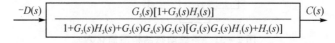

图 2-36　系统动态结构图简化十一

通过上述简化,可得

$$G_{\text{cl,d}}(s) = -\frac{[1+G_3(s)H_3(s)]G_5(s)}{1+G_3(s)H_3(s)+G_3(s)G_4(s)G_5(s)[G_1(s)G_2(s)H_1(s)+H_2(s)]}$$

$$(2-99)$$

综上,该系统总输出可表示为

$$C(s) = G_{\text{cl,r}}(s)R(s) + G_{\text{cl,d}}(s)D(s)$$
$$= \frac{G_1(s)G_2(s)G_3(s)G_4(s)G_5(s)R(s) - [1+G_3(s)H_3(s)]G_5(s)D(s)}{1+G_3(s)H_3(s)+G_3(s)G_4(s)G_5(s)[G_1(s)G_2(s)H_1(s)+H_2(s)]}$$

$$(2-100)$$

2.3　线性系统的状态空间描述

前述分析不难发现,经典控制理论中的传递函数和动态结构图等数学模型的应用对象主要是线性定常系统,难以对非线性、多变量耦合、时变参数等复杂系统进行描述分析。同时,传递函数和动态结构图是针对系统在零初始条件下的数学描述,只能反映系统在控制信号作用下的强迫运动,而不能反映系统初始状态决定的转移运动(或称自由运动)。现代控制理论中的线性系统理论运用状态空间法描述输入-状态-输出诸变量间的关系,既可适用于单输入-单输出系统与多输入-多输出系统,也同时适用于线性定常系统和时变系统,且对系统的初始条件无限定性要求。除了状态空间法外,目前线性系统的分析还常用到线性系统几何理论、线性系统代数理论、线性系统多变量频域方法等。状态空间法是线性系统理论中最重要和影响最广的方法,也是本节介绍的主要对象。

2.3.1　系统状态空间描述基本概念

如图 2-37 所示,设系统具有多个输入量和输出量,分别用 $u_1(t), u_2(t), \cdots, u_k(t)$ 和 $y_1(t), y_2(t), \cdots, y_m(t)$ 表示,它们均为系统的外部变量。描述系统内部每个时刻所处状态的变量 $x_1(t), x_2(t), \cdots, x_n(t)$ 为系统的内部变量。状态空间描述一般由两部分组成：一部分是反映系统内部变量 $x_1(t),x_2(t),\cdots,x_n(t)$ 与输入量 $u_1(t),u_2(t),\cdots,$ $u_k(t)$ 之间关系的数学表达式；另一部分是反映系统内部变量 $x_1(t),x_2(t),\cdots,x_n(t)$ 与输入量 $u_1(t),u_2(t),\cdots,u_k(t)$ 和输出量 $y_1(t),y_2(t),\cdots,$ $y_m(t)$ 之间关系。这种描述方法可以完整表征

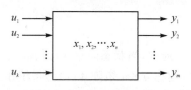

图 2-37　多输入-多输出系统

系统输入量、输出量与内部状态之间的关系以及系统的运动特性。在系统状态空间描述中常用如下基本概念。

1. 状态和状态变量

系统在时域内行为或运动信息的集合被称为状态，能够完全表征系统状态的最小一组变量被称为状态变量，即 $x_1(t),x_2(t),\cdots,x_n(t)$。

(1) 完全表征

在任意时刻 $t=t_0$，状态变量 $x_1(t_0),x_2(t_0),\cdots,x_n(t_0)$ 可以确定系统在该时刻的状态；当 $t\geqslant t_0$ 时，输入量 $u_1(t),u_2(t),\cdots,u_k(t)$ 确定，且上述初始状态也已知时，系统在 $t\geqslant t_0$ 的所有行为状态也就完全确定了。

(2) 变量组最小性

状态变量 $x_1(t),x_2(t),\cdots,x_n(t)$ 是为完全表征系统行为所必须的系统变量的最小个数，减少变量数则破坏了表征的完全性，而增加变量数又是完全表征不需要的。

上述两个特点反映了状态变量对于确定系统的行为的充分必要性。需要说明的是：状态变量的选取不具有唯一性，同一个系统可能有多种不同的状态变量选取方法，但是不管如何选择，状态变量的个数总是相同的。此外，状态变量也不一定在物理上可量测，有时只具有数学意义，而无任何物理意义。但在具体实践中，应尽可能选取容易量测的量作为状态变量，以便满足状态的前馈和反馈等设计要求。例如，机械系统中常选取线（角）位移和线（角）速度作为变量，RCL 电路中则常选取流经电感的电流和电容的端电压作为状态变量。

2. 状态向量与状态空间

把描述系统状态的 n 个状态变量 $x_1(t),x_2(t),\cdots,x_n(t)$ 作为分量所构成的向量 $\boldsymbol{x}(t)$ 称为状态向量，即

$$\boldsymbol{x}(t)=[x_1(t),x_2(t),\cdots,x_n(t)]^{\mathrm{T}} \qquad (2-101)$$

把 n 个状态变量所形成的 n 维空间称为状态空间。系统任意时刻的状态都可以用状态空间中的一个点表示，随着时间推移，状态不断变化，就会在状态空间中形成一条运动轨迹，称之为状态轨迹。

3. 线性系统的状态空间表达式

描述线性系统状态量与输入量之间关系的一阶线性微分方程组被称为状态方程，而描述输出量与状态量和输入量之间关系的代数方程组被称为输出方程，其组合被称为线性系统状态空间表达式或动态方程，可记为

$$\begin{cases} \dot{\boldsymbol{x}}(t) = \boldsymbol{A}(t)\boldsymbol{x}(t) + \boldsymbol{B}(t)\boldsymbol{u}(t) \\ \boldsymbol{y}(t) = \boldsymbol{C}(t)\boldsymbol{x}(t) + \boldsymbol{D}(t)\boldsymbol{u}(t) \end{cases} \qquad (2-102)$$

通常,当状态向量 $\boldsymbol{x}(t)$、输入向量 $\boldsymbol{u}(t)$ 和输出向量 $\boldsymbol{y}(t)$ 的维数分别为 n、k、m 时,则称 $n \times n$ 矩阵 $\boldsymbol{A}(t)$ 为系统矩阵或状态矩阵,$n \times k$ 矩阵 $\boldsymbol{B}(t)$ 为控制矩阵或输入矩阵,$m \times n$ 矩阵 $\boldsymbol{C}(t)$ 为观测矩阵或输出矩阵,$m \times k$ 矩阵 $\boldsymbol{D}(t)$ 为直接传递矩阵。

在线性系统的状态空间表达式中,若系数矩阵 $\boldsymbol{A}(t)$、$\boldsymbol{B}(t)$、$\boldsymbol{C}(t)$、$\boldsymbol{D}(t)$ 的各元素都是常数,则称该系统为线性定常系统;否则,称之为线性时变系统。线性定常系统状态空间表达式的一般形式为

$$\begin{cases} \dot{\boldsymbol{x}}(t) = \boldsymbol{A}\boldsymbol{x}(t) + \boldsymbol{B}\boldsymbol{u}(t) \\ \boldsymbol{y}(t) = \boldsymbol{C}\boldsymbol{x}(t) + \boldsymbol{D}\boldsymbol{u}(t) \end{cases} \qquad (2-103)$$

当输出方程中 $\boldsymbol{D} \equiv 0$ 时,称系统为绝对固有系统;否则,称之为固有系统。为书写方便,常把固有系统(2-102)简记为系统(A,B,C,D),而记相应的绝对固有系统为系统(A,B,C)。定常系统状态空间表达式也可以用动态结构图来描述,如图 2-38 所示。

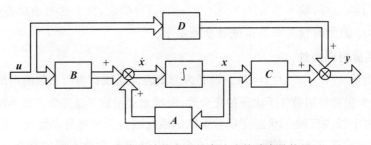

图 2-38　定常系统状态空间表达式的动态结构图

2.3.2　线性定常系统的状态空间表达式与状态变量图

1. 系统状态空间表达式的建立

建立状态空间表达式的方法主要有两种:一种是直接根据系统的机理建立状态空间表达式;另一种是由已知的系统微分方程、传递函数等其他数学模型经过变换而得到状态空间表达式。本节主要介绍第一种方法,第二种方法将在 2.3.3 节介绍。下面以图 2-39 所示的 RLC 电路为例进行分析。

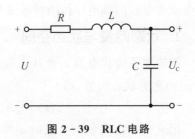

图 2-39　RLC 电路

根据电路定律可列出系统微分方程,即

$$Ri + L\frac{\mathrm{d}i}{\mathrm{d}t} + \frac{1}{C}\int_0^t i\,\mathrm{d}t = U \qquad (2-104)$$

系统输出量为

$$y = U_{\mathrm{C}} = \frac{1}{C}\int_0^t i\,\mathrm{d}t \qquad (2-105)$$

① 设状态变量为 $x_1 = i$，$x_2 = U_C = \dfrac{1}{C}\displaystyle\int_0^t i\,\mathrm{d}t$，则系统状态方程可表示为

$$\begin{cases} \dot{x}_1 = -\dfrac{R}{L}x_1 - \dfrac{1}{L}x_2 + \dfrac{1}{L}U \\[2mm] \dot{x}_2 = \dfrac{1}{C}x_1 \end{cases} \tag{2-106}$$

系统输出方程为

$$y = x_2 \tag{2-107}$$

则系统状态空间表达式的向量方程形式为

$$\begin{cases} \begin{bmatrix} \dot{x}_1 \\ \dot{x}_2 \end{bmatrix} = \begin{bmatrix} -\dfrac{R}{L} & -\dfrac{1}{L} \\[3mm] \dfrac{1}{C} & 0 \end{bmatrix} \begin{bmatrix} x_1 \\ x_2 \end{bmatrix} + \begin{bmatrix} \dfrac{1}{L} \\[2mm] 0 \end{bmatrix} U \\[8mm] y = \begin{bmatrix} 0 & 1 \end{bmatrix} \begin{bmatrix} x_1 \\ x_2 \end{bmatrix} \end{cases} \tag{2-108}$$

② 设状态变量为 $x_1 = \dfrac{1}{C}\displaystyle\int_0^t i\,\mathrm{d}t + Ri$，$x_2 = \dfrac{1}{C}\displaystyle\int_0^t i\,\mathrm{d}t$，则有

$$\begin{cases} i = \dfrac{1}{R}(x_1 - x_2) \\[2mm] \dfrac{\mathrm{d}i}{\mathrm{d}t} = \dfrac{1}{L}(U - x_1) \end{cases} \tag{2-109}$$

故系统状态方程和输出方程分别表示为

$$\begin{cases} \dot{x}_1 = \dfrac{1}{RC}(x_1 - x_2) + \dfrac{R}{L}(U - x_1) \\[2mm] \dot{x}_2 = \dfrac{1}{RC}(x_1 - x_2) \end{cases} \tag{2-110}$$

$$y = x_2 \tag{2-111}$$

则系统状态空间表达式的向量方程形式为

$$\begin{cases} \begin{bmatrix} \dot{x}_1 \\ \dot{x}_2 \end{bmatrix} = \begin{bmatrix} \dfrac{1}{RC} - \dfrac{R}{L} & -\dfrac{1}{RC} \\[3mm] \dfrac{1}{RC} & -\dfrac{1}{RC} \end{bmatrix} \begin{bmatrix} x_1 \\ x_2 \end{bmatrix} + \begin{bmatrix} \dfrac{R}{L} \\[2mm] 0 \end{bmatrix} U \\[8mm] y = \begin{bmatrix} 0 & 1 \end{bmatrix} \begin{bmatrix} x_1 \\ x_2 \end{bmatrix} \end{cases} \tag{2-112}$$

状态空间模型的
MATLAB 表达

对比式(2-108)和式(2-112)可知，系统的状态空间表达式不具有唯一性。选取不同的状态变量，便会有不同的状态空间表达式。但是，可以证明：描述同一系统的不同状态空间表达式之间存在线性变换关系。

2. 系统状态变量图描述方法

除了采用状态空间表达式分析系统外，通常还会用到系统状态变量图来反映系统各状态变量之间的信息传递关系。状态变量图源自模拟计算机的模拟结构图，一

般由积分器、加法器和放大器等构成,其符号如图 2-40 所示。

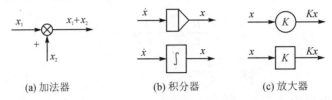

(a) 加法器 (b) 积分器 (c) 放大器

图 2-40 状态变量图元件常用符号

状态变量图的绘制步骤是:首先,画出积分器,其数目为状态变量的个数,每个积分器的输出端标注对应的状态变量;然后,根据状态方程和输出方程画上加法器和放大器;最后,用直线将上述元件连接起来,并用箭头表示信号的传递方向。

如对于式(2-108),可画出其状态变量图,如图 2-41 所示。

不难发现,状态变量图与 2.2.3 节中介绍的系统动态结构图有相似之处,但也存在明显区别,如系统动态结构图中的方框可以表示对信号进行的各种数学变换,但在系统状态变量图中,其变换仅限于积分和放大。

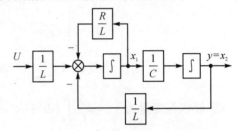

图 2-41 RLC 系统的状态变量图

*2.3.3 状态空间表达式与传递函数之间的转换

对于线性定常系统,经典控制理论中的系统微分方程、传递函数、动态结构图均可与现代控制理论中的状态空间描述进行相互转换。考虑到根据系统微分方程和动态结构图均容易求得传递函数,因此本节主要分析传递函数与状态空间表达式之间的转换。对于根据系统微分方程或动态结构图求取状态空间表达式感兴趣的读者可参考本书所列参考文献。

1. 由传递函数求取系统状态空间表达式

如前所述,系统传递函数可记为有理分式、首一标准型和尾一标准型等形式,下面对前两种形式进行分析。

(1) 传递函数为有理分式情形

传递函数的有理分式形式表达式为

$$G(s) = \frac{Y(s)}{U(s)} = \frac{b_m s^m + b_{m-1} s^{m-1} + \cdots + b_1 s + b_0}{a_n s^n + a_{n-1} s^{n-1} + \cdots + a_1 s + a_0} \qquad (2-113)$$

考虑一般情况下有 $n \geqslant m$,将式(2-114)中的分子分母同除以 s^n,可得输出函数 $Y(s)$ 为

$$Y(s) = \frac{b_m s^{-(n-m)} + b_{m-1} s^{-(n-m+1)} + \cdots + b_1 s^{-(n-1)} + b_0 s^{-n}}{a_n + a_{n-1} s^{-1} + \cdots + a_1 s^{-(n-1)} + a_0 s^{-n}} U(s) \qquad (2-114)$$

令中间变量 $Z(s)$ 为

$$Z(s) = \frac{1}{a_n + a_{n-1}s^{-1} + \cdots + a_1 s^{-(n-1)} + a_0 s^{-n}} U(s) \qquad (2-115)$$

或

$$Z(s) = \frac{1}{a_n} U(s) - \frac{a_{n-1}}{a_n} s^{-1} Z(s) - \cdots - \frac{a_1}{a_n} s^{-(n-1)} Z(s) - \frac{a_0}{a_n} s^{-n} Z(s)$$

$$(2-116)$$

则可得

$$Y(s) = b_m s^{-(n-m)} Z(s) + b_{m-1} s^{-(n-m+1)} Z(s) + \cdots + b_1 s^{-(n-1)} Z(s) + b_0 s^{-n} Z(s)$$

$$(2-117)$$

根据式(2-116)和式(2-117)可以画出系统状态变量图(见图2-42)。

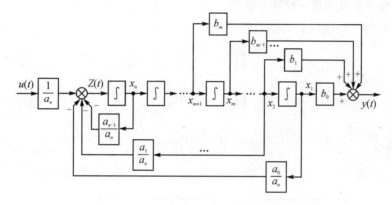

图 2-42　有理分式形式传递函数的状态变量图

选择各积分器的输出作为系统状态变量 $x_1(t), x_2(t), \cdots, x_n(t)$，于是其状态空间表达式可记为

$$\begin{cases} \dot{x}_1 = x_2 \\ \dot{x}_2 = x_3 \\ \vdots \\ \dot{x}_n = -\dfrac{a_0}{a_n} x_1 - \dfrac{a_1}{a_n} x_2 - \cdots - \dfrac{a_{n-1}}{a_n} x_n + \dfrac{1}{a_n} u \end{cases} \qquad (2-118)$$

$$y = b_0 x_1 + b_1 x_2 + \cdots + b_{m-1} x_m + b_m x_{m+1}$$

例如，某三阶系统传递函数为

$$G(s) = \frac{Y(s)}{U(s)} = \frac{4s + 8}{s^3 + 8s^2 + 19s + 12} \qquad (2-119)$$

则根据上述分析，可画出系统状态变量图(见图2-43)。

状态变量选取图中标记量，于是其状态空间表达式可记为

$$\begin{cases} \dot{x}_1 = x_2 \\ \dot{x}_2 = x_3 \\ \dot{x}_3 = -12x_1 - 19x_2 - 8x_3 + u \end{cases} \qquad (2-120)$$

$$y = 8x_1 + 4x_2$$

状态空间
模型转换的
MATLAB 实现
式(2-120)

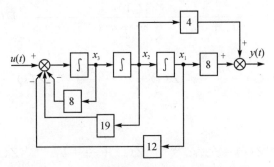

图 2-43 三阶系统的状态变量图(有理分式形式)

(2) 传递函数为首一标准型情形

首一标准型传递函数表达式为

$$G(s) = \frac{Y(s)}{U(s)} = K^* \frac{\prod_{j=1}^{m}(s+z_j)}{\prod_{i=1}^{n}(s+p_i)}$$

$$= K^* \frac{(s+z_1)}{(s+p_1)} \cdots \frac{(s+z_m)}{(s+p_m)} \frac{1}{(s+p_{m+1})} \cdots \frac{1}{(s+p_n)} \quad (2-121)$$

此时,系统可看做由 n 个一阶系统串联而成,其状态变量图如图 2-44 所示。

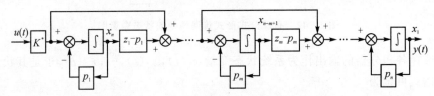

图 2-44 首一标准型传递函数的状态变量图

同理,选择各积分器的输出作为系统状态变量 $x_1(t), x_2(t), \cdots, x_n(t)$,其状态空间表达式可记为

$$\begin{cases} \dot{x}_1 = -p_n x_1 + x_2 \\ \dot{x}_2 = -p_{n-1} x_2 + x_3 \\ \vdots \\ \dot{x}_{n-m-1} = -p_{m+2} x_{n-m-1} + x_{n-m} \\ \dot{x}_{n-m} = -p_{m+1} x_{n-m} + (z_m - p_m) x_{n-m+1} + \cdots + (z_1 - p_1) x_n + K^* u(t) \\ \vdots \\ \dot{x}_{n-1} = -p_2 x_{n-1} + (z_1 - p_1) x_n + K^* u(t) \\ \dot{x}_n = -p_1 x_n + K^* u(t) \end{cases}$$

$$(2-122)$$

$$y = x_1$$

对于式(2-120)所表示的三阶系统,将其转化为首一标准型,有

$$G(s) = \frac{Y(s)}{U(s)} = \frac{4(s+2)}{(s+1)} \frac{1}{(s+3)} \frac{1}{(s+4)} \qquad (2-123)$$

则可求得其状态变量图,如图 2-45 所示。

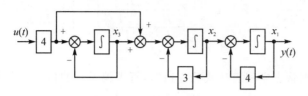

图 2-45　三阶系统的状态变量图(首一标准型)

状态变量选取图中标记量,于是其状态空间表达式可记为

$$\begin{cases} \dot{x}_1 = -4x_1 + x_2 \\ \dot{x}_2 = -3x_2 + x_3 + 4u \\ \dot{x}_3 = -x_3 + 4u \end{cases} \qquad (2-124)$$

$$y = x_1$$

状态空间
模型转换的
MATLAB 实现
式(2-124)

需要说明的是:上述分析中假定系统的极点和零点 $p_i, z_j (i=1,2,\cdots,n, j=1, 2,\cdots,m)$ 均为实数,若当其不全为实数时,可将传递函数描述为尾一标准型,此时仍可等效为多个低阶子系统串联形式,其转换方法与首一标准型情形相同,不再赘述。

2. 由系统状态空间表达式求取传递函数

(1) 单输入-单输出系统的传递函数

单输入-单输出系统的状态空间表达式可记为

$$\begin{cases} \dot{\boldsymbol{x}}(t) = \boldsymbol{A}\boldsymbol{x}(t) + \boldsymbol{B}u(t) \\ y(t) = \boldsymbol{C}\boldsymbol{x}(t) + Du(t) \end{cases} \qquad (2-125)$$

对其进行 Laplace 变换,可得

$$\begin{cases} s\boldsymbol{X}(s) - \boldsymbol{X}(0) = \boldsymbol{A}\boldsymbol{X}(s) + \boldsymbol{B}U(s) \\ Y(s) = \boldsymbol{C}\boldsymbol{X}(s) + DU(s) \end{cases} \qquad (2-126)$$

经整理得

$$\begin{cases} \boldsymbol{X}(s) = (s\boldsymbol{I} - \boldsymbol{A})^{-1}[\boldsymbol{X}(0) + \boldsymbol{B}U(s)] \\ Y(s) = \boldsymbol{C}(s\boldsymbol{I} - \boldsymbol{A})^{-1}[\boldsymbol{X}(0) + \boldsymbol{B}U(s)] + DU(s) \end{cases} \qquad (2-127)$$

式中,$\boldsymbol{I}$ 为单位矩阵。

传递函数转换的
MATLAB 实现

当系统满足零初始条件,即 $\boldsymbol{X}(0) = \boldsymbol{0}$ 时,有

$$G(s) = \frac{Y(s)}{U(s)} = \boldsymbol{C}(s\boldsymbol{I} - \boldsymbol{A})^{-1}\boldsymbol{B} + D = \boldsymbol{C}\frac{\operatorname{adj}(s\boldsymbol{I} - \boldsymbol{A})}{|s\boldsymbol{I} - \boldsymbol{A}|}\boldsymbol{B} + D \qquad (2-128)$$

式中,$\operatorname{adj}(s\boldsymbol{I} - \boldsymbol{A})$ 表示矩阵 $(s\boldsymbol{I} - \boldsymbol{A})$ 的伴随矩阵。

比较式(2-128)与式(2-113)可以发现:系统矩阵 $\boldsymbol{A}$ 的特征多项式等于传递函数的分母多项式,$\boldsymbol{A}$ 的特征值为传递函数的极点。

对于图 2-39 所示的 RLC 电路,根据状态空间表达式(2-108),可求得系统的传递函数为

$$G(s) = \frac{U_C(s)}{U(s)} = \begin{bmatrix} 0 & 1 \end{bmatrix} \frac{\begin{bmatrix} s & -\dfrac{1}{L} \\ \dfrac{1}{C} & s+\dfrac{R}{L} \end{bmatrix}}{s^2 + \dfrac{R}{L}s + \dfrac{1}{LC}} \begin{bmatrix} \dfrac{1}{L} \\ 0 \end{bmatrix} = \frac{1}{LCs^2 + CRs + 1}$$

$$(2-129)$$

同样地,根据状态空间表达式(2-112),可求得系统的传递函数为

$$G(s) = \frac{U_C(s)}{U(s)} = \begin{bmatrix} 0 & 1 \end{bmatrix} \frac{\begin{bmatrix} s+\dfrac{1}{RC} & -\dfrac{1}{RC} \\ \dfrac{1}{RC} & s-\dfrac{1}{RC}+\dfrac{R}{L} \end{bmatrix}}{s^2 + \dfrac{R}{L}s + \dfrac{1}{LC}} \begin{bmatrix} \dfrac{R}{L} \\ 0 \end{bmatrix} = \frac{1}{LCs^2 + CRs + 1}$$

$$(2-130)$$

由此可见,对于同一系统,选取不同的状态变量时其状态空间表达式虽然不同,但是对应的传递函数完全一样,这称为传递函数的不变性。

(2) 多输入-多输出系统的传递函数矩阵

对于如图 2-37 所示的多输入-多输出系统,设第 i 个输入 $u_i(t)$ 对第 j 个输出 $y_j(t)$ 之间的传递函数为

$$G_{ij}(s) = \frac{Y_j(s)}{U_i(s)} \quad (i=1,2,\cdots,k,\ j=1,2,\cdots,m) \qquad (2-131)$$

根据线性系统叠加原理,当有 k 个输入变量 $u_1(t),u_2(t),\cdots,u_k(t)$ 时,第 j 个输出 $y_j(t)$ 满足

$$Y_j(s) = \sum_{i=1}^{k} G_{ij}(s)U_i(s) \qquad (2-132)$$

取 $j=1,2,\cdots,m$,将上式写成矩阵形式,有

$$\boldsymbol{Y}(s) = \boldsymbol{G}(s)\boldsymbol{U}(s) \qquad (2-133)$$

式中

$$\boldsymbol{Y}(s) = \begin{bmatrix} Y_1(s) \\ Y_2(s) \\ \vdots \\ Y_m(s) \end{bmatrix}, \quad \boldsymbol{U}(s) = \begin{bmatrix} U_1(s) \\ U_2(s) \\ \vdots \\ U_k(s) \end{bmatrix}, \quad \boldsymbol{G}(s) = \begin{bmatrix} G_{11}(s) & G_{12}(s) & \cdots & G_{1k}(s) \\ G_{21}(s) & G_{22}(s) & \cdots & G_{2k}(s) \\ \vdots & \vdots & \ddots & \vdots \\ G_{m1}(s) & G_{m2}(s) & \cdots & G_{mk}(s) \end{bmatrix}$$

矩阵 $\boldsymbol{G}(s)$ 被称为传递函数矩阵,与单输入-单输出系统一样的,可以推导得到

$$\boldsymbol{G}(s) = \frac{\boldsymbol{Y}(s)}{\boldsymbol{U}(s)} = \boldsymbol{C}(s\boldsymbol{I}-\boldsymbol{A})^{-1}\boldsymbol{B} + \boldsymbol{D} = \boldsymbol{C}\frac{\mathrm{adj}(s\boldsymbol{I}-\boldsymbol{A})}{|s\boldsymbol{I}-\boldsymbol{A}|}\boldsymbol{B} + \boldsymbol{D} \qquad (2-134)$$

本章习题

本章重难点
释疑

2.1 什么是系统的数学模型?控制系统中常用的数学模型形式有哪些?

2.2 控制系统动态结构图主要包含哪些基本单元？等效变换的原则是什么？

2.3 什么是小偏差线性化？这种方法可以用来解决哪类问题？

2.4 什么是系统的开环传递函数？什么是闭环传递函数？当给定量和扰动量同时作用于系统时,如何计算系统的输出量？

2.5 对于一个确定线性定常控制系统,其微分方程、传递函数和状态空间表达式都是唯一的。这种说法对吗？为什么？

2.6 试求出图 2-46 中的各电路微分方程组,并将其转化为传递函数。

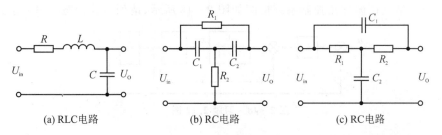

(a) RLC电路   (b) RC电路   (c) RC电路

图 2-46　习题 2.6 图

习题 **2.6** 解析

2.7 试求取下列函数的 Laplace 变换式。

(1) $f(t) = \sin(4t) + e^{-t}$　　(2) $f(t) = (t-2)^2$　　(3) $f(t) = 2t + 3t^2$

习题 **2.7** 解析

2.8 设某系统的闭环传递函数为 $\dfrac{C(s)}{R(s)} = \dfrac{2}{s^2 + 6s + 4}$,且初始条件为 $c(0) = -1$,$\dot{c}(0) = 0$。试求单位阶跃输入 $r(t) = 1(t)$ 时,系统的输出响应 $c(t)$。

习题 **2.8** 解析

2.9 判断下列微分方程所描述的系统中,哪些是线性系统？哪些是非线性系统？

(1) $\dfrac{d^2 y}{dt^2} + \dfrac{2}{y}\dfrac{dy}{dt} + 6 = 0$　　　　　(2) $t\dfrac{d^2 y}{dt^2} + 3\dfrac{dy}{dt} = u + 10\dfrac{du}{dt}$

(3) $y = 5 + u^2 + t\dfrac{du}{dt}$　　　　　(4) $\dfrac{d^2 y}{dt^2} + 4\dfrac{dy}{dt} = t(y - u)$

习题 **2.9** 解析

2.10 某系统由下列微分方程组描述

$$\begin{cases} x_1(t) = k_1 r(t) - x_2(t) \\ x_2(t) = \dot{x}_1(t) + x_1(t) \\ x_3(t) = x_2(t) + k_2 r(t) - c(t) \\ x_4(t) = k_3 x_3(t) - c(t) \\ \dot{c}(t) = x_4(t) \end{cases}$$

习题 **2.10** 解析

式中,k_1、k_2、k_3 均为常数,$r(t)$ 为输入,$c(t)$ 为输出,请绘制该系统的动态结构图,并求取该系统的传递函数 $C(s)/R(s)$。

2.11 图 2-47 为一个控制系统结构图。

(1) 试求该系统的传递函数 $C(s)/R(s)$。

(2) 当 G_1、G_2、G_3、G_4、H_1、H_2 满足什么关系时,输出 $C(s)$ 可不受扰动 $D(s)$ 影响。

习题 **2.11** 解析

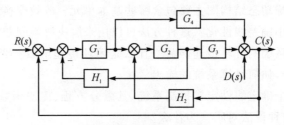

图 2 - 47　习题 2.11 图

2.12　某飞机俯仰角控制系统框图如图 2 - 48 所示,请列写其状态空间表达式。

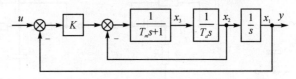

图 2 - 48　习题 2.12 图

2.13　已知系统的状态空间表达式为

$$\begin{bmatrix} \dot{x}_1 \\ \dot{x}_2 \\ \dot{x}_3 \end{bmatrix} = \begin{bmatrix} -2 & 1 & 0 \\ 0 & -3 & 0 \\ 0 & 1 & -4 \end{bmatrix} \begin{bmatrix} x_1 \\ x_2 \\ x_3 \end{bmatrix} + \begin{bmatrix} -1 & -1 \\ 1 & 4 \\ 2 & -3 \end{bmatrix} \begin{bmatrix} u_1 \\ u_2 \end{bmatrix}$$

$$\begin{bmatrix} y_1 \\ y_2 \end{bmatrix} = \begin{bmatrix} 1 & 1 & 1 \\ -2 & -1 & 0 \end{bmatrix} \begin{bmatrix} x_1 \\ x_2 \\ x_3 \end{bmatrix}$$

求其对应的传递函数矩阵。

第3章 系统时域分析方法

在建立了控制系统数学模型后,就可以采用不同的方法对系统进行分析和设计。经典控制理论中常用的分析方法有时域分析法、频域分析法和根轨迹分析法等,本书中主要讨论前两种分析方法。时域分析法通常根据系统的微分方程,以 Laplace 变换为数学工具,求解系统的时间响应,然后根据响应表达式及其响应曲线来分析系统的性能。对于电气自动化系统来说,存在着一些共性的要求,如系统应具有足够的稳定裕度、较高的稳态控制精度和较快的响应过程。1.3 节分析了系统的主要性能指标要求,也是评价系统控制性能优劣的主要依据。本章采用时域分析法,首先分析几类典型系统的动态性能,然后在此基础上讨论系统稳定性判据和稳态误差的计算方法。

本章导学

3.1 控制系统的动态性能分析

3.1.1 典型输入信号

控制系统的动态特性通常是通过系统的动态响应来描述的,而系统的动态响应不仅取决于系统本身的结构参数,还与系统的初始状态及输入信号有关。为了便于分析,本章假定在输入信号作用前系统相对静止(即为零初始状态),同时采用典型信号作为系统输入信号。常用的典型输入信号有:阶跃信号、斜坡(速度)信号、抛物线(加速度)信号、单位脉冲信号和正弦信号,如表 3 - 1 所列。

表 3 - 1 典型输入信号

典型输入信号	波形图	时域表达式	复域表达式
阶跃信号		$r(t)=\begin{cases}0 & t<0 \\ R_0 & t\geqslant0\end{cases}$	$R(s)=\dfrac{R_o}{s}$
斜坡信号		$r(t)=\begin{cases}0 & t<0 \\ v_0t & t\geqslant0\end{cases}$	$R(s)=\dfrac{v_o}{s^2}$

典型输入信号	波形图	时域表达式	复域表达式
抛物线信号		$r(t)=\begin{cases}0 & t<0\\ \dfrac{1}{2}a_0t^2 & t\geqslant0\end{cases}$	$R(s)=\dfrac{a_0}{s^3}$
单位脉冲信号		$r(t)=\delta(t)\begin{cases}\infty & t=0\\ 0 & t\neq0\end{cases}$	$R(s)=1$
正弦信号		$r(t)=A\sin(\omega t)$	$R(s)=\dfrac{A\omega}{s^2+\omega^2}$

在实际应用时究竟采用哪一种典型输入信号,取决于系统的常见工作状态,有时也会在系统所有可能的输入信号中选取最不利的信号作为系统的典型输入信号。例如,室温调节系统和水位调节系统,以及工作状态突然改变或突然受到恒定输入作用的控制系统,一般可以采用阶跃函数作为典型输入信号;跟踪通信卫星的天线控制系统,以及输入信号随时间逐渐变化的控制系统,斜坡信号是比较合适的典型输入信号;抛物线信号可用来作为宇宙飞船控制系统的典型输入信号;当控制系统的输入信号是冲击输入量时,采用脉冲信号较为合适;当系统的输入作用具有周期性的变化时,可选择正弦信号作为典型输入信号。需要说明的是:对于实际输入是无规律变化的随机信号的控制系统,当不能用上述确定性的典型输入信号去代替实际输入时,需要采用随机过程理论进行处理。

3.1.2 一阶系统的动态性能分析

由一阶微分方程描述的系统被称为一阶系统,如RC滤波电路、电热炉加温装置。典型一阶系统的动态结构如图 3 - 1 所示,其微分方程和闭环传递函数可分别描述为

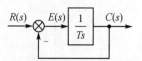

图 3 - 1 典型一阶系统的动态结构图

$$T\frac{\mathrm{d}c(t)}{\mathrm{d}t}+c(t)=r(t) \qquad (3-1)$$

$$G(s) = \frac{C(s)}{R(s)} = \frac{1}{Ts+1} \qquad (3-2)$$

式中，T 为时间常数。

下面分别以单位阶跃、单位斜坡和单位脉冲信号作为输入信号分析一阶系统的动态性能。

1. 一阶系统单位阶跃响应

在零初始条件下，控制系统在单位阶跃信号作用下的输出，称之为系统的单位阶跃响应。一阶系统的单位阶跃响应为

$$C(s) = G(s)\frac{1}{s} = \frac{1}{s(Ts+1)} \qquad (3-3)$$

通过部分分式展开，可得

$$C(s) = \frac{1}{s} - \frac{1}{s+1/T} \qquad (3-4)$$

进行 Laplace 反变换，可得系统的时域响应为

$$c(t) = 1 - \mathrm{e}^{-t/T} \quad (t \geqslant 0) \qquad (3-5)$$

一阶系统单位
阶跃响应
仿真模型

一阶系统的阶跃响应曲线如图 3-2 所示。不难看出，一阶系统单位阶跃响应是单调上升的，输出稳态值为 $C_\infty = 1$，故系统的稳态误差 $e_{ss} = 0$，同时过渡过程无振荡。因此，在分析其动态性能时，可不考虑峰值时间和超调量，主要分析上升时间 t_r 和调节时间 t_s。

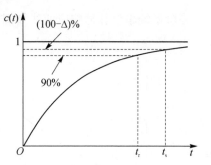

图 3-2　一阶系统单位阶跃响应曲线

（1）上升时间 t_r

根据上升时间定义，由式（3-5）可解得

$$t_r = T \ln 9 \approx 2.2T \qquad (3-6)$$

（2）调节时间 t_s

根据调节时间定义 $|c(t_s) - C_\infty| \leqslant \Delta\% C_\infty$，得

$$|1 - \mathrm{e}^{-t_s/T}| \leqslant \Delta\% \qquad (3-7)$$

可解得

$$t_s \geqslant T \ln(1/\Delta\%) \qquad (3-8)$$

当 $\Delta = 5$ 时，$t_s \approx 3T$；当 $\Delta = 2$ 时，$t_s \approx 4T$。

因此，为了提高一阶系统阶跃跟踪的快速性，减小调节时间，应该尽可能的减小系统时间常数 T。

2. 一阶系统单位斜坡响应

在零初始条件下，控制系统在单位斜坡信号作用下的输出，称之为系统的单位斜坡响应。一阶系统的单位斜坡响应为

$$C(s) = G(s)\frac{1}{s^2} = \frac{1}{s^2(Ts+1)} = \frac{1}{s^2} - \frac{T}{s} + \frac{T}{s+1/T} \qquad (3-9)$$

一阶系统单位
斜坡响应
仿真模型

进行 Laplace 反变换,可得系统的时域响应为

$$c(t) = t - T + Te^{-t/T} \quad (t \geqslant 0) \qquad (3-10)$$

一阶系统单位斜坡响应曲线如图 3-3 所示。输入与输出的误差为

$$e(t) = r(t) - c(t) = t - (t - T + Te^{-t/T}) = T(1 - e^{-t/T}) \qquad (3-11)$$

稳态误差为

$$e_{ss} = \lim_{t \to \infty} e(t) = T \qquad (3-12)$$

因此,一阶系统单位斜坡响应存在稳态误差,其大小与时间常数成正比。

3. 一阶系统单位脉冲响应

在零初始条件下,控制系统在单位脉冲信号作用下的输出,称之为系统的单位脉冲响应。一阶系统的单位脉冲响应为

$$C(s) = G(s) = \frac{1}{Ts + 1} \qquad (3-13)$$

一阶系统单位
脉冲响应
仿真模型

进行 Laplace 反变换,可得系统的时域响应为

$$c(t) = \frac{1}{T}e^{-t/T} \quad (t \geqslant 0) \qquad (3-14)$$

一阶系统单位脉冲响应曲线如图 3-4 所示。其输出稳态值为 $C_\infty = 0$,稳态误差 $e_{ss} = 0$。

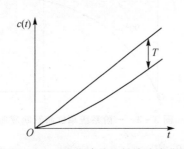

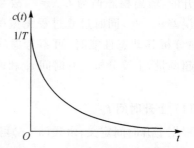

图 3-3　一阶系统单位斜坡响应曲线　　　图 3-4　一阶系统单位脉冲响应曲线

综上分析可以看出,一阶系统在典型信号作用下的性能可由其时间常数 T 表征,T 越小,一阶系统的单位阶跃响应时间越短,单位斜坡响应的稳态误差越小。因此,一阶系统的时间常数越小,对系统动、静态性能越有利。

从输入信号看,单位斜坡信号的导数为单位阶跃信号,而单位阶跃信号的导数为单位脉冲信号。相应地,一阶系统单位斜坡响应的导数为单位阶跃响应,而单位阶跃响应的导数为单位脉冲响应。事实上可以证明:对于线性定常系统,某输入信号导数(或积分)的输出响应等于该输入信号输出响应的导数(或积分)。因此,分析一种典型输入信号的响应,就容易推导得到其他典型输入的响应。同一系统中不同形式的输入信号所对应的输出响应是不同的,但对于线性控制系统来说,它们所表征的系统特性是一致的,故本节后续分析中只考虑系统的单位阶跃响应。

下面以图 3-5 所示的反馈控制系统为例介绍时域分析方法的应用。假定当输入信号 $r(t) = 2 + t$ 时,

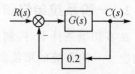

图 3-5　系统动态结构图

系统输出误差 $e(t)=2$,求取 $G(s)$ 并分析系统的性能指标 t_r 和 $\sigma\%$。

首先分析系统的输出 $c(t)=r(t)-e(t)=t$。对输入/输出信号进行 Laplace 变换,并设系统的闭环传递函数为 $G_{cl}(s)$,则有

$$G_{cl}(s)=\frac{G(s)}{1+0.2G(s)}=\frac{C(s)}{R(s)}=\frac{\dfrac{1}{s^2}}{\dfrac{2}{s}+\dfrac{1}{s^2}} \tag{3-15}$$

求解可得

$$G_{cl}(s)=\frac{1}{2s+1},\quad G(s)=\frac{1.25}{2.5s+1} \tag{3-16}$$

由于闭环系统为一阶系统,且 $T=2$,故 $t_r=2.2T=4.4$,$\sigma\%=0$。

3.1.3 二阶系统的动态性能分析

由二阶微分方程描述的系统被称为二阶系统,典型二阶系统的动态结构如图 3-6 所示,其微分方程和闭环传递函数可分别描述为

$$T^2\frac{d^2c(t)}{dt^2}+2\zeta T\frac{dc(t)}{dt}+c(t)=r(t) \tag{3-17}$$

$$G(s)=\frac{1}{T^2s^2+2\zeta Ts+1}=\frac{\omega_n^2}{s^2+2\zeta\omega_n s+\omega_n^2} \tag{3-18}$$

式中,ζ 为阻尼比;ω_n 为无阻尼自然振荡频率,且有 $\omega_n=1/T$。

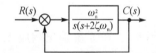

在零初始条件下,二阶系统的单位阶跃响应的 Laplace 变换式为

图 3-6 典型二阶系统的动态结构图

$$C(s)=G(s)R(s)=\frac{\omega_n^2}{s^2+2\zeta\omega_n s+\omega_n^2}\cdot\frac{1}{s} \tag{3-19}$$

不难发现,二阶系统单位阶跃响应特征主要取决于系统闭环特征根的分布。由 $s^2+2\zeta\omega_n s+\omega_n^2=0$ 可求得两个特征根为

$$s_{1,2}=(-\zeta\pm\sqrt{\zeta^2-1})\omega_n \tag{3-20}$$

对于不同的 ζ 值,s_1、s_2 的性质不同(即 s_1、s_2 有可能为实数根、复数根或重根),相应的单位阶跃响应的形式也不同。通常根据 ζ 值的不同,可将二阶系统分为过阻尼、临界阻尼、欠阻尼与无阻尼等状态。下面首先对各种状态下二阶系统的单位阶跃响应特性进行讨论,然后重点分析欠阻尼状态下二阶系统的性能指标。

1. 不同阻尼状态下二阶系统的单位阶跃响应特性

(1) 过阻尼状态($\zeta>1$)

此时,二阶系统具有两个不相等的负实数根,$s_1=(-\zeta+\sqrt{\zeta^2-1})\omega_n$,$s_2=(-\zeta-\sqrt{\zeta^2-1})\omega_n$,故有

$$C(s)=\frac{\omega_n^2}{s(s-s_1)(s-s_2)}=\frac{A_1}{s}+\frac{A_2}{s-s_1}+\frac{A_3}{s-s_2} \tag{3-21}$$

式中，$A_1 = 1$，$A_2 = \dfrac{-1}{2\sqrt{\zeta^2-1}\,(\zeta-\sqrt{\zeta^2-1})}$，$A_3 = \dfrac{1}{2\sqrt{\zeta^2-1}\,(\zeta+\sqrt{\zeta^2-1})}$。

据此，可求得二阶系统输出响应为

$$c(t) = 1 - \frac{1}{2\sqrt{\zeta^2-1}}\left(\frac{\mathrm{e}^{-(\zeta-\sqrt{\zeta^2-1})\omega_n t}}{\zeta-\sqrt{\zeta^2-1}} - \frac{\mathrm{e}^{-(\zeta+\sqrt{\zeta^2-1})\omega_n t}}{\zeta+\sqrt{\zeta^2-1}}\right) \quad (t \geqslant 0) \quad (3-22)$$

对上式求导，可得

$$\frac{\mathrm{d}c(t)}{\mathrm{d}t} = \frac{\omega_n \mathrm{e}^{-(\zeta-\sqrt{\zeta^2-1})\omega_n t}}{2\sqrt{\zeta^2-1}}\left(1 - \mathrm{e}^{-2\sqrt{\zeta^2-1}\omega_n t}\right) \geqslant 0 \quad (t \geqslant 0) \quad (3-23)$$

过阻尼二阶系统单位阶跃响应仿真模型

因此，二阶系统输出响应单调上升，无振荡和超调，且输出稳态值为 $C_\infty = 1$，系统的稳态误差 $e_{ss} = 0$，如图 3-7 所示。

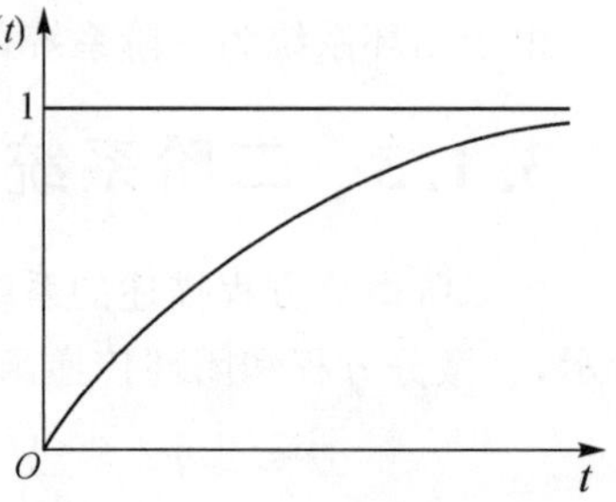

（2）临界阻尼状态（$\zeta = 1$）

此时，$s_1 = s_2 = -\omega_n$ 为一对负重极点，故有

$$C(s) = \frac{\omega_n^2}{s(s+\omega_n)^2} = \frac{1}{s} - \frac{1}{s+\omega_n} - \frac{\omega_n}{(s+\omega_n)^2} \quad (3-24)$$

据此，可求得二阶系统输出响应为

$$c(t) = 1 - \mathrm{e}^{-\omega_n t}(1 + \omega_n t) \quad t \geqslant 0 \quad (3-25)$$

图 3-7　二阶系统单位阶跃响应（$\zeta > 1$）

因此，二阶系统输出响应无振荡和超调，稳态误差 $e_{ss} = 0$，且系统的响应速度比过阻尼状态快。

（3）欠阻尼状态（$0 < \zeta < 1$）

此时，$s_1 = -\zeta\omega_n + \mathrm{j}\omega_n\sqrt{1-\zeta^2}$，$s_2 = -\zeta\omega_n - \mathrm{j}\omega_n\sqrt{1-\zeta^2}$，特征根是具有负实部的共轭复数，故有

$$C(s) = \frac{\omega_n^2}{(s+\zeta\omega_n)^2 + (1-\zeta^2)\omega_n^2} \cdot \frac{1}{s}$$

$$= \frac{1}{s} - \frac{s+\zeta\omega_n}{(s+\zeta\omega_n)^2 + (\sqrt{1-\zeta^2}\,\omega_n)^2} - \frac{\frac{\zeta}{\sqrt{1-\zeta^2}}\sqrt{1-\zeta^2}\,\omega_n}{(s+\zeta\omega_n)^2 + (\sqrt{1-\zeta^2}\,\omega_n)^2}$$

$$(3-26)$$

进行 Laplace 反变换，可得二阶系统的时域响应为

$$c(t) = 1 - \mathrm{e}^{-\zeta\omega_n t}\cos\left(\sqrt{1-\zeta^2}\,\omega_n t\right) - \frac{\zeta}{\sqrt{1-\zeta^2}}\mathrm{e}^{-\zeta\omega_n t}\sin\left(\sqrt{1-\zeta^2}\,\omega_n t\right)$$

$$= 1 - \frac{1}{\sqrt{1-\zeta^2}}\mathrm{e}^{-\zeta\omega_n t}\sin\left(\sqrt{1-\zeta^2}\,\omega_n t + \cos^{-1}\zeta\right) \quad (t \geqslant 0) \quad (3-27)$$

欠阻尼二阶系统单位阶跃响应仿真模型

记 $\rho = \zeta\omega_n$ 为衰减系数，表征系统暂态分量的衰减速度，$\omega_d = \sqrt{1-\zeta^2}\,\omega_n$ 为阻尼振荡频率，$\varphi = \cos^{-1}\zeta$，则式（3-27）可化为

$$c(t) = 1 - \frac{1}{\sqrt{1-\zeta^2}} e^{-\rho t} \sin(\omega_{\mathrm{d}} t + \varphi) \quad (t \geqslant 0) \tag{3-28}$$

可见,式(3-28)等号右边第二项系数将随着时间的增加而按照指数规律减小,呈现衰减振荡趋势,必然产生超调,输出稳态值为 $C_{\infty}=1$,系统的稳态误差 $e_{\mathrm{ss}}=0$,如图 3-8 所示。

(4) 无阻尼状态($\zeta=0$)

此时,$s_1 = +\mathrm{j}\omega_{\mathrm{n}}$,$s_2 = -\mathrm{j}\omega_{\mathrm{n}}$,为一对纯虚根,故有

$$C(s) = \frac{\omega_{\mathrm{n}}^2}{s^2 + \omega_{\mathrm{n}}^2} \cdot \frac{1}{s} = \frac{1}{s} - \frac{s}{s^2 + \omega_{\mathrm{n}}^2} \tag{3-29}$$

据此,可求得二阶系统输出响应为

$$c(t) = 1 - \cos(\omega_{\mathrm{n}} t) \quad (t \geqslant 0) \tag{3-30}$$

可见,二阶系统输出响应曲线为等幅振荡波形,如图 3-9 所示。

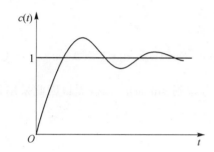 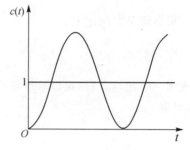

图 3-8　二阶系统单位阶跃响应($0<\zeta<1$)　　图 3-9　二阶系统单位阶跃响应($\zeta=0$)

综合上述分析可知,ζ 值越大,二阶系统的平稳性越好,超调越小,但是响应速度越慢;ζ 值越小,二阶系统响应振荡越强,振荡频率越高,响应速度变快。无阻尼时,二阶系统处于临界稳定状态。

2. 欠阻尼状态下二阶系统的单位阶跃响应性能指标

(1) 上升时间 t_{r}

令 $c(t)=1$,根据式(3-28)可得

$$\frac{1}{\sqrt{1-\zeta^2}} e^{-\rho t_{\mathrm{r}}} \sin(\omega_{\mathrm{d}} t_{\mathrm{r}} + \varphi) = 0 \tag{3-31}$$

可解得

$$t_{\mathrm{r}} = (\pi - \varphi)/\omega_{\mathrm{d}} \tag{3-32}$$

(2) 峰值时间 t_{p}

对式(3-28)求导,并令

$$\left. \frac{\mathrm{d}c(t)}{\mathrm{d}t} \right|_{t=t_{\mathrm{p}}} = \frac{\rho e^{-\rho t_{\mathrm{p}}}}{\sqrt{1-\zeta^2}} \sin(\omega_{\mathrm{d}} t_{\mathrm{p}} + \varphi) - \frac{\omega_{\mathrm{d}} e^{-\rho t_{\mathrm{p}}}}{\sqrt{1-\zeta^2}} \cos(\omega_{\mathrm{d}} t_{\mathrm{p}} + \varphi) = 0$$

$$\tag{3-33}$$

可解得

$$t_{\mathrm{p}} = \pi/\omega_{\mathrm{d}} \tag{3-34}$$

(3) 超调量 $\sigma\%$

因为 $C_\infty = 1$，且根据式(3-34)和式(3-28)可得

$$C_{max} = c(t_p) = 1 + \frac{1}{\sqrt{1-\zeta^2}} e^{-\frac{\zeta\pi}{\sqrt{1-\zeta^2}}} \sin\varphi \qquad (3-35)$$

考虑到 $\sin\varphi = \sqrt{1-\cos^2\varphi} = \sqrt{1-\zeta^2}$，所以

$$C_{max} = 1 + e^{-\frac{\zeta\pi}{\sqrt{1-\zeta^2}}} \qquad (3-36)$$

因此，有

$$\sigma\% = e^{-\frac{\zeta\pi}{\sqrt{1-\zeta^2}}} \times 100\% \qquad (3-37)$$

即二阶系统超调量只与阻尼比有关，改变阻尼比就可以调节系统的超调量。

(4) 调节时间 t_s

根据调节时间定义，有

$$|c(t_s) - C_\infty| = \frac{1}{\sqrt{1-\zeta^2}} e^{-\rho t_s} \sin(\omega_d t_s + \varphi) \leqslant \Delta\% \qquad (3-38)$$

上式为一个超越方程，难以求得解析解。考虑到 $\sin(\omega_d t_s + \varphi) \leqslant 1$，因此采用近似处理，可取

$$\frac{1}{\sqrt{1-\zeta^2}} e^{-\rho t_s} \leqslant \Delta\% \qquad (3-39)$$

则可得

$$t_s = -\frac{\ln(\sqrt{1-\zeta^2}\,\Delta\%)}{\zeta\omega_n} \qquad (3-40)$$

当 $0 < \zeta < 0.8$ 时，可进一步近似，求得：当 $\Delta = 5$ 时，$t_s = 3/\zeta\omega_n$；当 $\Delta = 2$ 时，$t_s = 4/\zeta\omega_n$。

*3.1.4 高阶系统的动态性能分析

设高阶系统稳定，极点中包含共轭复数极点，零点中不包含共轭复数零点，且全部极点和零点均不相同，则可将其传递函数首一标准型在实数域内分解为

$$G(s) = \frac{C(s)}{R(s)} = \frac{K^* \prod_{j=1}^{m} (s+z_j)}{\prod_{i=1}^{q} (s+p_i) \prod_{k=1}^{r} (s^2 + 2\zeta_k\omega_{nk}s + \omega_{nk}^2)} \qquad (3-41)$$

式中，q 为实数极点的个数，r 为共轭复数极点的对数，且有 $q+2r=n$。则当输入信号为单位阶跃函数时，其输出为

$$C(s) = G(s)R(s) = \frac{K^* \prod_{j=1}^{m} (s+z_j)}{s \prod_{i=1}^{q} (s+p_i) \prod_{k=1}^{r} (s^2 + 2\zeta_k\omega_{nk}s + \omega_{nk}^2)} \qquad (3-42)$$

采用部分分式展开，可得

$$C(s) = \frac{A_0}{s} + \sum_{i=1}^{q} \frac{A_i}{s+p_i} + \sum_{k=1}^{r} \frac{B_k s + C_k}{s^2 + 2\zeta_k \omega_{nk} s + \omega_{nk}^2} \quad (3-43)$$

其单位阶跃响应为

$$c(t) = A_0 + \sum_{i=1}^{q} A_i e^{-p_i t} + \sum_{k=1}^{r} B_k e^{-\zeta_k \omega_{nk} t} \cos\left(\sqrt{1-\zeta_k^2}\,\omega_{nk} t\right) +$$

$$\sum_{k=1}^{r} \frac{C_k - \zeta_k \omega_{nk} B_k}{\sqrt{1-\zeta_k^2}\,\omega_{nk}} e^{-\zeta_k \omega_{nk} t} \sin\left(\sqrt{1-\zeta_k^2}\,\omega_{nk} t\right) \quad (3-44)$$

由式(3-44)可以看出，高阶系统的动态响应是由一阶系统和二阶系统的动态响应组合而成，各个暂态分量由其幅值系数 A_i、B_k、C_k 及其指数衰减常数 p_i、$\zeta_k \omega_{nk}$ 决定。其中，$i=1,2,\cdots,q$；$k=1,2,\cdots,r$。由此可知：

① 如果所有的闭环极点都分布在 s 平面虚轴左侧，即所有的极点都有负实部，那么随时间增加，式(3-44)中的指数项都趋近于零，该高阶系统是稳定的。

② 高阶系统动态响应各分量衰减的快慢，取决于指数衰减系数 p_i、$\zeta_k \omega_{nk}$。p_i、$\zeta_k \omega_{nk}$ 越大，即系统闭环传递函数极点的实部在 s 平面虚轴左侧离虚轴越远，则相应的分量衰减越快；反之，离虚轴越近，衰减越慢。

③ 高阶系统动态响应各分量的幅值系数大小不仅与极点在 s 平面的位置有关，而且与零点的位置也有关。具体来说，实际系统若某一极点远离虚轴和其他极点，相应的幅值系数往往也很小，其暂态分量对系统的动态性能影响很小；如果某一极点和零点靠的很近，其暂态分量对系统的动态性能影响很小；如果某一极点远离闭环零点，但与虚轴相距较近，则当相应的幅值系数很大时，其暂态分量不仅幅值大，且其衰减很慢，对系统的动态性能影响很大。

综合上述分析，如果高阶系统中距离虚轴最近的极点，其实部绝对值小于其他极点实部绝对值的 1/5，且其附近没有零点，可以认为系统的动态响应主要由其决定。这些对系统动态响应起主导作用的闭环极点被称为主导极点，当主导极点以共轭复数的形式出现时，高阶系统的性能就可以近似的当作二阶系统来分析，并可以用二阶系统的性能指标来估计其动态特性。

3.2　控制系统的稳定性分析

3.2.1　稳定的基本概念

稳定是控制系统最重要的性能，也是系统能够正常运行的首要条件。在实际运行过程中，系统总会受到来自内部或外部的各种干扰，如果系统不稳定，任何微小的扰动作用都会导致其偏离原来的状态，并随时间的推移而发散。以图 3-10 所示的小球为例：当其处于图 3-10(a)所示的凹面中时，设平衡位置为 A 点，如果由于外力作用偏移到 A′点时，一旦撤销外力，它将在重力和摩擦力的作用下经过若干次振荡回到 A 点，那么它是稳定的；但如果处于图 3-10(b)所示的凸面上时，当其受外力偏离平衡位置后，即使撤销外力也不可能回到平衡位置，那么它是不稳定的；还有一种介于稳定和不稳定之间的状态，即临界稳定，如图 3-10(c)所示。

小球受扰
运动过程

(a) 稳定　　　　　　　(b) 不稳定　　　　　　(c) 临界稳定

图 3-10　系统稳定性示意图

控制系统稳定性有多种定义方法，对于线性定常系统来说，可将上述例子中小球的稳定概念推广到系统稳定性分析中。假设系统具有一个平衡运行状态，如果受到外部作用偏离了平衡位置，当外部作用消失后，系统仍能回到原来的平衡状态，则认为系统稳定；反之，则系统不稳定。

判别系统是否稳定的问题被称为绝对稳定性分析，如果要进一步分析系统稳定或不稳定的程度，还需要进行相对稳定性分析。

3.2.2　系统稳定的充分必要条件

上述稳定性定义描述了去除扰动作用后系统本身的一种恢复能力，线性定常系统的稳定性只取决于系统的结构和参数，与外部作用以及初始条件无关，即采用不同的输入信号可分析得到同样的稳定性结论。本节以外部输入为阶跃信号和脉冲信号两种情况为例进行分析。

系统传递函数采用首一标准型形式，可求得其阶跃响应 Laplace 变换式为

$$C(s) = G(s)R(s)$$

$$= \frac{b_m s^m + b_{m-1} s^{m-1} + \cdots + b_1 s + b_0}{a_n s^n + a_{n-1} s^{n-1} + \cdots + a_1 s + a_0} \cdot \frac{1}{s}$$

$$= K^* \frac{\prod\limits_{j=1}^{m}(s + z_j)}{s \prod\limits_{i=1}^{n}(s + p_i)}$$

$$= \frac{A_0}{s} + \frac{A_1}{s + p_1} + \frac{A_2}{s + p_2} + \cdots + \frac{A_n}{s + p_n} \tag{3-45}$$

为便于分析，设 $s = -p_i$ 为单根，且有 $A_i = [C(s)(s + p_i)]\big|_{s=-p_i}$（$i = 0, 1, 2, \cdots, n$）。经过 Laplace 反变换，可得系统的时域响应为

$$c(t) = A_0 + A_1 e^{-p_1 t} + \cdots + A_n e^{-p_n t} \tag{3-46}$$

其中，第一项为由输入引起的稳态分量，其余项均为系统输出的瞬态分量。处于平衡状态下的稳定系统，其输出瞬态分量应该均为零，必须满足

$$\lim_{t \to \infty} e^{-p_i t} = 0 \tag{3-47}$$

因此,系统稳定的充分必要条件是:系统特征方程的所有特征根的实部必须小于零,即其特征方程的根都在 s 左半平面。

类似地,也可采用零初始条件下系统的单位理想脉冲响应来分析系统的稳定性。对于式(2-58)所表示的系统,由于单位理想脉冲函数的 Laplace 变换式为1,因此系统的单位理想脉冲响应就是系统闭环传递函数的 Laplace 反变换式。采用类似的分析方法不难得到,系统响应的衰减特性取决于闭环传递函数的极点(系统的特征根)在 s 平面的分布。如果所有的闭环极点都分布在 s 平面虚轴左侧,则暂态分量将逐渐衰减为零,系统是稳定的;如果有共轭极点分布在虚轴上,则系统的暂态分量作等幅振荡,系统处于临界稳定状态;如果有闭环极点分布在 s 平面虚轴右侧,则系统具有发散振荡的分量,系统不稳定。

3.2.3 劳斯稳定判据

由系统稳定的充要条件可知,要判断一个线性定常系统是否稳定,只要求解得到系统的特征根即可,但是,实际控制系统的特征方程往往是高阶的,求解比较困难。考虑到方程的根是由方程的系数确定的,如果不需求解特征方程,只通过方程系数之间的关系就可以判定系统的稳定性,那么在工程上就具有很强的实践意义,为此形成了一系列的稳定性判据。劳斯(Routh)判据是一种常用的判据,其基本方法是:将特征方程各项系数按照一定的规则排列形成 Routh 表,并根据 Routh 表的元素特征判断系统稳定性。

1. Routh 表与 Routh 稳定判据原理

设控制系统的特征方程为

$$p(s) = a_n s^n + a_{n-1} s^{n-1} + \cdots + a_1 s + a_0 = 0 \tag{3-48}$$

式中,$a_i (i=1,2,\cdots,n) > 0$,即特征方程的所有系数均为正值。将系统特征方程的 $n+1$ 个系数排列成如下形式,称之为 Routh 表。该表中的每一行元素均计算到等于零为止。

$$
\begin{array}{c|cccccc}
s^n & a_n & a_{n-2} & a_{n-4} & a_{n-6} & \cdots \\
s^{n-1} & a_{n-1} & a_{n-3} & a_{n-5} & a_{n-7} & \cdots \\
s^{n-2} & b_{31} & b_{32} & b_{33} & b_{34} & \cdots \\
s^{n-3} & b_{41} & b_{42} & b_{43} & b_{44} & \cdots \\
\vdots & \vdots & \vdots & \vdots & \vdots \\
s^2 & b_{(n-1)1} & b_{(n-1)2} \\
s & b_{n1} \\
s^0 & b_{(n+1)1}
\end{array}
$$

其中,除了特征方程系数外,其他元素计算公式为

$$b_{31} = -\frac{1}{a_{n-1}}\begin{vmatrix} a_n & a_{n-2} \\ a_{n-1} & a_{n-3} \end{vmatrix} = \frac{a_{n-1}a_{n-2} - a_n a_{n-3}}{a_{n-1}}$$

$$b_{32} = -\frac{1}{a_{n-1}}\begin{vmatrix} a_n & a_{n-4} \\ a_{n-1} & a_{n-5} \end{vmatrix} = \frac{a_{n-1}a_{n-4} - a_n a_{n-5}}{a_{n-1}}$$

$$b_{33} = -\frac{1}{a_{n-1}}\begin{vmatrix} a_n & a_{n-6} \\ a_{n-1} & a_{n-7} \end{vmatrix} = \frac{a_{n-1}a_{n-6} - a_n a_{n-7}}{a_{n-1}}$$

$$\vdots$$

$$b_{41} = -\frac{1}{b_{31}}\begin{vmatrix} a_{n-1} & a_{n-3} \\ b_{31} & b_{32} \end{vmatrix} = \frac{b_{31}a_{n-3} - b_{32}a_{n-1}}{b_{31}}$$

$$b_{42} = -\frac{1}{b_{31}}\begin{vmatrix} a_{n-1} & a_{n-5} \\ b_{31} & b_{33} \end{vmatrix} = \frac{b_{31}a_{n-5} - b_{33}a_{n-1}}{b_{31}}$$

$$b_{43} = -\frac{1}{b_{31}}\begin{vmatrix} a_{n-1} & a_{n-7} \\ b_{31} & b_{34} \end{vmatrix} = \frac{b_{31}a_{n-7} - b_{34}a_{n-1}}{b_{31}}$$

$$\vdots$$

$$b_{(n+1)1} = a_0$$

Routh 判据：Routh 表中第一列元素全部为正时，系统稳定，否则第一列元素符号改变的次数等于系统正实部特征根的个数。

例如，设某系统的特征方程为 $s^4 + 2s^3 + 3s^2 + 4s + 1 = 0$，则可列出 Routh 表为

$$
\begin{array}{c|lll}
s^4 & 1 & 3 & 1 \\
s^3 & 2 & 4 & \\
s^2 & 1 & 1 & b_{31}=(2\times3-4)/2=1, \quad b_{32}=(2\times1-0)/2=1 \\
s & 2 & & b_{41}=(1\times4-2\times1)/1=2 \\
s^0 & 1 & & b_{51}=(2\times1-1\times0)/2=1
\end{array}
$$

系统稳定性判断的
MATLAB 实现

可见，Routh 表中第一列元素全部为正，则系统稳定。

应用 Routh 判据不难求得低阶系统的稳定性条件为：

① 一阶和二阶系统稳定的充分必要条件是特征方程所有系数均为正。

② 三阶系统稳定的充分必要条件是特征方程所有系数均为正，且 $a_1 a_2 > a_0 a_3$。

2. Routh 表特殊情况的处理

(1) Routh 表某行第一列元素为零，其余各行不全为零情形

此时，可用一个接近于零的很小的正数 ε 代替为零的项继续计算。

例如，设某系统的特征方程为 $s^4 + 2s^3 + 3s^2 + 6s + 1 = 0$，则可列出 Routh 表为

$$
\begin{array}{c|lll}
s^4 & 1 & 3 & 1 \\
s^3 & 2 & 6 & \\
s^2 & \varepsilon & 1 & b_{31}=(3\times2-1\times6)/2=0 \leftarrow \varepsilon, \quad b_{32}=(2\times1-0)/2=1 \\
s & 6-2/\varepsilon & & b_{41}=(6\times\varepsilon-2\times1)/\varepsilon=6-2/\varepsilon \\
s^0 & 1 & & b_{51}=[(6-2/\varepsilon)\times1-\varepsilon\times0]/(6-2/\varepsilon)=1
\end{array}
$$

系统稳定性判断的
MATLAB 实现(1)

可见，Routh 表第一列元素的符号改变了两次，因此系统有两个正实部根，则系

统不稳定。

（2）Routh 表某行元素全为零情形

如果 Routh 表中某一行的元素全为零，表明方程中存在绝对值相同但符号相异的特征根。此时，可用全零行上一行的元素为系数构造辅助多项式 $F(s)$，并用 $F(s)$ 对 s 求导后所得多项式的系数取代全零行，继续进行运算。

例如，设某系统的特征方程为 $s^5+2s^4+3s^3+6s^2-5s-10=0$，则可列出 Routh 表为

系统稳定性判断的 **MATLAB 实现（2）**

$$\begin{array}{c|lll}
s^5 & 1 & 3 & -5 \\
s^4 & 2 & 6 & -10 \\
s^3 & 0 & 0 & \quad\leftarrow\ 8\quad 12\quad F(s)=2s^4+6s^2-10,\quad F'(s)=8s^3+12s \\
s^2 & 3 & -10 & \qquad\qquad b_{41}=(6\times 8-2\times 12)/8=3,\quad b_{42}=-10 \\
s & 116/3 & & \qquad\qquad b_{51}=(3\times 12+8\times 10)/3=116/3 \\
s^0 & -10 &
\end{array}$$

可见，Routh 表第一列元素的符号改变了一次，因此系统有一个正实部根，则系统不稳定。

3.2.4　系统的相对稳定性

在实际系统中，只判定系统是否稳定也往往是不够的。例如，在建模时往往对实际系统的参数进行了近似，且某些参数在实际工作过程中还会随条件的变化而改变，这就给分析带来了误差，考虑到这些因素，则希望知道系统距离稳定边界还有多少裕量，这就需要判定相对稳定性或者求取系统的稳定裕度。再如，对于战斗机和客机来说，虽都是稳定的控制系统，但稳定程度不同，对应机动性和可操作性要求也不一样，因此也需要研究系统的相对稳定性。

3.1.4 节分析了 s 平面中特征根负实部位置与系统性能的关系，此处也可以用根的负实部位置来描述系统的相对稳定性。例如，要分析系统是否具有 σ_1 的稳定裕度（见图 3-11），相当于将虚轴向左移动距离 σ_1，然后判断系统是否稳定。也就是说，以

$$s=z-\sigma_1 \tag{3-49}$$

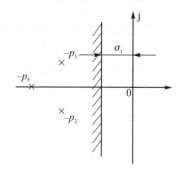

代入系统特征方程，写出 z 的多项式，然后利用 Routh 判据判定 z 的多项式根是否都在新的虚轴左侧。以特征方程为 $s^4+10s^3+35s^2+50s+K=0$

图 3-11　相对稳定性

的某系统为例，如果要求系统的极点全部位于 $s=-1$ 左侧，求 K 的取值范围。

根据前述分析，取 $s=z-1$，则系统特征方程可改写为

$$(z-1)^4+10(z-1)^3+35(z-1)^2+50(z-1)+K=0 \tag{3-50}$$

整理可得

$$z^4+6z^3+11z^2+6z+K-24=0 \tag{3-51}$$

可列出 Routh 表为

$$
\begin{array}{c|ccc}
z^4 & 1 & 11 & K-24 \\
z^3 & 6 & 6 & \\
z^2 & 10 & K-24 & \\
z & \dfrac{102-3K}{5} & & \\
z^0 & K-24 & &
\end{array}
$$

令 Routh 表第一列元素均为正,则有 $24 < K < 34$。

3.3 控制系统的稳态误差分析

3.3.1 稳态误差基本概念

系统误差通常定义为期望值与实际值的差值。但是,往往系统的输入量和输出量为不同量纲的物理量,因此系统误差不能直接用它们的差值来表示,而是用输入量与反馈量的差值来定义,即

$$e(t) = r(t) - b(t) \tag{3-52}$$

稳态误差是指系统进入稳态后的误差值,即

$$e_{ss} = \lim_{t \to \infty} e(t) \tag{3-53}$$

系统的稳态误差是衡量系统控制精度的性能指标。稳态误差必须在允许的范围内,控制系统才有实用价值,如工业加热炉的炉温误差超过限度就会影响产品质量,导弹跟踪误差超过允许限度就会大大降低命中概率。

3.3.2 反馈控制系统稳态误差分析

反馈控制系统典型结构如图 3-12 所示,其稳态误差可以分为由给定信号引起的误差和由扰动信号引起的误差。2.2.4 节已经分析了输入信号 $r(t)$ 和扰动信号 $d(t)$ 分别作用时,系统的误差传递函数分别为

$$G_{e,r}(s) = \frac{E(s)}{R(s)} = \frac{1}{1+G_1(s)G_2(s)H(s)} = \frac{1}{1+G(s)H(s)} \tag{3-54}$$

$$G_{e,d}(s) = \frac{E(s)}{D(s)} = \frac{-G_2(s)H(s)}{1+G_1(s)G_2(s)H(s)} = \frac{-G_2(s)H(s)}{1+G(s)H(s)} \tag{3-55}$$

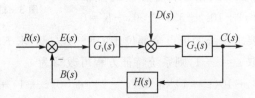

图 3-12 反馈控制系统典型结构图

系统的总误差为

$$E(s) = G_{e,r}(s)R(s) + G_{e,d}(s)(s)D(s) = \frac{R(s) - G_2(s)H(s)D(s)}{1 + G(s)H(s)}$$

$$(3-56)$$

系统的稳态误差为

$$e_{ss} = \lim_{t \to \infty} e(t) = \lim_{t \to \infty} [L^{-1}(E(s))] \qquad (3-57)$$

应用 Laplace 变换的终值定理,可进一步将系统的稳态误差描述为

$$e_{ss} = \lim_{t \to \infty} e(t) = \lim_{s \to 0} sE(s) \qquad (3-58)$$

由此可见,系统的稳态误差不仅与系统自身的结构和参数有关,还与输入信号和扰动信号的大小和型式紧密相关,这与前面分析的"系统稳定性只取决于自身的结构和参数,与输入信号等无关"的结论是不同的。在实际系统中,分析研究典型输入和扰动作用下系统稳态误差与结构和参数之间的关系具有很强的实践意义,这部分内容将在 7.1.2 节中进行详细分析。

需要注意的是,利用终值定理求取稳态误差时必须满足条件:$sE(s)$ 应在 s 平面虚轴右侧及虚轴上(不含原点)解析,即 $sE(s)$ 的全部极点都必须位于 s 平面虚轴左侧(或原点)。以图 3-13 所示的系统为例,分析其在 $r(t) = t^2/2$ 和 $r(t) = \sin \omega t$ 时系统的稳态误差。

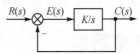

图 3-13　控制系统稳态误差分析图

① 对于 $r(t) = t^2/2$,对应的 Laplace 变换为 $R(s) = 1/s^3$,则根据式(3-56),可得

$$E(s) = \frac{R(s)}{1 + G(s)H(s)} = \frac{1}{s^2(s+K)} = \frac{1/K^2}{s+K} + \frac{1/K}{s^2} - \frac{1/K^2}{s}$$

$$(3-59)$$

采用 Laplace 反变换,可得

$$e(t) = \frac{1}{K^2} e^{-Kt} + \frac{1}{K} t - \frac{1}{K^2} \qquad (3-60)$$

当 $t \to \infty$ 时,$e_{ss} = \lim_{t \to \infty} e(t) = \infty$。

如果直接利用终值定理,则根据式(3-58),有

$$e_{ss} = \lim_{s \to 0} sE(s) = \lim_{s \to 0} \frac{1}{s(s+K)} = \infty \qquad (3-61)$$

两种方法求取的结果是一致的,利用终值定理求取更为简便,但是它只能反映稳态误差,不能分析误差的动态变化过程。

② 对于 $r(t) = \sin \omega t$,对应的 Laplace 变换为 $R(s) = \dfrac{\omega}{s^2 + \omega^2}$,则

$$E(s) = \frac{R(s)}{1 + K/s} = \frac{s}{s+K} \frac{\omega}{s^2 + \omega^2} = -\frac{\frac{K\omega}{K^2 + \omega^2}}{s+K} + \frac{\frac{K\omega}{K^2 + \omega^2} s + \frac{\omega^3}{K^2 + \omega^2}}{s^2 + \omega^2}$$

$$(3-62)$$

采用 Laplace 反变换,可得

系统跟踪
误差仿真(1)

系统跟踪
误差仿真(2)

$$e(t) = -\frac{K\omega}{K^2 + \omega^2}e^{-Kt} + \frac{\omega}{K^2 + \omega^2}(K\cos\omega t + \omega\sin\omega t) \qquad (3-63)$$

则

$$e_{ss} = \frac{\omega}{K^2 + \omega^2}(K\cos\omega t + \omega\sin\omega t)$$

当 $t \to \infty$ 时，e_{ss} 既不趋近于零，也不发散，处于等幅振荡状态。

如果直接利用终值定理，则有

$$e_{ss} = \lim_{s\to 0}sE(s) = \lim_{s\to 0}\frac{s^2}{s+K}\frac{\omega}{s^2+\omega^2} = 0 \qquad (3-64)$$

其结果是错误的，原因在于此时 $sE(s)$ 在 s 平面的虚轴上有极点，则终值定理不再适用。

在实际系统中，存在大量的以正弦信号为典型给定的电气自动化系统，如单相逆变电源、新能源并网装置等。关于这类系统在正弦输入条件下的稳态误差分析，以及正弦无静差跟踪控制方法等内容将在 8.3 节中进行详细论述。

本章习题

3.1 一阶系统的时间常数对其动态性能有何影响？

3.2 按照阻尼程度的不同，二阶系统响应可分为几种情况？在各种情况下提高阻尼比会对系统动态性能产生什么影响？

3.3 什么是主导极点？主导极点在系统分析中起什么作用？

3.4 利用终值定理求取系统稳态误差为什么要求 $sE(s)$ 的全部极点都必须位于 s 平面虚轴左侧（或原点）？如不满足会造成什么后果？

3.5 线性定常系统稳定的条件是什么？

3.6 某一阶系统的结构如图 3-14 所示。要求系统闭环增益 $K=2$，调节时间 $t_s(5\%)=0.4s$，试确定参数 K_1、K_2 的值。

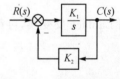

图 3-14 习题 3.6 图

3.7 已知某单位反馈系统的开环传递函数为

$$G_{op}(s) = \frac{k_{op}}{s(\tau s + 1)}$$

试选择参数 k_{op}、τ，以满足下列指标。

(1) 当输入量为 $r(t) = t$ 时，系统稳态误差 $e_v(\infty) \leqslant 0.02$。

(2) 当输入量为 $r(t) = 1(t)$ 时，系统的 $\sigma\% \approx 30\%$，$t_s(5\%) \leqslant 0.3s$。

3.8 一个闭环反馈控制系统的动态结构如图 3-15 所示。

(1) 当 $\sigma\% \approx 20\%$，$t_s(5\%) \approx 1.8s$ 时，求系统的参数 K_1、τ 值。

(2) 试求上述系统在单位阶跃信号、单位斜坡信号和单位抛物线信号作用下的稳态误差。

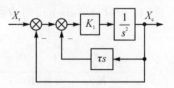

图 3-15 习题 3.8 图

本章重难点
释疑

习题 3.6 解析

习题 3.7 解析

习题 3.8 解析

3.9 某单位反馈系统的开环传递函数为

$$G_{op}(s) = \frac{K(s+3)}{(s+1)(s+2)(s^2+4s+5)}$$

（1）求取使系统稳定的 K 值范围。

（2）如要求闭环特征根的实部均小于 -1，求 K 的取值范围。

3.10 某高速列车的停车位置控制系统如图 3−16 所示。已知参数：$K_1=1$，$K_2=1\ 000$，$K_3=0.01$，$a=0.1$，$b=0.1$。试证明：只要放大器增益 K 大于零，系统就可以保持稳定。

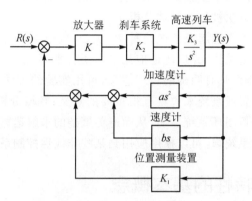

图 3−16 习题 3.10 图

习题 3.9 解析

习题 3.10 解析

第4章　系统频域分析方法

本章导学

第3章采用脉冲、阶跃、斜坡或抛物线信号作为典型输入来分析系统的时域响应特性,考虑到控制系统中的各种信号可看作是由多个不同频率的正弦信号合成的,因此也可以通过研究不同频率正弦信号作用下系统的输出响应来分析系统特性,应用频率特性研究系统的方法被称为频域分析法。

频域分析法的基本思想起源于通信科学,在 20 世纪 40 年代被引入控制领域后迅速引起了人们的高度关注,并广泛地应用到各类控制系统的分析和设计中。与时域分析法相比,频率特性具有明确的物理意义,可用实验的方法来确定,这对于难以列出其微分方程的装置或系统来说具有很重要的意义;频域分析法还可以通过系统的开环频率特性来分析闭环系统性能,从而避免繁杂的求解运算。此外,频域分析法不仅适用于线性定常系统,还可以推广应用到某些非线性控制系统。

4.1　频率特性的基本概念

4.1.1　频率特性的定义

频率响应是系统对正弦信号的稳态响应。对于线性系统来说,其正弦响应中的瞬态响应分量不是正弦信号,稳态响应分量是与输入信号同频率的正弦信号,但是幅值和相位均有所变化。以图 4-1 所示的 RC 电路为例,其输入、输出的关系可用微分方程描述

$$T \frac{\mathrm{d}U_o}{\mathrm{d}t} + U_o = U_{in} \tag{4-1}$$

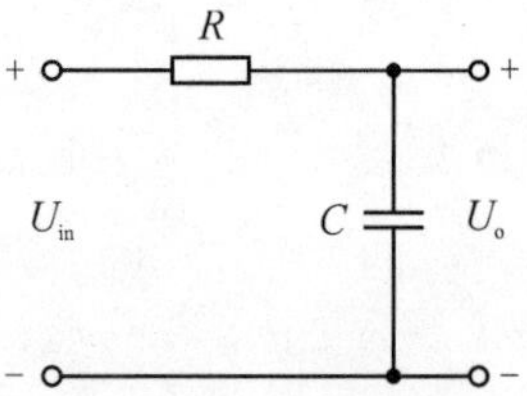

式中,T 为电路时间常数,且有 $T=RC$。当其满足零初始条件时,容易求得其传递函数为

$$G(s) = \frac{U_o(s)}{U_{in}(s)} = \frac{1}{Ts+1} \tag{4-2}$$

图 4-1　RC 电路

当输入电压信号 $U_{in}(t) = U_{im} \sin \omega t$ 时,其 Laplace 变换式为

$$U_{in}(s) = \frac{U_{im}\omega}{s^2 + \omega^2} \tag{4-3}$$

因此,系统输出为

$$U_o(s) = \frac{1}{Ts+1} \cdot \frac{U_{im}\omega}{s^2 + \omega^2} \tag{4-4}$$

RC 电路正弦
跟踪响应
仿真模型

对其进行 Laplace 反变换,可得

$$U_o(t) = \frac{U_{im}T\omega}{1+(T\omega)^2} e^{-t/T} + \frac{U_{im}}{\sqrt{1+(T\omega)^2}} \sin(\omega t - \arctan \omega T) \tag{4-5}$$

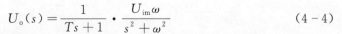

式(4-5)等号右边第一项为瞬态响应分量,第二项为稳态响应分量。当 $t \to \infty$ 时,瞬态响应分量衰减到零,系统的稳态响应分量与输入信号 $U_{in}(t) = U_{im} \sin \omega t$ 相比,为同频率的正弦波形,但是幅值增大 $1/\sqrt{1+(T\omega)^2}$ 倍,相位延迟 $\arctan \omega T$ 角度。容易发现,幅值和相位的变化量都是频率 ω 的函数,因此可以将稳态响应幅值与输入信号幅值之比和频率的关系 $A(\omega)$ 定义为幅频特性,稳态响应相位与输入信号相位之差和频率的关系 $\varphi(\omega)$ 定义为相频特性,并将其指数形式 $A(\omega)e^{j\varphi(\omega)}$ 称为系统的频率特性。这样一来,幅频特性就可以描述系统对通过其中的不同频率信号在稳态情况下幅值的衰减或放大特性,相频特性则描述了系统对通过其中的不同频率信号在稳态情况下相位的滞后或超前特性,这两个特性反映了系统的固有特性,如图 4-2 所示。

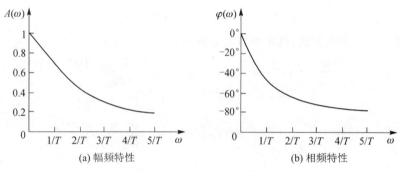

(a) 幅频特性 (b) 相频特性

图 4-2 RC 电路输出特性

进一步,代入 $A(\omega) = 1/\sqrt{1+(T\omega)^2}$,$\varphi(\omega) = -\arctan T\omega$,则可得系统频率特性为

$$A(\omega)e^{j\varphi(\omega)} = \frac{1}{\sqrt{1+(T\omega)^2}} e^{-j\arctan(T\omega)} = \frac{1}{1+j\omega T} \qquad (4-6)$$

对比式(4-6)和式(4-2),不难发现

$$A(\omega)e^{j\varphi(\omega)} = G(j\omega) = G(s)\big|_{s=j\omega} \qquad (4-7)$$

即 RC 电路的频率特性可以直接由其传递函数,以 $j\omega$ 代替 s 得到。

接下来将上述分析推广到一般情况。对于稳定的线性定常系统,其传递函数采用首一标准型形式,有

$$G(s) = \frac{C(s)}{R(s)} = \frac{b_m s^m + b_{m-1} s^{m-1} + \cdots + b_1 s + b_0}{a_n s^n + a_{n-1} s^{n-1} + \cdots + a_1 s + a_0} = K^* \frac{\prod\limits_{j=1}^{m}(s+z_j)}{\prod\limits_{i=1}^{n}(s+p_i)}$$

$$(4-8)$$

设输入信号为 $r(t) = A \sin \omega t$,其 Laplace 变换式为 $R(s) = \dfrac{A\omega}{s^2+\omega^2}$。当系统无重极点时,其输出响应的 Laplace 变换式可写为

$$C(s) = G(s)R(s) = K^* \frac{\prod\limits_{j=1}^{m}(s+z_j)}{\prod\limits_{i=1}^{n}(s+p_i)} \cdot \frac{A\omega}{s^2+\omega^2}$$

$$= \frac{A_1}{s+j\omega} + \frac{A_2}{s-j\omega} + \sum_{i=1}^{n}\frac{B_i}{s+p_i} \qquad (4-9)$$

对其进行 Laplace 反变换,有

$$c(t) = A_1 e^{-j\omega t} + A_2 e^{j\omega t} + \sum_{i=1}^{n} B_i e^{-p_i t} \qquad (4-10)$$

对于稳定的系统,$-p_i(i=1,2,\cdots,n)$ 的实部均小于零。因此,系统的稳态响应分量为

$$c_s(t) = \lim_{t\to\infty} c(t) = A_1 e^{-j\omega t} + A_2 e^{j\omega t} \qquad (4-11)$$

根据 2.1.2 节的方法,可求得待定系数为

$$A_1 = G(s)\frac{A\omega}{s^2+\omega^2} \cdot (s+j\omega)\big|_{s=-j\omega} = G(-j\omega)\frac{A}{-2j} = \frac{|G(j\omega)|e^{-j\angle G(j\omega)}A}{-2j}$$

$$(4-12)$$

$$A_2 = G(s)\frac{A\omega}{s^2+\omega^2} \cdot (s-j\omega)\big|_{s=j\omega} = G(j\omega)\frac{A}{2j} = \frac{|G(j\omega)|e^{j\angle G(j\omega)}A}{2j}$$

$$(4-13)$$

将所得系数代入式(4-11),可得

$$c_s(t) = A|G(j\omega)|\frac{e^{j[\omega t+\angle G(j\omega)]} - e^{-j[\omega t+\angle G(j\omega)]}}{2j} = A|G(j\omega)|\sin[\omega t + \angle G(j\omega)]$$

$$(4-14)$$

根据前述定义,有系统幅频特性为 $A(\omega) = |G(j\omega)|$,相频特性为 $\varphi(\omega) = \angle G(j\omega)$,因此系统频率特性可描述为

$$A(\omega)e^{j\varphi(\omega)} = |G(j\omega)|e^{j\angle G(j\omega)} = G(j\omega) = G(s)\big|_{s=j\omega} \qquad (4-15)$$

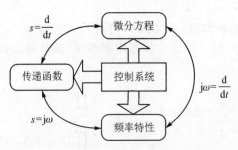

图 4-3　几种数学模型之间的关系

也就是说,对于一般的线性定常系统,其频率特性也满足式(4-7),可以直接由该系统的传递函数,以 $j\omega$ 代替 s 得到。频率特性函数、传递函数和微分方程是在不同域内描述控制系统的数学模型,它们之间的转换关系如图 4-3 所示。

在工程实践中,系统的频率特性一般可由以下方法求取:

① 根据已知微分方程,设定正弦信号作为输入,求解系统输出,取稳态分量和输入正弦函数的复数比(即幅值比和相位差)求得。本节中分析图 4-1 中 RC 电路就是采用的这种方法。

② 根据系统的传递函数,以 $j\omega$ 代替 s 直接得到系统的频率特性。

③ 对于无法通过解析方法得到微分方程和传递函数的系统,可用不同频率的正弦信号作为系统输入,然后对其输出响应进行检测,记录其与输入信号的幅值比和相位差,根据其变化规律绘制曲线,得到系统的频率特性。

4.1.2 频率特性的几何表示法

常用的系统频率特性表示方法有幅相频特性曲线,也称极坐标图或奈奎斯特(Nyquist)图;对数频率特性曲线,也称伯德(Bode)图;对数幅相频特性曲线,也称尼克尔斯(Nichols)图。

1. 幅相频特性曲线

对于任一给定的频率 ω,频率特性 $G(j\omega)$ 为复数。若以横轴为实轴、纵轴为虚轴构成复数平面,则频率特性可表示为复平面上的向量,向量长度即为幅频特性 $A(\omega)$,向量相角为相频特性 $\varphi(\omega)$。ω 变化过程中向量终端形成的轨迹即为幅相频率特性曲线。由于 $A(\omega)$ 为 ω 的偶函数,$\varphi(\omega)$ 为 ω 的奇函数,则 ω 从 $0\to+\infty$ 和从 $0\to-\infty$ 的幅相频特性曲线关于实轴对称。因此,一般只绘制 ω 从 $0\to+\infty$ 的幅相频特性曲线。需要说明的是,ω 取负值无实际物理意义,但是具有明确的几何含义,对系统性能分析是必要的。

2. 对数频率特性曲线

对数频率特性是将频率特性表示在对数坐标系中。对式(4-15)取对数,有

$$\lg[G(j\omega)] = \lg[A(\omega)] + j0.434\varphi(\omega) = \lg|G(j\omega)| + j0.434\angle G(j\omega)$$

$$(4-16)$$

习惯上,系数 0.434 可以不考虑,这样一来,对数频率特性就可以分别用对数幅频特性和对数相频特性两个坐标图来表示。

(1) 对数幅频特性 $L(\omega)$

对数幅频特性的横坐标为角频率 ω,采用对数比例尺(即按 $\lg\omega$ 分度,ω 每变化 10 倍,横坐标变化一个单位长度,这个单位长度代表 10 倍频的距离,故称"十倍频"或"十倍频程")。纵坐标为线性分度,单位为分贝(dB),其关系式为 $L(\omega)=20\lg|G(j\omega)|$。$|G(j\omega)|$ 每变化 10 倍,$L(\omega)$ 变化 20 dB,如图 4-4 所示。

(2) 对数相频特性 $\varphi(\omega)$

对数相频特性的横坐标与对数幅频特性的横坐标相同,其纵坐标为 $G(j\omega)$ 的相位 $\varphi(\omega)$,采用线性分度,单位为度(°)或弧度(rad)。

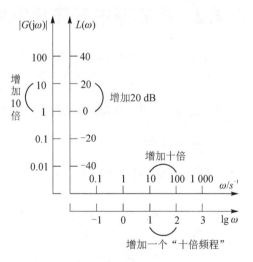

图 4-4 对数幅频坐标

对数频率特性
曲线图注

采用对数频率特性表示法具有如下优点：一是利用 ω 的对数分度实现了横坐标的非线性压缩，便于在较大频率范围内反映频率特性的变化情况。在同一张图上，既可以画出频率特性的中、高频段，又能清晰的反映其低频段特性，这些特性在系统分析和设计时是非常重要的。二是大幅简化了频率特性曲线的绘制难度，因为开环系统往往是由多个环节串联构成的，设各环节的频率特性为

$$\begin{cases} G_1(j\omega)=A_1(\omega)e^{j\varphi_1(\omega)}=|G_1(j\omega)|e^{j\angle G_1(j\omega)} \\ G_2(j\omega)=A_2(\omega)e^{j\varphi_2(\omega)}=|G_2(j\omega)|e^{j\angle G_2(j\omega)} \\ \vdots \\ G_n(j\omega)=A_n(\omega)e^{j\varphi_n(\omega)}=|G_n(j\omega)|e^{j\angle G_n(j\omega)} \end{cases} \quad (4-17)$$

则串联后的开环系统频率特性为

$$G_{op}(j\omega)=|G_1(j\omega)|e^{j\angle G_1(j\omega)}|G_2(j\omega)|e^{j\angle G_2(j\omega)}\cdots|G_n(j\omega)|e^{j\angle G_n(j\omega)}$$
$$=|G_{op}(j\omega)|e^{j\angle G_{op}(j\omega)} \quad (4-18)$$

其中，$G_{op}(j\omega)=|G_1(j\omega)||G_2(j\omega)|\cdots|G_n(j\omega)|$，$\angle G_{op}(j\omega)=\angle G_1(j\omega)+\angle G_2(j\omega)+\cdots+\angle G_n(j\omega)$。在复平面中绘制幅相频率特性时比较复杂，但是采用对数幅频特性时，由于

$$L(\omega)=20\lg|G_1(j\omega)|+20\lg|G_2(j\omega)|+\cdots+20\lg|G_n(j\omega)| \quad (4-19)$$

这样就可以将乘法运算变成加法运算，由此可以先绘制出各个环节的对数幅频特性曲线，然后通过加减运算就能得到由串联各环节组成系统的对数幅频特性曲线。

3. 对数幅相频特性曲线

对数幅相频特性曲线特点是将对数幅频特性曲线和对数相频特性曲线绘制在一个平面上，纵坐标为 $L(\omega)$，单位为分贝（dB），横坐标为 $\varphi(\omega)$，单位为度（°）或弧度（rad），频率 ω 为参变量。

4.2 控制系统开环频率特性曲线

与2.2节分析方法相同，本节首先分析典型环节的频率特性曲线，在此基础上讨论反馈控制系统的频率特性曲线求取方法。

4.2.1 典型环节的频率特性曲线

1. 比例环节

比例环节的传递函数为 $G(s)=K$，容易求得其频率特性表达式为

$$G(j\omega)=K \quad (4-20)$$

因此，其幅频特性和相频特性分别为

$$A(\omega)=K \quad (4-21)$$
$$\varphi(\omega)=0° \quad (4-22)$$

不难发现，比例环节的幅频特性和相频特性与频率大小无关，为常数，其幅相频特性曲线为实轴上的一点，如图4-5所示。

进一步,可求得其对数幅频特性与对数相频特性分别为

$$L(\omega) = 20\lg A(\omega) = 20\lg K \qquad (4-23)$$
$$\varphi(\omega) = 0° \qquad (4-24)$$

也即是,比例环节的对数幅频特性曲线是一条高度为 $20\lg K$ 且与横轴平行的直线,其对数相频特性曲线类似,如图 4-6 所示。

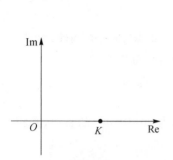

图 4-5 比例环节的幅相频特性曲线

图 4-6 比例环节的对数频率特性曲线

2. 积分环节

积分环节的传递函数为 $G(s) = \dfrac{1}{s}$,容易求得其频率特性表达式为

$$G(j\omega) = \frac{1}{j\omega} \qquad (4-25)$$

因此,其幅频特性和相频特性分别为

$$A(\omega) = \frac{1}{\omega} \qquad (4-26)$$
$$\varphi(\omega) = -90° \qquad (4-27)$$

由此可见,积分环节的幅相频特性曲线是一条与负虚轴重合的直线,如图 4-7 所示。

进一步,可求得其对数幅频特性与对数相频特性分别为

$$L(\omega) = 20\lg A(\omega) = -20\lg \omega \qquad (4-28)$$
$$\varphi(\omega) = -90° \qquad (4-29)$$

因此,积分环节的对数幅频特性曲线是一条斜率为 $-20\ \mathrm{dB/dec}$ 的直线,对数相频特性曲线是 $-90°$ 的直线,如图 4-8 所示。

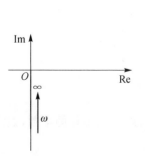

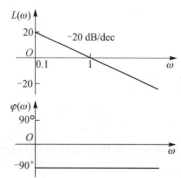

图 4-7 积分环节的幅相频特性曲线

图 4-8 积分环节的对数频率特性曲线

3. 微分环节

理想微分环节的传递函数为 $G(s)=s$,容易求得其频率特性表达式为

$$G(j\omega)=j\omega \tag{4-30}$$

因此,其幅频特性和相频特性分别为

$$A(\omega)=\omega \tag{4-31}$$

$$\varphi(\omega)=90° \tag{4-32}$$

不难发现,微分环节的幅相频特性曲线是一条与正虚轴重合的直线,如图 4-9 所示。

进一步,可求得其对数幅频特性与对数相频特性分别为

$$L(\omega)=20\lg A(\omega)=20\lg \omega \tag{4-33}$$

$$\varphi(\omega)=90° \tag{4-34}$$

因此,微分环节的对数幅频特性曲线是一条斜率为 20 dB/dec 的直线,其相频特性曲线是 90°的直线,如图 4-10 所示。

微分环节频率
特性绘制

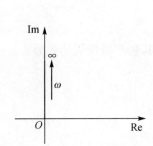

图 4-9　微分环节的幅相频特性曲线

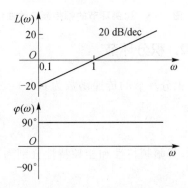

图 4-10　微分环节的对数频率特性曲线

4. 惯性环节

惯性环节的传递函数为 $G(s)=\dfrac{1}{Ts+1}$,容易求得其频率特性表达式为

$$G(j\omega)=\frac{1}{j\omega T+1} \tag{4-35}$$

因此,其幅频特性和相频特性分别为

$$A(\omega)=\frac{1}{\sqrt{1+(\omega T)^2}} \tag{4-36}$$

$$\varphi(\omega)=-\arctan \omega T \tag{4-37}$$

不难求得

$$\left[\mathrm{Re}[G(j\omega)]-\frac{1}{2}\right]^2+\left[\mathrm{Im}[G(j\omega)]\right]^2=\frac{1}{4} \tag{4-38}$$

因此,惯性环节的幅相频特性曲线以 $\left(\dfrac{1}{2},j0\right)$ 为圆心,以 $\dfrac{1}{2}$ 为半径的半圆,如图 4-11 所示。

进一步,容易求得惯性环节的对数幅频特性与对数相频特性分别为

$$L(\omega) = 20\lg A(\omega) = 20\lg \frac{1}{\sqrt{1+(\omega T)^2}} \qquad (4-39)$$

$$\varphi(\omega) = -\arctan \omega T \qquad (4-40)$$

因此,可得惯性环节的对数频率特性曲线如图 4 - 12 所示。

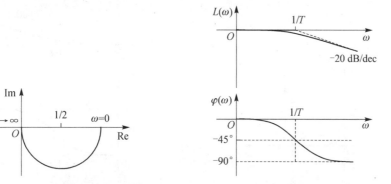

惯性环节频率
特性绘制

图 4 - 11　惯性环节的幅相频特性曲线　　**图 4 - 12　惯性环节的对数频率特性曲线**

考虑到当 $\omega \ll \dfrac{1}{T}$ 时,$(\omega T)^2 \ll 1$,故有 $L(\omega) \approx 20\lg 1 = 0$ dB,因此在 $\omega < \dfrac{1}{T}$ 频段,

可用 0 dB 的水平线近似代替精确曲线;当 $\omega \gg \dfrac{1}{T}$ 时,$(\omega T)^2 \gg 1$,故有 $L(\omega) \approx$

$20\lg \dfrac{1}{\omega T} = -20\lg \omega T$,因此在 $\omega > \dfrac{1}{T}$ 频段,可用一条斜率为 -20 dB/dec 的直线近

似代替精确曲线,这样就形成了对数幅频渐近特性曲线,如图 4 - 12 中虚线所示。两

渐近线相交点的频率是 $\omega_n = 1/T$,称之为转折频率。用渐近线近似代替精确曲线可

使得系统分析难度大大简化,但是需要考虑近似带来的误差,不难求得最大误差值出

现在 $\omega_n = 1/T$ 处,且有

$$\Delta L(\omega) \big|_{\omega=1/T} = 20\lg \frac{1}{\sqrt{2}} \approx -3 \text{ dB} \qquad (4-41)$$

5．一阶微分环节

一阶微分环节的传递函数为 $G(s) = 1 + \tau s$,则其频率特性表达式为

$$G(j\omega) = 1 + j\omega\tau \qquad (4-42)$$

因此,其幅频特性和相频特性分别为

$$A(\omega) = \sqrt{1+(\omega\tau)^2} \qquad (4-43)$$

$$\varphi(\omega) = \arctan \omega\tau \qquad (4-44)$$

不难得到,一阶微分环节的幅相频特性曲线是一条平行于虚轴的直线,随着 ω

的增加,实部不变,虚部增加,如图 4 - 13 所示。

进一步,容易求得一阶微分环节的对数幅频特性与对数相频特性分别为

$$L(\omega) = 20\lg A(\omega) = 20\lg \sqrt{1+(\omega\tau)^2} \qquad (4-45)$$

$$\varphi(\omega) = \arctan \omega\tau \qquad (4-46)$$

对比式(4 - 45)、式(4 - 46)和式(4 - 39)、式(4 - 40)可知,一阶微分环节的对

数相频特性与惯性环节只差一个负号,二者的对数相频特性曲线对称于横轴,如图 4 - 14 所示。同样地,对数幅频特性曲线也可采用图中虚线所示的渐近特性曲线近似。

一阶微分环节频率
特性绘制

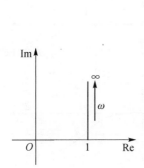

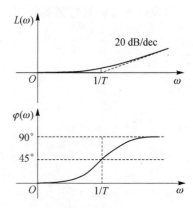

图 4 - 13 一阶微分环节的幅相频特性曲线 图 4 - 14 一阶微分环节的对数频率特性曲线

6. 振荡环节

振荡环节的传递函数为 $G(s) = \dfrac{\omega_n^2}{s^2 + 2\zeta\omega_n s + \omega_n^2}$,则其频率特性表达式为

$$G(\mathrm{j}\omega) = \frac{\omega_n^2}{(\mathrm{j}\omega)^2 + 2\zeta\omega_n \mathrm{j}\omega + \omega_n^2} = \frac{\omega_n^2}{\omega_n^2 - \omega^2 + \mathrm{j}2\zeta\omega_n\omega} \qquad (4-47)$$

因此,其幅频特性和相频特性分别为

$$A(\omega) = \frac{\omega_n^2}{\sqrt{(\omega_n^2 - \omega^2)^2 + (2\zeta\omega_n\omega)^2}} = \frac{1}{\sqrt{\left(1 - \dfrac{\omega^2}{\omega_n^2}\right)^2 + \left(\dfrac{2\zeta\omega}{\omega_n}\right)^2}} \qquad (4-48)$$

$$\varphi(\omega) = -\arctan\frac{2\zeta\omega_n\omega}{\omega_n^2 - \omega^2} \qquad (4-49)$$

由式(4-48)和式(4-49)可知,当 $\omega \to 0$ 时,$A(\omega) = 1$,$\varphi(\omega) = 0°$;当 $\omega \to \infty$ 时,$A(\omega) = 0$,$\varphi(\omega) = -180°$。因此,振荡环节幅相频特性曲线是始于$(1, \mathrm{j}0)$点,沿着实轴反方向终于坐标原点。在中间点,即转折频率 $\omega = \omega_n$ 处,$A(\omega) = \dfrac{1}{2\zeta}$,$\varphi(\omega) = -90°$。因此,与虚轴相交于 $-\dfrac{1}{2\zeta}$ 处,其幅相频特性曲线如图 4 - 15 所示。

进一步,可求得振荡环节的对数幅频特性与对数相频特性分别为

$$L(\omega) = 20\lg A(\omega) = 20\lg \frac{1}{\sqrt{\left(1 - \dfrac{\omega^2}{\omega_n^2}\right)^2 + \left(\dfrac{2\zeta\omega}{\omega_n}\right)^2}} \qquad (4-50)$$

$$\varphi(\omega) = -\arctan\frac{2\zeta\omega_n\omega}{\omega_n^2 - \omega^2} \qquad (4-51)$$

因此,可得振荡环节的对数频率特性曲线如图 4 - 16 所示。

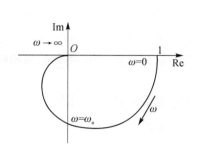

图 4-15 振荡环节的幅相频特性曲线

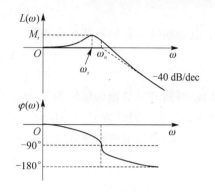

图 4-16 振荡环节的对数频率特性曲线

振荡环节频率
特性绘制

令

$$\frac{\mathrm{d}L(\omega)}{\mathrm{d}\omega}\bigg|_{\omega=\omega_r}=0 \tag{4-52}$$

可得当 $\zeta<0.707$ 时,系统的谐振频率 ω_r 和谐振峰值 M_r 为

$$\omega_r=\omega_n\sqrt{1-2\zeta^2} \tag{4-53}$$

$$M_r=A(\omega_r)=\frac{1}{2\zeta\sqrt{1-\zeta^2}} \tag{4-54}$$

当 $\zeta>0.707$ 时,无谐振频率点。

下面进一步分析振荡环节的对数幅频渐近特性曲线。当 $\omega\ll\omega_n$ 时,$L(\omega)\approx 0$ dB,即振荡环节低频段的对数幅频特性曲线的渐近线是 0 dB 的水平线;当 $\omega\gg\omega_n$ 时,$L(\omega)\approx-20\lg\left(\frac{\omega}{\omega_n}\right)^2=-40\lg\left(\frac{\omega}{\omega_n}\right)$,也就是说高频段渐近线是斜率为 -40 dB 的直线。两直线交于转折频率 ω_n 处,如图 4-16 中虚线所示。在转折频率处的近似误差为

$$\Delta L(\omega)\big|_{\omega=\omega_n}=20\lg\frac{1}{2\zeta}=-20\lg(2\zeta) \tag{4-55}$$

综上分析可知,振荡环节的频率特性与其阻尼系数 ζ 的取值紧密相关:

① 当 $\zeta<0.707$ 时,$\omega_r<\omega_n$,且 ζ 越小,谐振频率 ω_r 越高。特别地,当 $\zeta=0$ 时,$\omega_r=\omega_n$,系统处于临界稳定状态。

② 当 $0.707\leqslant\zeta<1$ 时,不会发生谐振,$L(\omega)$ 随频率增大而单调衰减。特别地,当 $\zeta=0.707$ 时,系统阶跃响应又快又稳,比较理想,此时也称之为"二阶最佳系统",这也是工程设计中常选用的参照系统。

③ 当 $\zeta>1$ 时,幅频特性与串联惯性环节一致。当 ζ 足够大时为两个时间常数相差很大的惯性环节的组合,低频段可近似为积分环节处理。

④ 当 $0.4<\zeta<0.7$ 时,采用渐近线来近似对数幅频特性曲线的误差较小,其近似程度较好,当 ζ 过大和过小时都会导致估计误差增大。

7. 时滞环节

时滞环节的传递函数为 $G(s)=\mathrm{e}^{-\tau s}$,则其频率特性表达式为

$$G(j\omega) = e^{-j\omega\tau} \tag{4-56}$$

因此,其幅频特性和相频特性分别为

$$A(\omega) = 1 \tag{4-57}$$

$$\varphi(\omega) = -\tau\omega \tag{4-58}$$

即是说,时滞环节的幅频值恒为1,与ω无关,相位与ω成比例变化,因此其幅相频特性曲线是一个顺时针方向的单位圆,如图4-17所示。

进一步,可以求得时滞环节的对数幅频特性与对数相频特性分别为

$$L(\omega) = 20\lg A(\omega) = 20\lg 1 = 0 \tag{4-59}$$

$$\varphi(\omega) = -\tau\omega \tag{4-60}$$

因此,可得时滞环节的对数频率特性曲线,如图4-18所示。

时滞环节频率
特性绘制

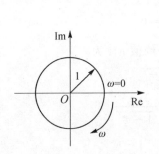

图 4-17 时滞环节的幅相频特性曲线　　图 4-18 时滞环节的对数频率特性曲线

4.2.2 最小相位系统及其伯德定理

传递函数在s平面虚轴右侧有零点或极点的环节(或系统),称之为非最小相位环节(或系统)。"最小相位"概念来源于网络分析,它是指具有相同幅频特性的一些环节,其中相角位移为最小可能值的,称之为最小相位环节;反之,其相角位移大于最小可能值的环节称之为非最小相位环节。后者常在传递函数中包含s平面虚轴右侧的零点或极点。例如,有以下两个环节,其传递函数分别为

$$\begin{cases} G_1(s) = \dfrac{1-Ts}{1+10Ts} \\[2mm] G_2(s) = \dfrac{1+Ts}{1+10Ts} \end{cases} \tag{4-61}$$

容易求得,二者的对数幅频特性为

$$L_1(\omega) = L_2(\omega) = 20\lg \frac{\sqrt{1+(T\omega)^2}}{\sqrt{1+(10T\omega)^2}} \tag{4-62}$$

对于$G_1(s)$,对数相频特性为

$$\varphi_1(\omega) = -\arctan(10T\omega) - \arctan(T\omega) \tag{4-63}$$

而对于$G_2(s)$,对数相频特性为

$$\varphi_2(\omega) = -\arctan 10T\omega + \arctan T\omega \tag{4-64}$$

其对数频率特性曲线如图 4-19 所示。虽然二者具有相同的幅频特性,但是 $G_2(s)$ 具有小的相角位移,称之为最小相位环节;$G_1(s)$ 在 s 平面虚轴右侧有零点,产生了附加的滞后位移,称之为非最小相位环节。

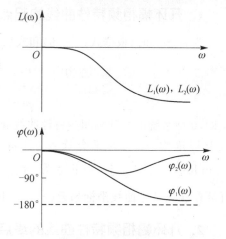

最小相位环节(或系统)的一个重要性质,即其对数幅频特性与对数相频特性之间存在着唯一的对应关系。这种对应关系可用以下两个伯德定理来描述。

图 4-19 最小相位环节对数频率特性曲线

伯德第一定理指出,对数幅频渐近特性曲线斜率与相角位移具有对应关系。例如,对数幅频特性斜率为 $-v20$ dB/dec,对应的相角位移为 $-v90°$。严格来说,在某一频率 ω 时的相角位移是由整个频率范围内的对数幅频特性曲线斜率来决定的,但是,在这一频率 ω 时的对数幅频特性曲线斜率对其影响最大,越远离这一频率 ω 的对数幅频特性曲线斜率对其影响越小。

伯德第二定理指出,对于最小相位环节(或系统)来说,当其幅频特性确定时,则相频特性也随之确定;反过来,当相频特性确定时,则幅频特性也随之确定,即是说二者具有一一对应关系。

4.2.3 控制系统开环幅相频特性曲线

系统的开环传递函数可看作由典型环节串联而成,为了分析方便且不失一般性,本节选取开环传递函数尾一标准型,并将其在复数域内分解,可得

$$G(s) = \frac{K \prod_{j=1}^{m}(\tau_j s + 1)}{s^v \prod_{i=1}^{n-v}(T_i s + 1)} \tag{4-65}$$

一般地,有 $n > m$。不难求得其幅频特性和相频特性的一般表达式分别为

$$A(\omega) = \frac{K \prod_{j=1}^{m}\sqrt{1 + (\omega\tau_j)^2}}{\omega^v \prod_{i=1}^{n-v}\sqrt{1 + (\omega T_i)^2}} \tag{4-66}$$

$$\varphi(\omega) = -v90° - \sum_{i=1}^{n-v}\arctan(\omega T_i) + \sum_{j=1}^{m}\arctan(\omega\tau_j) \tag{4-67}$$

求解得到 ω 变化过程中 $A(\omega)$ 和 $\varphi(\omega)$ 的值,并将其标注在复平面上可得开环幅相频特性曲线,但是要逐点计算工作量太大,因此,在工程实践中,通常根据一些关键特征概略的绘制出开环幅相频特性曲线,这些关键特征一般包括:开环幅相频特性曲线的起点和终点、与负实轴的交点,以及曲线的变化范围(象限、单调性)等。

1. 开环幅相频特性曲线的起点

当 $\omega \to 0^+$ 时，根据式(4-66)和式(4-67)，可得

$$A(0^+) = \lim_{\omega \to 0^+} \frac{K}{\omega^v} = \begin{cases} K & (v=0) \\ \infty & (v \neq 0) \end{cases} \qquad (4-68)$$

$$\varphi(0^+) = -v90° \qquad (4-69)$$

也即，0 型系统的开环幅相频特性曲线起点位于实轴上的 $(K, j0)$ 点；Ⅰ 型系统的起点位于相角为 $-90°$ 的无穷远处，当 $\omega \to 0^+$ 时，开环幅相频特性曲线坐标趋近 $\left(\lim_{\omega \to 0^+} \mathrm{Re}[G(j\omega)], -j\infty \right)$；Ⅱ 型系统起点位于相角为 $-180°$ 的无穷远处，当 $\omega \to 0^+$ 时，开环幅相频特性曲线坐标趋近 $\left(-\infty, j\lim_{\omega \to 0^+} \mathrm{Im}[G(j\omega)] \right)$，如图 4-20(a) 所示。

2. 开环幅相频特性曲线的终点

当 $\omega \to +\infty$ 时，根据式(4-66)和式(4-67)，可得

$$A(+\infty) = 0 \qquad (4-70)$$

$$\varphi(+\infty) = -(n-m)90° \qquad (4-71)$$

即开环幅相频特性曲线以 $-(n-m)90°$ 方向终止于原点，如图 4-20(b) 所示。

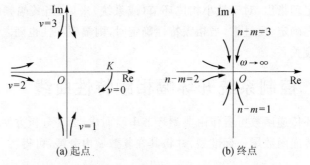

图 4-20 控制系统开环幅相频特性曲线的起点和终点

3. 开环幅相频特性曲线与负实轴的交点

令 $\mathrm{Im}[G(j\omega)]=0$，可求得 $G(j\omega)$ 与负实轴交点处的频率 ω_g，则 $\mathrm{Re}[G(j\omega_g)]$ 为负数时，即为开环幅相频特性曲线与负实轴的交点。

4. 开环幅相频特性曲线的变化范围

当 $G(j\omega)$ 中不含开环零点时，则 $A(\omega)$ 和 $\varphi(\omega)$ 均会连续减小，开环幅相频特性曲线平滑、连续收缩；当 $G(j\omega)$ 中含开环零点时，则 $A(\omega)$ 和 $\varphi(\omega)$ 不一定连续减小，曲线可能会有凹凸。

下面以开环传递函数为

$$G(s) = \frac{K}{s(Ts+1)} \qquad (4-72)$$

的某系统为例对开环幅相频特性概略曲线绘制进行分析。

首先，分析开环幅相频特性曲线的起点。不难看出，该系统为 Ⅰ 型系统，起点位于相角为 $-90°$ 的无穷远处。其次，不难求得其频率特性为

$$G(j\omega) = -\frac{TK}{\omega^2 T^2 + 1} - \frac{jK}{\omega(\omega^2 T^2 + 1)} \tag{4-73}$$

则当 $\omega \to 0^+$ 时,开环幅相频特性曲线坐标趋近 $(-TK, -j\infty)$。又因为 $n-m=2$,开环幅相频特性曲线以 $-180°$ 方向终止于坐标原点。根据式(4-73)容易看出,当 $\omega > 0$ 时,$\mathrm{Im}[G(j\omega)] < 0$,因此与实轴没有交点。同时,又因为系统无开环零点,则开环幅相频特性曲线平滑、连续收缩。综合上述分析,可绘制系统的开环幅相频特性曲线如图 4-21 所示。

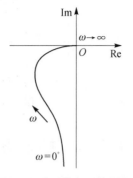

系统(4-72)开环
幅相频特性绘制

图 4-21 系统(4-72)开环
幅相频特性概略曲线

需要说明的是,以上讨论的是 $n>m$ 时的情况,而且是针对最小相位系统而言。对于不满足上述条件的系统,必须根据具体情况进行分析。例如,对于系统

$$G(s) = \frac{K(1+\tau s)}{1+Ts} \tag{4-74}$$

容易求得其幅频特性和相频特性分别为

$$A(\omega) = \frac{K\sqrt{1+(\omega\tau)^2}}{\sqrt{1+(\omega T)^2}} \tag{4-75}$$

$$\varphi(\omega) = \arctan(\omega\tau) - \arctan(\omega T) \tag{4-76}$$

不难看出,系统为 0 型系统,起点为实轴上的 $(K, j0)$ 点。当 $\omega \to \infty$ 时,$A(\omega) = \tau K/T$,$\varphi(\omega) = 0°$,终点为实轴上的 $(\tau K/T, j0)$ 点。当 $\tau > T$ 时,终点在起点右侧;当 $\tau < T$ 时,终点在起点左侧,不再满足前述"以 $-(n-m)90°$ 方向终止于坐标原点"的结论,需要重新进行分析。

对式(4-74)进行变换,可得

$$G(s) = K\frac{\tau}{T} + K\left(1-\frac{\tau}{T}\right)\frac{1}{Ts+1} \tag{4-77}$$

由此可见,系统传递函数可等效为一个常数与一个惯性环节之和。4.2.1 节分析表明,惯性环节 $G(s) = \dfrac{1}{Ts+1}$ 频率特性满足式(4-38),利用变量替换,可得式(4-77)的传递函数对应的频率特性满足

$$\left[\mathrm{Re}[G(j\omega)] - \frac{K}{2}\left(\frac{\tau}{T}+1\right)\right]^2 + \left[\mathrm{Im}[G(j\omega)]\right]^2 = \left[\frac{1}{2}K\left(1-\frac{\tau}{T}\right)\right]^2 \tag{4-78}$$

因此,系统的幅相频特性曲线是以 $\left(\dfrac{K}{2}\left(\dfrac{\tau}{T}+1\right), j0\right)$ 为圆心,以 $\dfrac{1}{2}K\left(1-\dfrac{\tau}{T}\right)$ 为半径的半圆。当 $\tau > T$ 时,对于任意的 $\omega > 0$,有 $A(\omega) > K$,$\varphi(\omega) > 0°$,故其开环幅相频特性曲线如图 4-22(a)所示;当 $\tau < T$ 时,对于任意的 $\omega > 0$,有 $A(\omega) < K$,$\varphi(\omega) < 0°$,故其开环幅相频特性曲线如图 4-22(b)所示。

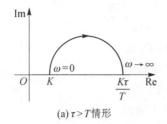
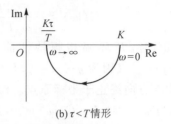

(a) $\tau > T$情形　　　　　　　　(b) $\tau < T$情形

图 4 – 22　系统(4 – 74)开环幅相频特性概略曲线

4.2.4　控制系统开环对数频率特性曲线

如前所述,在绘制控制系统开环对数频率特性曲线时,可以首先将开环传递函数写成各个典型环节的串联形式,即尾一标准型。然后,绘出各个环节的对数频率特性曲线,并通过叠加得到系统的开环对数频率特性曲线,这种方法一般被称为叠加法。

例如,某系统的开环传递函数为

$$G(s) = \frac{K}{s(T_1 s + 1)(T_2 s + 1)} \quad (T_1 > T_2) \quad (4-79)$$

则其对数幅频特性为

$$L(\omega) = 20\lg |G(j\omega)|$$
$$= 20\lg K - 20\lg \omega - 20\lg \sqrt{(T_1 \omega)^2 + 1} - 20\lg \sqrt{(T_2 \omega)^2 + 1} \quad (4-80)$$

由此可知,系统开环对数幅频特性由 4 个分量组成:第一个分量为 $L_1(\omega) = 20\lg K$,是比例环节;第二个分量为 $L_2(\omega) = -20\lg \omega$,是积分环节;第三个和第四个分量分别是 $L_3(\omega) = -20\lg \sqrt{(T_1 \omega)^2 + 1}$ 和 $L_4(\omega) = -20\lg \sqrt{(T_2 \omega)^2 + 1}$,均为惯性环节,其转折频率分别为 $\omega_{n1} = 1/T_1$,$\omega_{n2} = 1/T_2$。

根据 4.1.2 节分析,分别绘出各个环节的对数幅频渐近特性曲线 $L_1(\omega)$、$L_2(\omega)$、$L_3(\omega)$、$L_4(\omega)$ 和相频特性曲线 $\varphi_1(\omega)$、$\varphi_2(\omega)$、$\varphi_3(\omega)$、$\varphi_4(\omega)$,然后叠加,可得系统的开环对数幅频渐近特性曲线 $L(\omega)$ 和相频特性曲线 $\varphi(\omega)$,如图 4 – 23 所示。

进一步分析不难发现,因为典型环节的对数幅频渐近特性曲线都是由斜率为 $20n$ dB/dec 的分段直线组成,所以叠加后仍然是由斜率为 $20n$ dB/dec 的分段直线组成。具体来说,当传递函数表示为尾一标准型时,按照其对数幅频渐近特性曲线的斜率,可将组成系统的典型环节分为 3 类:

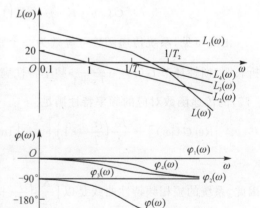

图 4 – 23　叠加法求 Bode 图

① $\dfrac{K}{s^v}$，即积分与比例组合环节，其斜率取决于积分环节个数，为$-20v$ dB/dec，偏置量取决于系统开环放大倍数K。

② 一阶环节，包括惯性环节、一阶微分环节等，其转折频率为ω_n，对数幅频特性曲线渐近线在转折频率之前的斜率为 0 dB/dec 的直线，在相应的转折频率处变化 20 dB/dec。

③ 二阶环节，包括振荡环节、二阶微分环节等，其转折频率为ω_n，对数幅频特性曲线渐近线在转折频率之前的斜率为 0 dB/dec 的直线，在相应的转折频率处变化 40 dB/dec。

由此可见，在第一个转折频率之前，惯性环节、振荡环节、一阶微分环节和二阶微分环节的对数幅频渐近特性曲线均为 0 dB 水平直线。系统的对数幅频特性曲线渐近线取决于$\dfrac{K}{s^v}$，因此在绘制对数幅频渐近特性曲线时，可以先确定第一个转折频率之前的幅频特性渐近线，然后根据各个典型环节在转折频率处斜率的变化，直接绘出系统对数幅频渐近特性曲线。

为了分析方便，一般将开环对数幅频特性曲线在第一个转折频率之前的部分称为低频段；将对数幅频特性曲线在和 0 dB 线交点处的频率附近的频段称为中频段，称交点频率为开环截止频率；将在最后一个转折频率以后的频段称为高频段。需要说明的是，这种频段划分主要是为了分析描述方便，实际系统中低频段与中频段、中频段与高频段之间往往并没有严格的界限。

（1）低频段对数幅频渐近特性曲线绘制

如前分析，低频段的对数幅频特性可近似描述为

$$L(\omega)=20\lg\frac{K}{\omega^v}=20\lg K-20v\lg\omega \qquad (4-81)$$

即对数幅频渐近特性曲线的斜率为$-20v$ dB/dec，容易求得，渐近线在$\omega=1$处的幅值为$20\lg K$。这样一来，就可以容易地绘制出低频段的对数幅频渐近特性曲线。

（2）中、高频段对数幅频渐近特性曲线绘制

将低频段延伸至下一个转折频率处，如果该转折频率是惯性环节的转折频率，那么对数幅频渐近特性曲线斜率下降 20 dB/dec；如果该转折频率是振荡环节的转折频率，则对数幅频渐近特性曲线斜率下降 40 dB/dec；如果该转折频率是一阶微分环节的转折频率，对数幅频渐近特性曲线斜率增加 20 dB/dec；如果该转折频率是二阶微分环节的转折频率，那么对数幅频渐近特性曲线斜率增加 40 dB/dec。

继续延伸至下一个转折频率对渐近线斜率进行同样的处理，直到最后一个转折频率，绘制得到整个开环系统的对数幅频渐进特性曲线。绘制完成后可根据分析精度要求，对转折频率处进行适当修正，得到较为准确的对数幅频特性曲线。

仍以式(4-79)表示的系统为例，根据上述方法，对其进行典型环节分解，可将组成系统的典型环节分解为K/s、$1/(T_1s+1)$、$1/(T_2s+1)$，由此可确定系统低频段为$\omega<1/T_1$，转折频率有两个，分别为$1/T_1$和$1/T_2$。由于低频段只有一个积分环节，因此其对数幅频渐近特性曲线斜率为-20 dB/dec，再根据$\omega=1$处的幅值为$20\lg K$

可绘出低频段对数幅频渐近特性曲线。将低频段延伸至第一个转折频率 $1/T_1$ 处,由于该转折频率是惯性环节的转折频率,则渐近线斜率下降 20 dB/dec,变为 -40 dB/dec;同样地,在第二个转折频率 $1/T_2$ 处再下降 20 dB/dec,变为 -60 dB/dec。这样,也可以得到如图 4-23 所示的对数幅频渐近特性曲线。

*4.2.5 用开环对数频率特性曲线确定传递函数

在工程实践中,有时难以通过控制对象的物理机理建立系统微分方程,求取传递函数。若已知某控制对象是稳定的线性系统,则可以通过实验得到系统的开环对数频率特性曲线,从而确定传递函数。其基本步骤为:

① 在规定的频率范围内,给被测对象施加不同频率的正弦信号,并测量其稳态输出幅值和相位值,绘制对数频率特性曲线。

② 用斜率为 0 dB/dec、±20 dB/dec、±40 dB/dec 等斜率的直线段拟合被测对数幅频特性曲线,得到系统的对数幅频渐近特性曲线。

③ 根据系统的对数幅频渐近特性曲线和相频特性曲线确定传递函数。

步骤①、②容易理解,下面以最小相位系统为例重点对步骤③进行分析。根据伯德定理,最小相位系统对数幅频特性与对数相频特性之间存在着唯一的对应关系,因此在分析时只需绘制对数幅频特性曲线即可。

系统传递函数仍采用尾一标准型,并将其在复数域内分解,有

$$G(s) = \frac{K\prod\limits_{j=1}^{m}(\tau_j s + 1)}{s^v \prod\limits_{i=1}^{n-v}(T_i s + 1)} \tag{4-82}$$

式中,v 为积分环节个数,各典型环节类型及个数可直接由对数幅频特性曲线的斜率变化确定,各时间常数 T_i、τ_j 可由转折频率确定。因此,根据对数幅频渐近特性曲线确定传递函数主要归结为确定增益 K。接下来,根据系统型次的不同分别分析增益 K 的确定方法。

1. $v=0$

0 型系统的对数幅频特性曲线的低频段是一条幅值为 $20\lg K$ 的水平线,设其高度为 h,如图 4-24 所示,则有

$$L(\omega) = 20\lg K = h \tag{4-83}$$

求解可得 $K = 10^{\frac{h}{20}}$。

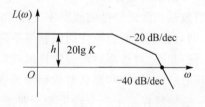

图 4-24 $v=0$ 时的对数幅频特性曲线

2. $v=1$

Ⅰ型系统的对数幅频特性曲线的低频段的斜率为 -20 dB/dec,曲线(或其延长线)与 0 dB 线相交点的频率为 ω_0,在 $\omega=1$ 处的幅值为 $20\lg K$,如图 4-25 所示,则有

$$\frac{20\lg K}{\lg \omega_0 - \lg 1} = 20 \qquad (4-84)$$

求解可得 $K = \omega_0$。

3. $v = 2$

Ⅱ型系统的对数幅频特性曲线的低频段的斜率为 -40 dB/dec，曲线（或其延长线）与 0 dB 线相交点的频率为 ω_0，在 $\omega = 1$ 处的幅值为 $20\lg K$，如图 $4-26$ 所示，则有

$$\frac{20\lg K}{\lg \omega_0 - \lg 1} = 40 \qquad (4-85)$$

求解可得 $K = \omega_0^2$。

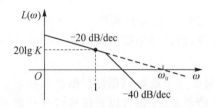

图 4 - 25 $v = 1$ 时的对数幅频特性曲线

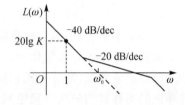

图 4 - 26 $v = 2$ 时的对数幅频特性曲线

对于Ⅲ型以及Ⅲ型以上的系统分析方法与之类似，本节不再赘述。事实上，容易证明，对于 $v(v \geqslant 1)$ 型系统，有 $K = \omega_0^v$。

下面以结构如图 $4-27(a)$ 所示的系统为例分析其传递函数及其参数的确定过程。假设已经测得系统对数频率特性曲线如图 $4-27(b)$ 所示，则可以得到对数幅频渐近特性曲线如图 $4-27(b)$ 中虚线所示。

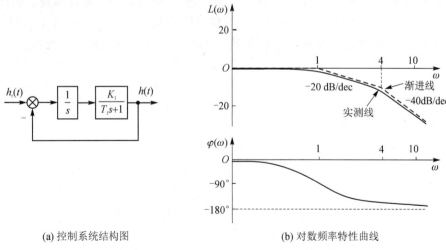

(a) 控制系统结构图 　　　　(b) 对数频率特性曲线

图 4 - 27　控制系统结构图与对数频率特性曲线

根据曲线特征不难发现，系统为 0 型系统且 $h = 0$，因此系统增益 $K = 10^{\frac{h}{20}} = 1$；同时，系统具有两个惯性环节，其转折频率分别为 $\omega_1 = 1$、$\omega_2 = 4$，由此可得到系统的传递函数为

$$G(s) = \cfrac{1}{(s+1)(\frac{1}{4}s+1)} = \cfrac{1}{0.25s^2 + 1.25s + 1} \tag{4-86}$$

由控制系统结构图 4-27(a),可得

$$G(s) = \cfrac{K_1}{T_1 s^2 + s + K_1} = \cfrac{1}{T_1 s^2/K_1 + s/K_1 + 1} \tag{4-87}$$

对比可得:$K_1 = 0.8, T_1 = 0.2$。

4.3 系统稳定性的频域判据

闭环系统稳定的充要条件是所有的闭环极点都分布在 s 平面虚轴左侧,但是实际控制系统的闭环特征方程往往是高阶的,分析求解比较繁琐。考虑到开环系统往往是由多个环节串联而成,其零极点容易求得,因此如果能直接用系统开环特性来分析闭环系统稳定性将可有效简化分析过程。

奈奎斯特稳定判据(简称奈氏判据)和对数频率稳定判据是根据系统稳定充分必要条件导出的两种常用的频域稳定判据,其特点是:不仅可以直接根据开环频率特性曲线判定对应闭环系统的稳定性,同时还可以方便的分析相对稳定性和改善稳定性的途径,因此在工程实践中得到了广泛应用。

4.3.1 幅角原理

幅角原理是奈奎斯特判据的数学基础,可表述为:设 s 为复数变量,$F(s)$ 为 s 的有理分式函数。对于 s 平面上任意一点,通过复变函数 $F(s)$ 映射可以在 $F(s)$ 平面上得到 s 的像;进一步,在 s 平面上任选一条不通过 $F(s)$ 的任一零点和极点的闭合曲线 Γ,当 s 从闭合曲线 Γ 上任一点 A 起,顺时针沿 Γ 运动一周再回到 A 点时,则相应地 $F(s)$ 平面上也会形成一条从点 $F(A)$ 起,到 $F(A)$ 点止的闭合曲线 Γ_F。如对于

$$F(s) = \cfrac{(s-z_1)(s-z_2)}{(s-p_1)(s-p_2)} \tag{4-88}$$

式中,z_1、z_2 为 $F(s)$ 的零点,p_1、p_2 为 $F(s)$ 的极点。

取 s 平面上 $F(s)$ 的零点和极点以及闭合曲线 Γ 的位置,如图 4-28(a)所示,Γ 包围零点 z_1 和极点 p_1。当复变量 s 沿闭合曲线 Γ 顺时针运动一周时,$F(s)$ 平面也会形成一条闭合曲线 Γ_F,如图 4-28(b)所示。那么接下来的问题是:$F(s)$ 沿 Γ_F 的运动方向和轨迹特征是什么?这就需要考察 $F(s)$ 的相角变化情况。

根据 4.2.4 节分析,$F(s)$ 的相角 $\angle[F(s)]$ 满足

$$\angle[F(s)] = \angle(s-z_1) + \angle(s-z_2) - \angle(s-p_1) - \angle(s-p_2) \tag{4-89}$$

则在上述运动过程中,$F(s)$ 的相角变化量 $\delta\angle[F(s)]$ 满足

$$\delta\angle[F(s)] = \delta\angle(s-z_1) + \delta\angle(s-z_2) - \delta\angle(s-p_1) - \delta\angle(s-p_2) \tag{4-90}$$

对于零点 z_1,$\delta\angle(s-z_1)$ 表示向量 $\overrightarrow{BA}$ 的相角变化量,由于 z_1 被 Γ 所包围,按

照复平面向量的相角定义,逆时针旋转为正,顺时针旋转为负,则有 $\delta\angle(s-z_1)=-2\pi$。对于零点 z_2,$\delta\angle(s-z_2)$ 表示向量 $\overrightarrow{CA}$ 的相角变化量,由于未被 Γ 包围,当 s 沿闭合曲线 Γ 顺时针运动一周时,其相角变化为零,即 $\delta\angle(s-z_2)=0$。同理,可求得 $\delta\angle(s-p_1)=-2\pi$,$\delta\angle(s-p_2)=0$,综上分析可得 $\delta\angle[F(s)]=0$,因此闭合曲线 Γ_F 不包含原点。

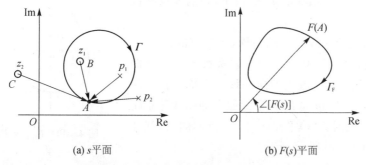

(a) s 平面   (b) $F(s)$ 平面

图 4 - 28   s 和 F(s) 平面的映射关系

如果选取的 Γ 只包围零点 z_1,当复变量 s 沿闭合曲线 Γ 顺时针运动一周时,$\delta\angle[F(s)]=-2\pi$,因此闭合曲线 Γ_F 绕原点顺时针旋转 1 圈。如果选取的 Γ 只包围极点 p_1,则可得到 $\delta\angle[F(s)]=2\pi$,闭合曲线 Γ_F 绕原点逆时针旋转 1 圈。

上述分析可归纳为幅角原理,即:设 s 平面闭合曲线 Γ 包围 Z 个零点和 P 个极点,则复变量 s 沿闭合曲线 Γ 顺时针运动一周时,在 $F(s)$ 平面上闭合曲线 Γ_F 绕原点旋转的圈数为

$$R = P - Z \tag{4-91}$$

当 $R>0$ 时,闭合曲线 Γ_F 绕原点逆时针旋转;当 $R<0$ 时,闭合曲线 Γ_F 绕原点顺时针旋转;当 $R=0$ 时,闭合曲线 Γ_F 不包围 $F(s)$ 平面的原点。

4.3.2   开环频率特性与闭环特征式关系

为了利用开环频率特性分析闭环控制系统的稳定性,还需得到开环频率特性与闭环特征式关系。

对于结构如图 4 - 29 所示的闭环控制系统,设 $G(s)=\dfrac{N_1(s)}{D_1(s)}$,$H(s)=\dfrac{N_2(s)}{D_2(s)}$,则可求得系统开环

图 4 - 29   系统结构图

传递函数和闭环传递函数分别为

$$G_{op}(s)=G(s)H(s)=\frac{N_1(s)N_2(s)}{D_1(s)D_2(s)}=\frac{N(s)}{D(s)} \tag{4-92}$$

$$G_{cl}(s)=\frac{G(s)}{1+G(s)H(s)}=\frac{N_1(s)D_2(s)}{D(s)+N(s)}=\frac{N_{cl}(s)}{D_{cl}(s)} \tag{4-93}$$

式中,$D(s)$ 为系统的开环的特征多项式;$D_{cl}(s)=D(s)+N(s)$ 为系统的闭环特征多项式,阶次与 $D(s)$ 相同。

设辅助函数为

$$F(s) = 1 + G(s)H(s) = 1 + \frac{N(s)}{D(s)} = \frac{D(s) + N(s)}{D(s)} = \frac{D_{cl}(s)}{D(s)} \qquad (4-94)$$

$F(s)$ 具有以下特点：

① $F(s)$ 的零点为闭环传递函数的极点，$F(s)$ 的极点为开环传递函数的极点。

② 因为开环传递函数分母多项式的阶次一般大于或等于分子多项式的阶次，故 $F(s)$ 的零点和极点数相同。

③ s 沿闭合曲线 Γ 运动一周，所对应的 $F(s)$ 平面两条闭合曲线 Γ_F 和 Γ_{GH} 只相差常数 1，即闭合曲线 Γ_F 可由 Γ_{GH} 沿实轴正方向平移一个单位长度获得。闭合曲线 Γ_F 包围 $F(s)$ 平面原点的圈数等于闭合曲线 Γ_{GH} 包围 $F(s)$ 平面 $(-1, j0)$ 点的圈数，其几何关系如图 4-30 所示。

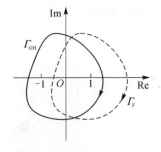

图 4-30　Γ_{GH} 与 Γ_F 关系

4.3.3　奈奎斯特稳定性判据

根据上述分析，由于辅助函数 $F(s)$ 的零点即为闭环传递函数的极点，因此系统的稳定性问题可转化求取辅助函数 $F(s)$ 在 s 平面虚轴右侧零点个数 Z 的问题。又根据幅角原理，选取 s 平面闭合曲线 Γ 为整个 s 右半平面，则如果能在 $F(s)$ 平面上绘制出闭合曲线 Γ_F，并得到其绕原点旋转的圈数（或者闭合曲线 Γ_{GH} 绕 $(-1, j0)$ 点旋转的圈数）R，那么根据式（4-91）就可以求得 $F(s)$ 在 s 平面虚轴右侧（不含虚轴）的零点个数，即

$$Z = P - R \qquad (4-95)$$

式中，P 为辅助函数 $F(s)$ 的正实部极点个数，也即为开环传递函数正实部极点个数，容易求得。

如果 $Z=0$，则系统稳定，否则系统不稳定。这样就实现了通过开环频率特性判断闭环系统的稳定性，这也就是奈奎斯特稳定性判据的基本思路。因此，利用幅角原理分析系统稳定性的基本步骤可归纳为：

① 在 s 平面选取合适的闭合曲线 Γ，使其包围整个 s 右半平面。

② 在 $F(s)$ 平面上绘制出闭合曲线 Γ_F，实际系统中通常绘制闭合曲线 Γ_{GH}，如前分析，二者是等效的。

③ 计算 Γ_{GH} 绕 $(-1, j0)$ 点旋转的圈数，并根据式（4-95）判断系统稳定性。

下面对各步骤进行分析。

1. s 平面闭合曲线 Γ 的选择

为了保证闭合曲线 Γ 包含整个 s 右半平面，当 $G(s)H(s)$ 无虚轴上的极点时，选取方法如图 4-31(a) 所示，此时 Γ 由 3 段组成：

① $s = j\omega (\omega \in [0, +\infty))$，即正虚轴。

② $s = re^{j\theta} (r \to +\infty, \theta \in [90°, -90°])$，即以原点为圆心，半径无穷大的右半圆。

③ $s = j\omega, (\omega \in (-\infty, 0])$，即负虚轴。

当 $G(s)H(s)$ 有虚轴上的极点时,为避开开环虚极点,在图 4-31(a)所选闭合曲线 Γ 的基础上加以修正,构成图 4-31(b)所示的闭合曲线 Γ。

① 当开环系统含有积分环节 $1/s$(即在原点处有极点)时,在原点附近取 $s=re^{j\theta}$($r\to0,\theta\in[-90°,90°]$),即以原点为圆心,半径为无穷小的右半圆。

② 开环系统含有等幅振荡环节 $1/(s^2+\omega_n^2)$(即在虚轴上有极点)时,在 $\pm j\omega_n$ 附近取 $s=\pm j\omega_n+re^{j\theta}$($r\to0,\theta\in[-90°,90°]$),即以 $\pm j\omega_n$ 为圆心,半径为无穷小的右半圆。

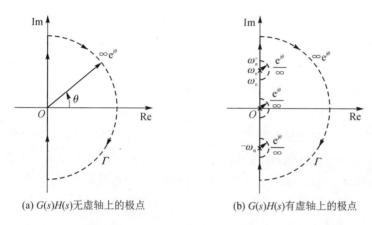

(a) $G(s)H(s)$ 无虚轴上的极点 　　　　(b) $G(s)H(s)$ 有虚轴上的极点

图 4-31　s 平面的闭合曲线 Γ

2. GH 平面闭合曲线 Γ_{GH} 的绘制

由图 4-31 可知,s 平面上的闭合曲线 Γ 关于实轴对称,考虑到 $G(s)H(s)$ 为实系数有理分式函数,因此闭合曲线 Γ_{GH} 也关于实轴对称,在系统分析时通常只需绘制 Γ_{GH} 在一象限(即 $\mathrm{Im}(s)>0,s\in\Gamma$)对应的曲线段,得到的 $G(s)H(s)$ 半闭合曲线即可。该曲线称为奈奎斯特曲线,通常仍记为 Γ_{GH}。

① 当 $G(s)H(s)$ 无虚轴上的极点时,奈奎斯特曲线 Γ_{GH} 由以下两部分组成:闭合曲线 Γ 的正虚轴(即 $s=j\omega(\omega\in[0,+\infty))$)段,对应的奈奎斯特曲线 Γ_{GH} 正好是系统的开环频率特性曲线;闭合曲线 Γ 的 $s=re^{j\theta}$($r\to+\infty,\theta\in[90°,0°]$)段,对应的奈奎斯特曲线 Γ_{GH} 正好是 GH 平面的原点(当 $n>m$ 时)或 $(K^*,j0)$ 点(当 $n=m$ 时)。

② 当有原点的极点(即开环系统含有积分环节)时,需在前述分析基础上补充 $s=0^+\to j0^+$ 小圆弧对应的 Γ_{GH} 曲线。将开环传递函数写为尾一标准型,有

$$G(s)H(s)=\frac{KN(s)}{s^v D(s)}\quad(v\geqslant1,K\neq\infty)\qquad(4-96)$$

当 s 在小圆弧 $s=re^{j\theta}$,($r\to0,\theta\in[0°,90°]$)时,有

$$G(s)H(s)\Big|_{s=\lim_{r\to0}re^{j\theta}}=\frac{KN(s)}{s^v D(s)}\Big|_{s=\lim_{r\to0}re^{j\theta}}=K\lim_{r\to0}\frac{1}{r^v e^{jv\theta}}=\infty e^{-jv\theta}\qquad(4-97)$$

因此,闭合曲线 Γ 补充的小圆弧段对应的奈奎斯特曲线 Γ_{GH} 为半径为无穷大,角度从 0° 开始,到 $-v90°$ 的圆弧,即可从 $G(j0^+)H(j0^+)$ 点起逆时针作半径无穷大,角度为 $v90°$ 的圆弧,如图 4-32(a)中虚线所示。

③ 当 $G(s)H(s)$ 有虚轴(非原点)的极点(即开环系统含有等幅振荡环节)时,与前类似,设

$$G(s)H(s) = \frac{KN'(s)}{(s^2 + \omega_n^2)^{v_1} D'(s)} \quad (v_1 \geqslant 1, K \neq \infty) \qquad (4-98)$$

式中,$N'(s)$ 和 $D'(s)$ 均为尾一多项式。

考虑 s 在正虚轴上 $j\omega_n$ 附近沿小圆弧 $s = j\omega_n + re^{j\theta}(r \to 0, \theta \in [-90°, 90°])$ 运动时,有

$$G(s)H(s)\Big|_{s = \lim_{r \to 0}(j\omega_n + re^{j\theta})} = \frac{KN'(s)}{(s^2 + \omega_n^2)^{v_1} D'(s)}\Big|_{s = \lim_{r \to 0}(j\omega_n + re^{j\theta})}$$

$$= \frac{KN'(j\omega_n)}{D'(j\omega_n)} \lim_{r \to 0} \frac{1}{(r^2 e^{j2\theta} + j2re^{j\theta}\omega_n)^{v_1}}$$

$$= \infty e^{-j(\theta+90°)v_1} \qquad (4-99)$$

因此,s 沿 Γ 在 $j\omega_n$ 附近沿小圆弧运动时,对应的奈奎斯特曲线 Γ_{GH} 为半径无穷大,圆心角等于 $v_1 180°$ 的圆弧,即应从点 $G(j\omega_n^-)H(j\omega_n^-)$ 起以半径为无穷大顺时针作 $v_1 180°$ 的圆弧至 $G(j\omega_n^+)H(j\omega_n^+)$ 点,如图 4-32(b)中虚线所示。

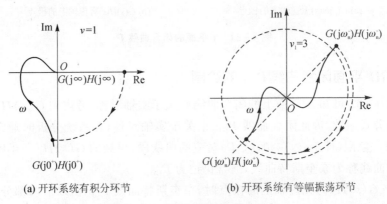

(a) 开环系统有积分环节　　　　　(b) 开环系统有等幅振荡环节

图 4-32　GH 平面的半闭合曲线

上述分析表明,当开环系统含有积分环节或等幅振荡环节时,对应的奈奎斯特曲线 Γ_{GH} 由开环幅相频特性曲线和根据开环虚轴极点所补作的无穷大半径的虚线圆弧组成。

3. 闭合曲线 Γ_F 包围原点圈数的计算

得到了奈奎斯特曲线 Γ_{GH},就可以计算其绕 $(-1, j0)$ 点旋转的圈数 R,考虑到本节绘制的曲线 Γ_{GH} 为半闭合曲线,因此有

$$R = 2N = 2(N_+ - N_-) \qquad (4-100)$$

式中,N 为半闭合曲线 Γ_{GH} 穿越 $(-1, j0)$ 点左侧负实轴的次数,N_+ 为正穿越的次数(从上向下穿越),N_- 为负穿越的次数(从下向上穿越)。

以图 4-33 所示系统为例,图中 A、B 点为奈奎斯特曲线与负实轴的交点,根据前述分析,不难得到各种情况下的 R 如图中所标识。

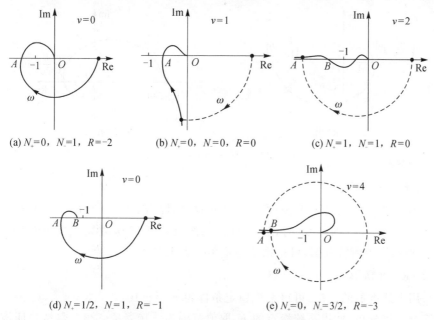

(a) $N_+=0$，$N_-=1$，$R=-2$　　(b) $N_+=0$，$N_-=0$，$R=0$　　(c) $N_+=1$，$N_-=1$，$R=0$

(d) $N_+=1/2$，$N_-=1$，$R=-1$　　　　(e) $N_+=0$，$N_-=3/2$，$R=-3$

图 4 - 33　闭合曲线 Γ_F 包围原点圈数 R

4. 奈奎斯特判据

结合式(4-95)与式(4-100)可得到奈奎斯特判据：反馈控制系统稳定的充分必要条件是半闭合曲线 Γ_{GH} 不穿过(-1，j0)点，且逆时针包围(-1，j0)点的圈数 R 等于开环传递函数的正实部极点数 P。否则，闭环控制系统在 s 平面虚轴右侧(不含虚轴)的极点个数 Z 为

$$Z=P-R=P-2N \tag{4-101}$$

需要说明的是，当半闭合曲线 Γ_{GH} 穿过(-1，j0)点时，则存在 $s=\pm j\omega_n$，使得

$$1+G(\pm j\omega_n)H(\pm j\omega_n)=0 \tag{4-102}$$

即系统闭环特征方程存在共轭纯虚根，则系统临界稳定。因此，计算 Γ_{GH} 的穿越次数 N 时，应注意不计 Γ_{GH} 穿越(-1，j0)点的次数。

设某单位反馈系统的开环传递函数为

$$G(s)=\frac{K}{(s+2)(s^2+2s+5)} \tag{4-103}$$

试根据奈奎斯特判据求使得系统稳定的 K 取值范围。

首先求得系统的频率特性为

$$G(j\omega)=\frac{K(10-4\omega^2)-jK\omega(9-\omega^2)}{(10-4\omega^2)^2+\omega^2(9-\omega^2)^2} \tag{4-104}$$

容易得到，开环幅相频特性概略曲线起点为($K/10$，j0)。令 $\text{Im}[G(j\omega)]=0$，可得 $\omega=3$，代入式(4-104)求得曲线与实轴交点为($-K/26$，j0)。又由于 $n-m=3$，当 $K>0$ 时开环幅相频特性曲线以 $-270°$ 方向终止于坐标原点，当 $K<0$ 时开环幅相频特性曲线以 $-90°$ 方向终止于坐标原点；同时，因为系统无开环零点，开环幅相频特性曲线平滑、连续收缩。综上分析，可绘制系统开环幅相频特性曲线如图 4-34 所示。

不同参数时系统
稳定性仿真

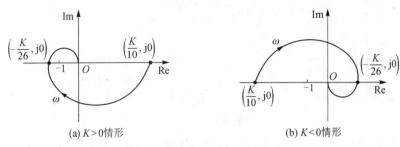

(a) $K>0$情形 （b) $K<0$情形

图 4-34 GH 平面的半闭合曲线

(1) $K>0$ 情形

半闭合曲线 Γ_{GH} 在 $(-1,j0)$ 点左侧无正穿越，即 $N_+=0$。当 $K>26$ 时有 1 次负穿越，故 $N_-=1$；当 $K<26$ 时，$N_-=0$。系统开环传递函数无正实部的极点，则 $P=0$。根据奈奎斯特判据，可得系统稳定条件为 $K<26$。

(2) $K<0$ 情形

采用上述类似的方法，可得系统稳定条件为 $K>-10$。

综合上述分析，使得系统稳定的 K 取值范围为 $-10<K<26$。容易验证该结论与采用劳斯判据分析结果一致。

4.3.4　对数频率稳定性判据

考虑到系统开环对数频率特性曲线绘制与分析比较方便，在实际工程实践中，也可以将奈奎斯特判据引申过来，通过开环对数频率特性曲线来判断系统稳定性，这样就形成了对数频率稳定性判据。

图 4-35(a)、(b)分别表示了同一系统的开环幅相频特性曲线和对数频率特性曲线，不难发现，二者之间存在如下对应关系：

① 开环幅相频特性曲线中的单位圆对应对数幅频特性曲线的 0 dB 线。开环幅相频特性曲线单位圆之外的区域对应对数幅频特性曲线 $L(\omega)>0$ 的部分；开环幅相频特性曲线单位圆之内的区域对应对数幅频特性曲线 $L(\omega)<0$ 的部分。

② 开环幅相频特性曲线中的负实轴对应对数相频特性曲线的 $-180°$ 线。

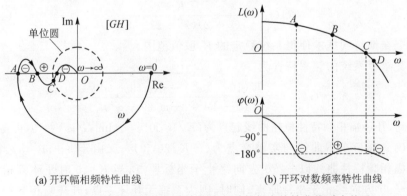

(a) 开环幅相频特性曲线 （b) 开环对数频率特性曲线

图 4-35　系统开环幅相频特性曲线和对数频率特性曲线对应关系

根据上述关系，系统开环幅相频特性曲线穿越$(-1,j0)$点左侧负实轴的次数可以用开环对数幅频特性曲线中$L(\omega)>0$区间内，$\varphi(\omega)$对$-180°$线的穿越次数来计算。随着ω增加，$\varphi(\omega)$曲线自下向上穿越$-180°$线被称为正穿越N_+（即相角增加），如图4-35(b)中的B点；反之，$\varphi(\omega)$曲线自上向下穿越$-180°$线被称为负穿越N_-（即相角减小），如图4-35(b)中的A、C点。

综上所述，可得对数频率稳定判据：反馈控制系统稳定的充分必要条件是在$L(\omega)>0$区间内，$\varphi(\omega)$对$-180°$线的穿越次数N与开环传递函数的正实部极点数P满足

$$P=2N \tag{4-105}$$

在应用对数频率稳定判据时，应注意如下两点：

① 如果开环传递函数存在积分环节，即开环系统有$s=0$的v重极点，应从足够小的ω所对应的$\varphi(\omega)$起向上补做$v90°$的虚垂线。

② 在开环对数幅频特性曲线$L(\omega)>0$的所有频段范围内，$\varphi(\omega)$起始或终止于$-(2k+1)180°$线$(k=0,\pm1,\pm2,\cdots)$记为半次穿越。

例如，某单位反馈系统的开环传递函数为

$$G(s)=\frac{6(s+0.2)}{s^2(s+1)(s+4)} \tag{4-106}$$

不难求得其频率特性为

$$G(j\omega)=-\frac{6[0.8+4.8\omega^2+j\omega(3-\omega^2)]}{\omega^2[(4-\omega^2)^2+25\omega^2]} \tag{4-107}$$

令$\text{Im}[G(j\omega)]=0$，解得$\omega_g=\sqrt{3}$，对应的$\text{Re}[G(j\omega_g)]=-0.4$，由此绘制系统开环幅相频特性曲线和开环对数频率特性曲线如图4-36所示。如前所述，系统中有两个积分环节，故在$\varphi(\omega)$上补充$180°$的虚垂线。根据对数频率稳定判据，因为$L(\omega)>0$区间内$N=0$，且开环传递函数正实部极点数$P=0$，则系统稳定。

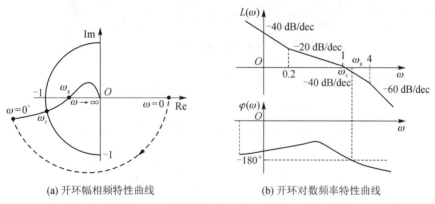

(a) 开环幅相频特性曲线　　　(b) 开环对数频率特性曲线

图4-36　系统对数频率稳定判据的应用

4.3.5　系统相对稳定性及稳定裕度

3.2.4节曾分析指出，一个稳定系统的参数变化对其稳定性可能产生影响，如果

当参数变化较大时,还能保持系统的稳定性,就认为该系统的稳定程度高,这就是相对稳定性的概念。对于最小相位系统,如果系统开环稳定,则判断闭环系统的稳定性主要是看 $G(j\omega)H(j\omega)$ 曲线是否包围 $(-1,j0)$ 点,若 $G(j\omega)H(j\omega)$ 曲线不包围 $(-1,j0)$ 点,则系统稳定。显然,$G(j\omega)H(j\omega)$ 曲线离 $(-1,j0)$ 点越远,则系统的相对稳定性越好;反之,若 $G(j\omega)H(j\omega)$ 曲线靠近 $(-1,j0)$ 点,则其相对稳定性就差。如果 $G(j\omega)H(j\omega)$ 曲线穿过 $(-1,j0)$ 点,则系统处于临界稳定状态,也就是说,可以用 $G(j\omega)H(j\omega)$ 曲线与 $(-1,j0)$ 点的相对位置来判断系统的相对稳定性。描述稳定裕度的常用指标有相位裕度和幅值裕度。

1. 相位裕度

设系统开环幅相频特性曲线中,$|G(j\omega_c)H(j\omega_c)|=1$ 对应的频率 ω_c 被称为截止频率,此时的相位 $\varphi(\omega_c)$ 与负实轴之间的夹角被称为相位裕度 γ,如图 4-37 所示,其计算式为

$$\gamma = \varphi(\omega_c) - (-180°) = \varphi(\omega_c) + 180° \qquad (4-108)$$

对于最小相位系统,当 $\gamma>0$ 时,$G(j\omega)H(j\omega)$ 曲线不包围 $(-1,j0)$ 点,相应的闭环系统稳定,如图 4-37(a) 所示;反之,当 $\gamma<0$ 时,则相应的闭环系统不稳定,如图 4-37(b) 所示。相位裕度的物理意义可描述为:对于闭环稳定的最小相位系统,使系统达到临界稳定状态尚可附加的相角滞后 γ;对于不稳定系统,要使系统达到临界稳定状态,相角至少需要提前 γ。

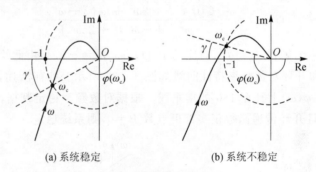

(a) 系统稳定   (b) 系统不稳定

图 4-37 相位裕度

2. 幅值裕度

设系统开环幅相频特性曲线中,$\angle G(j\omega_g)H(j\omega_g) = -180°$ 对应的频率 ω_g 被称为相位穿越频率,此时幅值 $|G(j\omega_g)H(j\omega_g)|$ 的倒数被称为幅值裕度 K_g,如图 4-38 所示,其计算式为

$$K_g = \frac{1}{|G(j\omega_g)H(j\omega_g)|} \qquad (4-109)$$

对于最小相位系统,其闭环稳定的充要条件是 $G(j\omega)H(j\omega)$ 曲线不包围 $(-1,j0)$ 点,即 $|G(j\omega_g)H(j\omega_g)|<1$,对应的 $K_g>1$,如图 4-38(a) 所示;反之,当 $K_g<1$ 时,对应的闭环系统不稳定,如图 4-38(b) 所示。幅值裕度的物理意义可描述为:对于闭环稳定的最小相位系统,使系统达到临界稳定状态,幅值尚可增大 K_g 倍;对于不稳定系统,要使系统达到临界稳定状态,幅值至少需要缩小到 $1/K_g$。

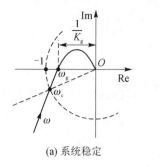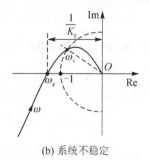

(a) 系统稳定　　　　　　(b) 系统不稳定

图 4 - 38　幅值裕度

从对数频率特性曲线上看,相位裕度 γ 为 $L(\omega_c)=20\lg|G(j\omega_c)H(j\omega_c)|=0$ 处, 相频曲线与 $-180°$ 线的相差角,而幅值裕度 K_g 相当于 $\angle G(j\omega_g)H(j\omega_g)=-180°$ 时, 幅值 $L(\omega_c)$ 与零分贝线的距离,稳定时为正值,如图 4 - 39 所示。

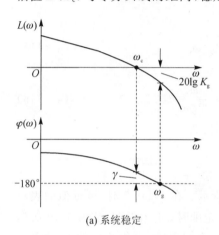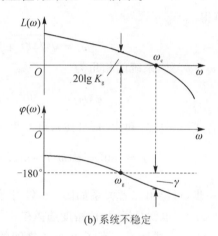

系统稳定
裕度求解的
MATLAB 实现

(a) 系统稳定　　　　　　(b) 系统不稳定

图 4 - 39　相位和幅值裕度

在工程实践中,一般要求系统的相位裕度控制在 $30°\sim60°$,幅值裕度大于 6 dB。

4.4　基于开环频率特性的系统动态性能分析

4.4.1　开环频率特性与系统动态性能的关系

采用时域分析法时,系统动态性能可用超调量 $\sigma\%$ 和调节时间 t_s 等指标来描述, 而利用开环频率特性来研究系统的动态性能时,一般主要采用截止频率 ω_c 和相位裕度 γ 这两个特征量。本节仍以二阶系统为例,建立频率特性特征量与动态性能指标之间的关系。

典型二阶系统的开环传递函数为

$$G_{op}(s)=\frac{\omega_n^2}{(s+2\zeta\omega_n)s} \tag{4-110}$$

可以求得系统开环频率特性为

$$G_{\mathrm{op}}(\mathrm{j}\omega) = \frac{\omega_{\mathrm{n}}^2}{(\mathrm{j}\omega + 2\zeta\omega_{\mathrm{n}})\mathrm{j}\omega} \qquad (4-111)$$

进一步,其幅频特性和相频特性可描述为

$$A(\omega) = \frac{\omega_{\mathrm{n}}^2}{\omega\sqrt{\omega^2 + (2\zeta\omega_{\mathrm{n}})^2}} \qquad (4-112)$$

$$\varphi(\omega) = -90° - \arctan\frac{\omega}{2\zeta\omega_{\mathrm{n}}} \qquad (4-113)$$

由此,二阶系统的开环对数频率渐近特性如图 4-40 所示。

1. 频率特性特征量与超调量 $\sigma\%$ 之间的关系

在式(4-112)中,令 $\omega = \omega_{\mathrm{c}}$,则有

$$\frac{\omega_{\mathrm{n}}^2}{\omega_{\mathrm{c}}\sqrt{\omega_{\mathrm{c}}^2 + (2\zeta\omega_{\mathrm{n}})^2}} = 1 \qquad (4-114)$$

求解,可得

$$\omega_{\mathrm{c}} = \sqrt{\sqrt{4\zeta^4 + 1} - 2\zeta^2}\,\omega_{\mathrm{n}} \qquad (4-115)$$

在 $\omega = \omega_{\mathrm{c}}$ 处,系统的相角为

$$\varphi(\omega_{\mathrm{c}}) = -90° - \arctan\frac{\omega_{\mathrm{c}}}{2\zeta\omega_{\mathrm{n}}} \qquad (4-116)$$

联合式(4-115)和式(4-116),可求得相位裕度为

$$\gamma = 180° + \varphi(\omega_{\mathrm{c}}) = \arctan\frac{2\zeta}{\sqrt{\sqrt{4\zeta^4 + 1} - 2\zeta^2}} \qquad (4-117)$$

进一步,可绘出二者关系如图 4-41 中实线所示。在 $\zeta \leqslant 0.7$ 时,可近似的表示为 $\zeta \approx 0.01\gamma$。也就是说,相位裕度选择在 $30°\sim 60°$ 范围时,对应的阻尼比为 $0.3\sim 0.6$,如图 4-41 中虚线所示。有了 γ 与 ζ 之间的关系,若已知 γ,求得相应的 ζ,就可按 3.1.3 节中方法计算超调量,其表达式为

$$\sigma\% \approx \mathrm{e}^{-\frac{\gamma\pi}{\sqrt{10^4 - \gamma^2}}} \times 100\% \qquad (4-118)$$

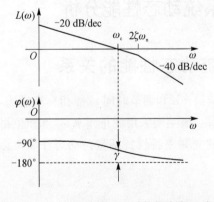

图 4-40　二阶系统的开环对数频率渐近特性

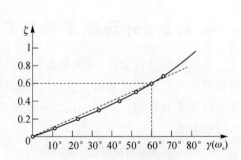

图 4-41　γ 与 ζ 关系曲线

2. 频率特性特征量与调节时间 t_s 之间的关系

根据 3.1.3 节分析可知,当 $0 < \zeta < 0.8$,$\Delta = 5$ 时,$t_s = 3/\zeta\omega_n$。进一步结合式(4-115),有

$$t_s\omega_c = \frac{3}{\zeta}\sqrt{\sqrt{4\zeta^4 + 1} - 2\zeta^2} \qquad (4-119)$$

再代入式(4-117),可得

$$t_s = \frac{6}{\omega_c \tan \gamma} \qquad (4-120)$$

上述分析可以发现:对于二阶系统来说,超调量 $\sigma\%$ 和调节时间 t_s 均与相位裕度 γ 有关,如果两个系统的相位裕度 γ 相同,则它们的超调量大致相同。同时,其调节时间与截止频率 ω_c 成反比,截止频率 ω_c 越大的系统,则其调节时间 t_s 越短,系统响应越快。因此,截止频率 ω_c 在频率特性中是一个重要的参数。

例如,对于图 4-42 所示的随动系统,可采用上述频率分析方法求解系统的频域指标 ω_c、γ 和时域指标 $\sigma\%$、t_s。

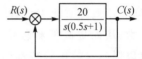

图 4-42 系统结构及参数

首先,根据系统结构图写出开环频率特性为

$$G_{op}(j\omega) = \frac{40}{(j\omega + 2)j\omega} \qquad (4-121)$$

因此,$\omega_n = 2\sqrt{10}$,$\zeta = \dfrac{1}{2\sqrt{10}}$。其次,根据式(4-115)可计算得到 $\omega_c \approx 6.17$,再根据式(4-117)可计算得到 $\gamma \approx 18°$。最后,对于时域指标,可根据式(4-118)与式(4-120)计算得到 $\sigma\% \approx 58\%$,$t_s \approx 3s$。

对于高阶系统来说,很难得到与二阶系统类似的解析关系。但是,当其可以近似的当作二阶系统来分析时,仍可以参考用二阶系统的性能指标来估计其动态特性。

4.4.2　理想的开环频率特性曲线

前面建立了频率特性特征量与动态性能指标之间的关系。在实际工程实践中,还希望进一步分析得到具有比较理想性能指标的系统开环频率特性曲线,作为系统设计的参考。根据 4.2.2 节介绍的伯德定理,对于最小相位系统,在分析理想开环频率特性时,可以只给定某一频段的幅频特性或者相频特性,本节采用幅频特性进行分析。为了方便,以单位负反馈系统作为讨论对象,仍采用"三频段"分析法,即将系统开环频率特性曲线分为低频段、中频段和高频段进行分析,如图 4-43 所示。

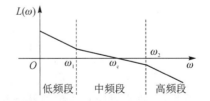

图 4-43 系统开环频率特性图

1. 低频段

如前分析,低频段特性主要由系统开环传递函数中的比例环节和积分环节决定,

其开环传递函数可近似的描述为 $G_{op}(s) = K/s^v$，则对应的闭环传递函数为

$$G_{cl}(s) = \frac{K}{s^v + K} \qquad (4-122)$$

当输入信号为单位阶跃信号时，系统的稳态误差为

$$e_{ss} = \lim_{s \to 0} sE(s) = \lim_{s \to 0} \frac{s^v}{s^v + K} \qquad (4-123)$$

当 $v = 0$ 时，$e_{ss} = 1/(1+K)$；当 $v = 1$ 时，$e_{ss} = 0$。由此可见，积分环节的个数 v 和比例环节的放大倍数 K 都会直接影响系统跟踪准确度。

根据其对数幅频特性

$$L(\omega) = 20\lg K - 20v\lg \omega \qquad (4-124)$$

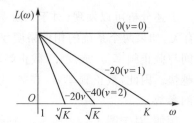

令 $L(\omega_0) = 0$，可求得 $K = \omega_0^v$。由此可得低频段对数幅频特性曲线，如图 4-44 所示。因此，增大比例环节放大倍数或者增加积分环节的个数，从而提高低频段增益或增大其斜率，都可以提高对数幅频特性曲线的位置，以提高系统的跟踪准确度。

图 4-44　低频段对数幅频特性曲线

2. 中频段

中频段通常包含截止频率 ω_c，它反映了系统动态响应的稳定性和快速性。此处以中频段斜率为 $-20\ \text{dB/dec}$ 和 $-40\ \text{dB/dec}$ 两种典型情况为例进行分析。首先，设中频段斜率为 $-20\ \text{dB/dec}$ 且所占的频带区间较宽，如图 4-45(a) 所示，则可近似的认为此时系统的开环传递函数为 $G_{op}(s) = K/s = \omega_c/s$。对于单位反馈系统，其闭环传递函数为

$$G_{cl}(s) = \frac{1}{s/\omega_c + 1} \qquad (4-125)$$

此时，系统相当于一阶系统，其阶跃响应按指数规律变化，无振荡，具有良好的稳定性。根据 3.1.2 节分析，当 $\Delta = 5$ 时，调节时间为 $t_s = 3/\omega_c$。因此，截止频率越高，调节时间越短，系统快速性越好。当然，在实际系统中，截止频率提高，则相位裕度减小，稳定性会变差。

其次，设中频段斜率为 $-40\ \text{dB/dec}$ 且所占的频带区间较宽，如图 4-45(b) 所示，则可近似的认为此时系统的开环传递函数为 $G_{op}(s) = K/s^2 = \omega_c^2/s^2$。类似地，对于单位反馈系统，其闭环传递函数为

$$G_{cl}(s) = \frac{\omega_c^2}{s^2 + \omega_c^2} \qquad (4-126)$$

此时，系统为无阻尼二阶系统，处于临界稳定状态，所对应的阶跃响应为等幅振荡。因此，一般希望控制系统的开环幅频特性曲线以 $-20\ \text{dB/dec}$ 的斜率过零分贝线，且中频段的宽度尽可能大一些，以保证系统响应的稳定性和快速性。同时，根据伯德第一定理，中频段以 $-20\ \text{dB/dec}$ 过零分贝线，对应的相角位移为 $-90°$ 左右，能够保证系统具有足够的相位裕度。

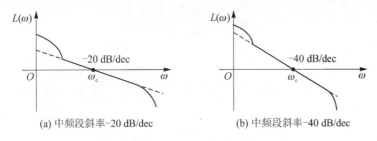

(a) 中频段斜率 −20 dB/dec　　　(b) 中频段斜率 −40 dB/dec

图 4 − 45　中频段对数幅频特性曲线

3. 高频段

高频段一般远大于截止频率 ω_c，其幅值较低，对系统动态响应影响不大。这部分的频率特性往往由小时间常数环节决定，且有 $L(\omega)=\lg|G_{op}(j\omega)|\ll 0$，即 $|G_{op}(j\omega)|\ll 1$，因此

$$|G_{cl}(j\omega)|=\left|\frac{G_{op}(j\omega)}{1+G_{op}(j\omega)}\right|\approx G_{op}(j\omega) \qquad (4-127)$$

即是说，高频段开环频率特性接近闭环频率特性，它直接反映了系统对输入端高频扰动的抑制能力，高频段的幅值越低，系统抗扰能力越强。

需要说明的是：上述分析过程基于伯德第一定理进行了一定的简化，即分析某一频段时忽略了其他频段的影响，如在分析中频段相位裕度时，未考虑低频段和高频段特性的影响，事实上这些影响都是存在的。例如，当低频段有斜率为 −40 dB/dec 的线段时，会使系统相位裕度减小，如图 4 − 46(a) 所示。当整个频带斜率均为 −20 dB/dec 时，其频率特性表达式为

$$G_{op}(j\omega)=\frac{K}{j\omega} \qquad (4-128)$$

相位裕度为 90°。当低频段有斜率为 −40 dB/dec 的线段时（见图 4 − 46(a) 中虚线），其频率特性表达式为

$$G_{op}(j\omega)=\frac{K(jT_1\omega+1)}{(j\omega)^2} \qquad (4-129)$$

此时，在 $\omega=\omega_c$ 处的相角位移为

$$\varphi(\omega_c)=-180°+\arctan T_1\omega_c \qquad (4-130)$$

相位裕度为 $\arctan T_1\omega_c$，系统稳定裕度减小，且减小的程度与 T_1 的大小有关，T_1 越大，则 ω_1 越小，影响越小。

同样的方法可分析得到：当高频段有斜率为 −40 dB/dec 的线段时（图 4 − 46(b)），也会导致系统稳定裕度减小，且 T_2 越小，则 ω_2 越大，影响越小。也就是说，斜率为 −40 dB/dec 的频段距截止频率 ω_c 越远，其影响越小。因此，前面的分析中设定的条件为"中频段斜率为 −20 dB/dec 且所占的频带区间较宽"，这样才能保证中频段特性对系统性能影响起主导作用。

进一步考虑更为一般的情况，假设低频段和高频段都有斜率为 −40 dB/dec 的线段，如图 4 − 46(c) 所示，其频率特性表达式为

$$G_{op}(j\omega) = \frac{K(jT_1\omega + 1)}{(j\omega)^2(jT_2\omega + 1)} \qquad (4-131)$$

在 $\omega = \omega_c$ 处,有

$$\varphi(\omega_c) = -180° - \arctan\frac{\omega_c}{\omega_2} + \arctan\frac{\omega_c}{\omega_1} \qquad (4-132)$$

可得系统的相位裕度为

$$\gamma(\omega_c) = \arctan\frac{\omega_c}{\omega_1} - \arctan\frac{\omega_c}{\omega_2} \qquad (4-133)$$

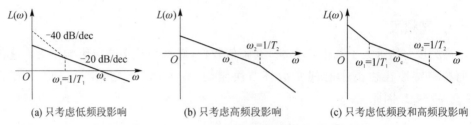

(a) 只考虑低频段影响　　(b) 只考虑高频段影响　　(c) 只考虑低频段和高频段影响

图 4 - 46　中频段特性及其影响因素分析

对于式(4 - 133),有:

① 若令 h 为中频段宽度,且有 $\omega_2 = h\omega_1$,则可建立相位裕度 $\gamma(\omega_c)$ 与 h 之间的关系,h 越大,则相位裕度越大,这与前面分析的结论一致。

② 当对数幅频特性曲线上移时,截止频率 ω_c 增大,与 ω_2 距离缩小,高频段对相位裕度影响增大;对数幅频特性曲线下移时,截止频率 ω_c 减小,与 ω_1 距离缩小,低频段对相位裕度影响增大。对式(4 - 133)求导,并令

$$\frac{d\gamma(\omega_c)}{d\omega_c} = 0 \qquad (4-134)$$

进一步,取对数可求得

$$\lg\omega_2 - \lg\omega_c = \lg\omega_c - \lg\omega_1 \qquad (4-135)$$

即 ω_c 在对数幅频特性曲线中频段的几何中点时,相位裕度最大,此时有中频段宽度 $h = (\omega_c/\omega_1)^2$。

综上分析,一个具有比较理想的性能指标的系统开环频率特性曲线大致要满足以下要求:

① 中频段以 -20 dB/dec 穿过零分贝线,且中频段的宽度尽可能大一些,以保证系统的稳定性。

② 截止频率 ω_c 应该尽可能的大一些,以提高系统响应的快速性。

③ 低频段的增益要高,斜率应该较大,以保证系统的稳态准确度。

④ 高频段要衰减的快一些,以提高系统抑制干扰的能力。

本章习题

4.1　采用时域分析法和频域分析法对控制系统进行分析设计的主要区别是什么?

本章重难点释疑

4.2　理想开环频域特性曲线的主要特点有哪些？

4.3　什么是最小相位环节(或系统)？它与非最小相位环节(或系统)的频域特性曲线有什么区别？

4.4　频域特性曲线常用的几何表示方法有哪些？各有什么特点？

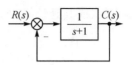

4.5　设系统的结构如图 4-47 所示。试根据频率特性的物理意义，求在输入信号 $r(t)=\sin(t+30°)-2\cos(2t-45°)$ 作用下，系统的稳态输出 c_{ss} 和稳态误差 $e_{ss}(t)$。

图 4-47　习题 4.5 图

习题 4.5 解析

4.6　单位反馈二阶系统的开环传递函数为 $G(s)=\dfrac{\omega_n^2}{s(s+2\xi\omega_n)}$，当输入为 $r(t)=2\sin t$ 时，系统的稳态输出为 $c_{ss}(t)=2\sin(t-45°)$，试确定参数 ξ、ω_n。

习题 4.6 解析

4.7　已知单位反馈系统的开环传递函数为 $G(s)=\dfrac{K}{s(s+1)(Ts+1)}$，其中，$K$、$T>0$。试根据奈奎斯特判据，确定以下系统稳定条件。

(1) 当 $T=2$ 时，K 的取值范围。

(2) 当 $K=10$ 时，T 的取值范围。

习题 4.7 解析

4.8　某单位反馈最小相位系统的开环对数频率特性如图 4-48 所示。

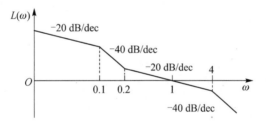

图 4-48　习题 4.8 图

习题 4.8 解析

(1) 试求系统的开环传递函数。

(2) 判断闭环系统的稳定性。

(3) 如果系统是稳定的，确定输入为 $r(t)=t$ 时，系统的稳态误差。

(4) 分析幅频特性曲线向右平移时系统的性能有何变化。

习题 4.9 解析

4.9　某单位反馈系统的开环传递函数为 $G(s)=\dfrac{7}{s(0.087s+1)}$，试用频率特性与时域指标关系求超调量 $\sigma\%$ 和调节时间 $t_s(5\%)$。

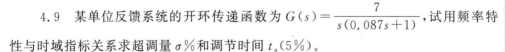

4.10　某单位反馈火炮指挥仪伺服系统，其开环传递函数为 $G(s)=\dfrac{K}{s(s+1)(0.1s+1)}$，求当开环放大倍数分别为 $K=5$ 和 $K=20$ 时，系统的相位裕度和幅值裕度，并判断闭环系统稳定性。

习题 4.10 解析

4.11　某系统的单位阶跃响应为 $H(t)=1-1.8e^{-4t}+0.8e^{-9t}\ (t\geqslant0)$，试求系统的频率特性，并分析系统的相位裕度。

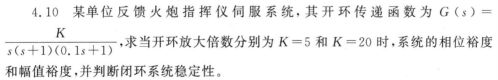

习题 4.11 解析

4.12　某系统开环传递函数为 $G(s) = \dfrac{K}{s^v} G_0(s)$。式中，$G_0(s)$ 为 $G(s)$ 中除比例

和积分两种环节外的部分，试证明：$\omega_0 = K^{\frac{1}{v}}$。式中，$\omega_0$ 为近似对数幅频特性曲线最左端直线（或其延长线）与零分贝线交点的频率，如图 4-49 所示。

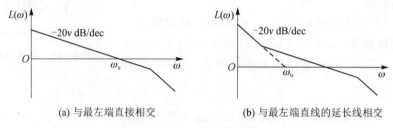

(a) 与最左端直接相交　　　　　(b) 与最左端直线的延长线相交

图 4-49　习题 4.12 图

第5章 直流调速控制系统

本章导学

前几章介绍了控制系统的建模与时、频域分析方法,本章开始将着重讨论如何利用前述方法开展各类电气自动化系统的分析设计。调速控制系统是一类典型的电气自动化系统,也是构成位置随动系统、温控系统等其他电气自动化系统的基础,在工业生产和国防装备领域有着广泛的应用。根据系统结构模式的不同,调速控制系统可分为直流调速控制系统和交流调速控制系统。本章首先对直流调速控制系统基本结构和工作原理进行分析,然后在此基础上讨论系统的转速单闭环反馈控制和转速-电流双闭环反馈控制原理,最后介绍直流调速控制系统在装备中的应用。

5.1 直流调速控制系统的基本结构与工作原理

5.1.1 系统结构组成

1.2 节介绍了几种直流调速系统的典型控制结构,考虑实际系统供电、检测和控制等环节,其基本结构如图 5-1 所示,一般由直流电动机及负载、功率变换装置、电源、控制器、传感器以及相应的信号处理单元等组成。

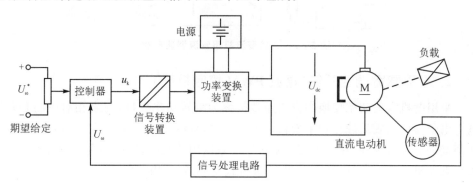

图 5-1 直流调速控制系统基本结构

总的来看,直流调速控制系统可认为由控制子系统(包含控制器、传感器和信号处理等环节)和功率子系统(包含电源、功率变换装置、电动机和负载等)两大部分组成。

根据控制子系统控制方式不同,直流调速控制系统可以分为模拟控制系统和数字控制系统两大类。由于数字控制系统在控制性能、设计灵活性、抗干扰性能等方面的优势,将逐步替代模拟控制方式,特别是近年来,随着科学技术的进步,基于数字控制和总线技术的分布式控制系统得到了快速发展,并广泛应用于工业生产和装备等多个领域。

对于功率子系统来说,直流电动机一般选用他励电机,配套的功率变换装置有旋转变流机组、相控整流器、直流斩波器和 PWM 整流器等多种装置,根据功率变换装置的不同,可构成不同结构模式的直流调速控制系统。在装甲车辆中常用的直流调速控制系统有旋转变流机组直流调速系统和直流脉宽调速系统两类。

1. 旋转变流机组直流调速系统(G - M 系统)

以旋转变流机组作为可控直流电源的直流调速系统原理如图 5 - 2 所示。图中,ME 为拖动电机(也称原动机),G 为直流发电机,M 为直流电动机。由拖动电机带动直流发电机发出幅值可调的直流电,给直流电动机供电。在系统运行时,通过调节发电机的励磁电流 i_f,改变其输出电压 U_{dc},就可以实现对电动机转速 ω 的调节,这种调速系统通常被称为旋转变流机组直流调速系统,简称 G - M 系统。i_f 可采用放大装置进行控制,如果改变 i_f 的极性,则 U_{dc} 的极性和 ω 的方向都会随之改变,因此 G - M 系统可以在转矩允许范围内实现电动机的四象限运行,具有良好的调速性能。在实际系统中,拖动电机和直流发电机一般采用同轴安装方式,集成在一起,为了提高系统的功率放大倍数,直流发电机往往采用多级放大方式,典型的是电机放大机。

电机放大机
工作原理

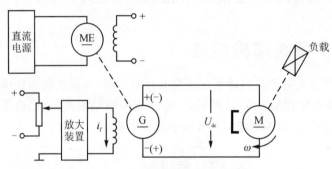

图 5 - 2　旋转变流机组直流调速系统

2. 直流脉宽调速系统(直流 PWM 控制系统)

采用电机实现功率变换的方式通常被称为旋转功率变换,与之相对应的是采用电力电子器件构成的静止功率变换装置。其中,直流-直流变换装置有直接直流变换和间接直流变换两种,在电力传动系统中一般应用的是前者,也称直流斩波器。为了实现电动机四象限运行,通常采用 H 型桥式变换器,结构如图 5 - 3 所示。

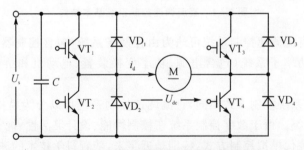

图 5 - 3　H 型桥式变换器-直流电动机系统

H 型桥式变换器由 4 个功率开关器件 $VT_1 \sim VT_4$ 组成。功率器件反并续流二极管 $VD_1 \sim VD_4$,目前装甲车辆电力传动系统中应用较多的有电力场效应晶体管

(MOSFET)、绝缘栅双极型晶体管(IGBT)等。系统通常采用 PWM 方式,即用一定的脉冲宽度调制方法(常用的调制方式有单极性调制和双极性调制)控制功率开关器件通断,将恒定的直流电源电压调制成频率一定、宽度可变的脉冲电压序列,从而改变平均输出电压的大小,以调节电动机转速,因此这种变换器也被称为直流脉宽调制变换器(有时也简称直流 PWM 变换器),采用直流脉宽调制变换器构成的直流调速系统也被称为直流脉宽调速系统(或直流 PWM 控制系统)。

综上,采用电机放大机的旋转变流机组直流调速系统可靠性高,环境适应性好,适合坦克装甲车辆内部空间小、工作环境恶劣、冲击振动严重等应用条件,在传统坦克中得到了广泛应用,但是电机放大机体积、重量大,变换效率低,且工作过程中存在很大的噪声。随着电力电子技术的发展,特别是大功率全控型电力电子器件的问世和量产,采用电力电子器件构成的直流脉宽调速系统逐渐在装甲车辆中推广应用,本章也主要分析这种结构模式的直流调速系统。

5.1.2　直流电机的调速特性和调速方法

直流电动机的物理模型如图 5-4 所示。

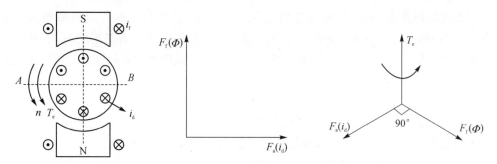

直流电动机
工作模型

图 5-4　直流电动机物理模型

在定子励磁绕组通过直流电流 i_f,产生励磁磁势 F_f 和主磁通 Φ。电枢绕组通过电流 i_d,则会产生电枢反应磁势 F_a,当直流电机电刷在几何中心线 AB 上时,励磁磁势 F_f 和电枢反应磁势 F_a 正交。为了消除电枢反应对主磁通的影响,通常直流电动机主磁极上另加有补偿绕组。

当不考虑电枢反应影响时,直流电动机电枢绕组中的电流 i_d 与定子主磁通 Φ 相互作用,产生的电磁转矩 T_e 可表述为

$$T_e = C_T \Phi i_d \tag{5-1}$$

式中,C_T 为电机结构决定的转矩常数。由此可见,直流电动机电磁转矩表达式中的两个可控参量 i_d 和 Φ 是相互独立的,可以方便的进行独立调节,这就使得直流电动机具有优良的转矩控制特性和转速调节性能。

进一步,可以求得稳态情况下直流电动机的转速 n 和角速度 ω 分别为

$$\begin{cases} n = \dfrac{U_{dc}}{C_e \Phi} - \dfrac{R_d}{C_T C_e \Phi^2} T_e \\[3mm] \omega = \dfrac{\pi U_{dc}}{30 C_e \Phi} - \dfrac{\pi R_d}{30 C_T C_e \Phi^2} T_e \end{cases} \tag{5-2}$$

式中,U_{dc} 为电枢供电电压,R_d 为电枢回路总电阻,C_e 为电动机结构决定的电势常数,且有 $C_T = 30C_e/\pi$。

根据式(5-2),直流电动机的常用调速方法可以有以下 3 种:

(1) 调节电枢供电电压

保持磁通 Φ 和电枢回路电阻 R_d 不变,改变 U_{dc} 可以得到与电机固有机械特性相平行的人为机械特性曲线,如图 5-5(a)所示。不难看出,该调速方法调速平稳,可实现无级调速,且调速过程中机械特性斜率相等。但这种调速方式需要大容量可调直流电源,且一般从额定电压向下降低电枢电压,使得电动机从额定转速向下变速,属于恒转矩调速方式。

(2) 改变电动机磁通

改变磁通也可以实现无级调速,但是一般采用减弱磁通,使电动机从额定转速向上调速,此时电动机的空载转速上升,机械特性曲线斜率增大,如图 5-5(b)所示。这种调速方法属于恒功率调速方式,受电机机械强度等因素限制,弱磁调速的范围一般不能太宽。

(3) 改变电枢回路电阻

在电枢回路串入电阻,电动机的空载转速不变,机械特性曲线的斜率增大,如图 5-5(c)所示。这种调速方法一般为向下调速,其特点是设备简单,操作方便,但只能实现有级调速,调速平滑性差,机械特性软,且大量的能量损耗在串接电阻中,功率损耗大。

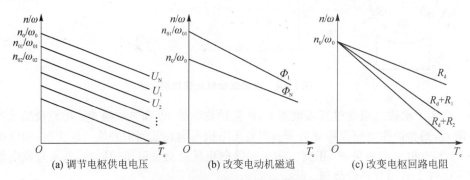

图 5-5　直流电动机的调速特性

目前,直流调速系统中很少采用改变电枢电阻的调速方式,一般主要采用调节电枢供电电压进行调速,在需要扩速时辅以改变电动机磁通的方式在额定转速以上进行升速。

5.1.3　系统的 PWM 控制方式

1. 单极式可逆 PWM 控制

对于图 5-3 所示的 H 型桥式可逆 PWM 变换器,如果使 VT_4 始终导通,VT_3 始终关断,通过控制 VT_1 和 VT_2 的通断,实现正向电动运行。在 $0 \sim t_1$ 时刻,VT_1 驱动电压为正,VT_2 驱动电压为负,电动机两端的电压为 U_s,且有

单极式可逆 PWM 控制仿真模型

$$U_{dc} = U_s = R_d i_d + L_d \frac{di_d}{dt} + E_a \qquad (5-3)$$

在 $t_1 \sim T$ 时刻，VT_1 驱动电压为负，VT_2 驱动电压为正，电动机两端的电压为 0，且有

$$U_{dc} = 0 = R_d i_d + L_d \frac{di_d}{dt} + E_a \qquad (5-4)$$

则其平均输出电压为

$$\overline{U}_{dc} = \rho U_s \qquad (5-5)$$

式中，$\rho = t_1/T$。反过来，要使电动机反向运行，可使 VT_2 始终导通，VT_1 始终关断，通过控制 VT_3 和 VT_4 的通断（即在 $0 \sim t_1$ 时刻，VT_4 驱动电压为正，VT_3 驱动电压为负；在 $t_1 \sim T$ 时刻，VT_3 驱动电压为正，VT_4 驱动电压为负），向电动机提供负电压。同样地，在 $0 \sim t_1$ 时刻，电动机两端的电压为 0，且有

$$U_{dc} = 0 = R_d i_d + L_d \frac{di_d}{dt} + E_a \qquad (5-6)$$

在 $t_1 \sim T$ 时刻，电动机两端的电压为 $-U_s$，且有

$$U_{dc} = -U_s = R_d i_d + L_d \frac{di_d}{dt} + E_a \qquad (5-7)$$

则其平均输出电压仍可记为

$$\overline{U}_{dc} = \rho U_s \qquad (5-8)$$

式中，$\rho = (t_1 - T)/T$。采用上述控制方法，当电机单方向运行时，PWM 变换器在一个控制周期内只输出一个极性的电压，如正向运行时输出 U_s 和 0，反向运行时输出 $-U_s$ 和 0，因此通常称之为"单极性调制"。

2. 双极式可逆 PWM 控制

　　与单极性调制不同，双极性调制的一个控制周期内，在 VT_1 和 VT_4 上施加一组相同的驱动电压，在 VT_2 和 VT_3 上施加另一组相同的驱动电压，这两组驱动电压极性相反，这样一来，无论电动机是正向运行还是反向运行，PWM 变换器在一个控制周期内都会输出正、负两个极性的电压，因此称之为"双极性调制"。

双极式可逆 PWM
控制仿真模型

　　当电动机负载较重，电枢电流较大时，双极性调制的电压和电流波形如图 5-6(a) 所示。在 $0 \sim t_1$ 时刻，VT_1 和 VT_4 驱动电压为正，VT_1 和 VT_4 导通；VT_2 和 VT_3 驱动电压为负，VT_2 和 VT_3 关断。此时，电动机端电压为 U_s，电枢电流沿"U_s 正极 → VT_1 → 电动机 → VT_4 → U_s 负极"流动，电动机处于正向电动状态，且有

$$U_{dc} = U_s = R_d i_d + L_d \frac{di_d}{dt} + E_a \qquad (5-9)$$

　　在 $t_1 \sim T$ 时刻，VT_1 和 VT_4 驱动电压为负，VT_1 和 VT_4 关断；VT_2 和 VT_3 驱动电压为正，在电枢电感作用下，电枢电流经过二极管 VD_2 和 VD_3 续流，VD_2 和 VD_3 的压降使得 VT_2 和 VT_3 承受负电压而不能导通。此时，电动机两端的电压为 $-U_s$，电枢电流沿"U_s 负极 → VD_2 → 电动机 → VD_3 → U_s 正极"流动，电动机仍处于电动状态，且有

$$U_{dc} = -U_s = R_d i_d + L_d \frac{\mathrm{d}i_d}{\mathrm{d}t} + E_a \qquad (5-10)$$

当电动机负载较轻,电枢电流较小时,双极性调制的电压和电流波形如图 5-6(b) 所示。在续流阶段,电枢电流在 t_2 时刻衰减至零,因此在 $t_2 \sim T$ 时刻,VT_2 和 VT_3 的两端失去反向电压而导通。此时,电动机两端的电压仍有 $U_{dc} = -U_s$,电枢电流 i_d 反向,沿"U_s 正极 $\rightarrow VT_3 \rightarrow$ 电动机 $\rightarrow VT_2 \rightarrow U_s$ 负极"流动,电动机处于再生制动状态,$t_2 \sim T$ 时刻电流方程仍满足式(5-10)。

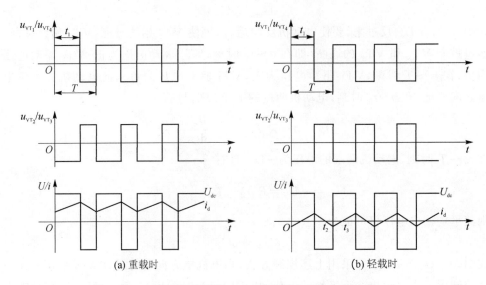

(a) 重载时 　　　　　　　　　　　　(b) 轻载时

图 5-6 双极式可逆 PWM 变换器电压和电流波形

在 $T \sim t_3$ 时刻,VT_2 和 VT_3 驱动电压为负,VT_2 和 VT_3 关断;因电枢电感作用,电流经 VD_1 和 VD_4 续流,使得 VT_1 和 VT_4 的两端承受反压,因此 VT_1 和 VT_4 的驱动电压虽然为正,但仍不能导通。此时,电动机两端的电压为 U_s,电枢电流 i_d 沿"U_s 负极 $\rightarrow VD_4 \rightarrow$ 电动机 $\rightarrow VD_1 \rightarrow U_s$ 正极"流动,电动机处于制动状态,直到当 t_3 时刻,电枢电流衰减至 0,VT_1 和 VT_4 才导通,电流沿"U_s 正极 $\rightarrow VT_1 \rightarrow$ 电动机 $\rightarrow VT_4 \rightarrow U_s$ 负极"流动,电流方程满足式(5-9)。

一个控制周期内的平均输出电压为

$$\overline{U}_{dc} = \frac{t_1}{T} U_s - \frac{T-t_1}{T} U_s = \rho U_s \qquad (5-11)$$

且有 $\rho = (2t_1 - T)/T$,变化范围为 $-1 \leqslant \rho \leqslant 1$。

对于前述单极式可逆 PWM 变换器来说,电动机正向运行时输出电压只在 U_s 和 0 之间变换,反向运行时输出电压只在 $-U_s$ 和 0 之间变换。而对于双极式可逆 PWM 变换器,无论电动机是正向运行还是反向运行,其输出电压都在 U_s 和 $-U_s$ 之间变换。在稳态工作时,电动机的运行方向由正、负驱动电压的控制占空比 ρ 决定,当 $\rho > 0$ 时,平均输出电压 $\overline{U}_{dc}$ 为正,电动机正转;反之,当 $\rho < 0$ 时,平均输出电压 $\overline{U}_{dc}$ 为负,电动机反转。特别地,当 $\rho = 0$ 时,正负脉冲宽度相等,电动机停转。但此时电枢电压瞬时值并不为零,而是正负脉宽相等的交变脉冲电压,因而电枢电流也是交变

的。这个交变电流使电动机产生高频微振,可以消除电动机正、反向切换时的静摩擦死区,起到"动力润滑"作用,从而抑制低速运行时"爬行"现象的发生,改善系统的低速平稳性。

通过上述分析不难发现,双极式可逆 PWM 变换器具有如下特点:

① 电枢电流连续。

② 可使电动机四象限运行。

③ 电动机停转时有微振电流,能消除静摩擦死区。

④ 电机低速平稳性好,系统的调速范围大。

⑤ 低速时每个开关器件的驱动脉冲仍然较宽,有利于保证器件的可靠导通。

其缺点是:在工作过程中,4 个开关器件都处于开关切换状态,开关损耗大,且在切换时可能发生同一桥臂"直通"现象。为了防止"直通",同一桥臂两个开关器件的驱动脉冲需要设置逻辑延时。相比而言,单极式可逆 PWM 变换器部分器件处于常通或常断状态,开关损耗相对较小,可靠性高,但系统的低速性能和其他动、静态性能会有所降低。在装甲车辆武器驱动等高性能控制系统中,通常采用双极式可逆 PWM 变换器。

5.1.4 预充与泵升保护

为了滤除输入侧纹波,在 PWM 变换器设计时一般都会在其前端并联滤波电容。这样一来,在需要 PWM 变换器工作时,如果直接将其接入电源,将会在线路上产生很大的充电电流,从而损坏线路和器件,为此一般需要设计前置预充电路。如图 5-7 所示,预充电路由 R_1、K_1、K_2 组成,当需要将 PWM 变换器接入电源时,首先闭合 K_1,电源通过 R_1 向电容 C 充电,当充电基本完成时,再闭合 K_2。

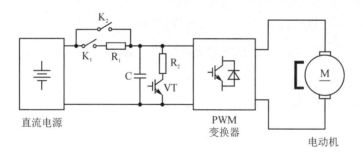

图 5-7 预充与泵升保护电路

此外,在电动机制动时,需要通过 PWM 变换器将制动能量回馈至直流电源。当直流电源不能完全吸收回馈能量时,就会导致滤波电容 C 两端电压升高,一般称之为泵升电压。当泵升电压过高,超过电路中各部件允许限值时,将会造成部件损毁。因此,电路中一般还需要设计能量释放回路,由图 5-7 中 R_2 和 VT 构成。当泵升电压高于设定值时,开关器件 VT 导通,制动能量消耗在电阻 R_2 上,此时系统处于能耗制动状态。

5.2　直流调速控制系统的建模与特性分析

5.2.1　直流电动机建模

根据 5.1.2 节的分析,他励直流电动机结构相对简单,电路变量较少,可直接根据直流电机的基本方程建模。为分析方便,规定各物理量的参考正方向如图 5-8(a)所示。图中,U_{dc} 为电枢电压,i_d 为电枢电流,U_f 为励磁电压,i_f 为励磁电流,T_e 为电动机的电磁转矩,T_L 为负载阻转矩,n 为电动机转速。

当不考虑补偿绕组作用时,他励直流电动机等效电路为如图 5-8(b)所示的电枢回路和励磁回路两个独立电路。对于电枢回路,有

$$U_{dc} = R_d i_d + L_d \frac{di_d}{dt} + E_a \qquad (5-12)$$

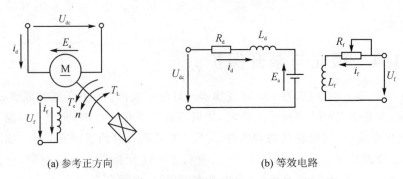

(a) 参考正方向　　　　　　　　　　(b) 等效电路

图 5-8　直流电动机物理量参考正方向与其等效电路

式中,L_d 为电机电枢回路电感,E_a 为反电势,且有

$$E_a = C_e \Phi n = \frac{30}{\pi} C_e \Phi \omega \qquad (5-13)$$

式中,ω 为角速度。

励磁回路电压平衡方程为

$$U_f = R_f i_f + L_f \frac{di_f}{dt} \qquad (5-14)$$

为了分析方便,设定磁通 Φ 与励磁电流呈线性关系,即

$$\Phi = k_f i_f \qquad (5-15)$$

式中,k_f 为励磁系数。在忽略空载阻转矩(包括粘性摩擦和机械弹性转矩等)时,电动机动力学方程可写为

$$T_e - T_L = J \frac{d\omega}{dt} \qquad (5-16)$$

式中,J 为旋转部分转动惯量,T_e 为电磁转矩,且有 $T_e = C_T \Phi i_d$。

设备变量初始值均为零,对式(5-12)~式(5-16)进行 Laplace 变换,可得

$$\begin{cases} U_{dc} = (R_d + L_d s)i_d + E_a \\[2mm] E_a = \dfrac{30}{\pi} C_e \Phi \omega \\[2mm] T_e - T_L = J s \omega \\[2mm] T_e = C_T \Phi i_d \\[2mm] U_f = (R_f + L_f s)i_f \\[2mm] \Phi = k_f i_f \end{cases} \qquad (5-17)$$

根据式(5-17)可建立他励直流电动机的动态结构图,如图 5-9 所示。

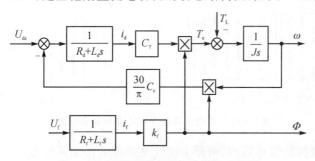

图 5-9　他励直流电动机的动态结构图

在实际系统使用时,通常采用固定电流励磁或者永磁体产生磁通 Φ,则此时 Φ 为常数,上述模型可进一步简化为如图 5-10 所示。图中,$K_T = C_T \Phi$,$K_e = 30 C_e \Phi / \pi$。事实上,由于 $C_T = 30 C_e / \pi$,故有 $K_T = K_e$。

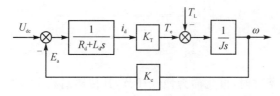

图 5-10　磁通为常数时的他励直流电动机简化模型

5.2.2　直流 PWM 变换器(含调制装置)建模

在实际系统中,直流 PWM 变换器需要配有调制装置,且二者往往是集成在一起的。调制装置的作用是将控制量转换为脉冲信号序列,然后施加到开关器件驱动端,控制其通断。以双极式可逆 PWM 变换器为例,其调制原理如图 5-11 所示。

当系统控制量 u_k 变化时,开关器件驱动电压 u_{VT_1}、u_{VT_2}、u_{VT_3}、u_{VT_4} 随之改变,从而控制 PWM 变换器输出电压 U_{dc} 变化。当假设开关器件是理想器件(即忽略器件的开通和关断过程影响)时,U_{dc} 变化与驱动电压 u_{VT_1}、u_{VT_2}、u_{VT_3}、u_{VT_4} 是同步的。但是当 u_{VT_1}、u_{VT_2}、u_{VT_3}、u_{VT_4} 与控制量 u_k 之间存在延时,在控制量 u_k 改变时,驱动电压 u_{VT_1}、u_{VT_2}、u_{VT_3}、u_{VT_4} 要到下一个开关周期才能随着改变,最大延时是一个开关周期 T。取延时的统计平均值为 0.5 个开关周期,并记为 T_{PWM},则直流 PWM 变换器的输入-输出关系可表示为

$$U_{dc} = \rho U_s \cdot 1(t - T_{PWM}) = K_{PWM} u_k \cdot 1(t - T_{PWM}) \qquad (5-18)$$

式中，K_{PWM} 为 PWM 变换器放大倍数，且有 $K_{PWM}=\rho U_s/u_k$。通常，当控制量达到限幅值（即 $u_k=u_{k\_cr}$ 时），$\rho=1$。此时，有 $K_{PWM}=U_s/u_{k\_cr}$。

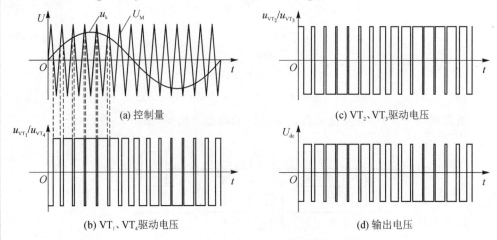

图 5-11　双极式可逆 PWM 变换器调制原理

利用拉氏变换的位移定理，可得 PWM 变换器的传递函数为

$$\frac{U_{dc}(s)}{u_k(s)}=K_{PWM}\cdot e^{-T_{PWM}s} \tag{5-19}$$

式中包含指数函数，分析和设计比较麻烦。为简化分析，可将其按泰勒级数展开，得到

$$\frac{U_{dc}(s)}{u_k(s)}=K_{PWM}\cdot e^{-T_{PWM}s}=\frac{K_{PWM}}{e^{T_{PWM}s}}=\frac{K_{PWM}}{1+T_{PWM}s+\frac{1}{2}T_{PWM}^2s^2+\frac{1}{3!}T_{PWM}^3s^3+\cdots}$$

$$\tag{5-20}$$

当其满足一定条件时，可化简为惯性环节，其传递函数表示为

$$G_{PWM}(s)=\frac{K_{PWM}}{T_{PWM}s+1} \tag{5-21}$$

采用后续第 9 章分析方法可以得到简化条件为

$$\omega_c\leqslant\frac{1}{3T_{PWM}} \tag{5-22}$$

式中，ω_c 为系统开环频率特性曲线的截止频率。

5.2.3　系统模型与开环特性分析

综合图 5-10 以及直流 PWM 变换器传递函数（5-21），可建立直流 PWM 控制系统的开环模型如图 5-12 所示。

据此，可以求得系统传递函数为

$$\omega(s)=\frac{K_{PWM}K_T}{(T_{PWM}s+1)\left[(R_d+L_ds)Js+K_TK_e\right]}u_k(s)-$$

$$\frac{R_d+L_ds}{(R_d+L_ds)Js+K_TK_e}T_L(s) \tag{5-23}$$

系统开环
仿真模型

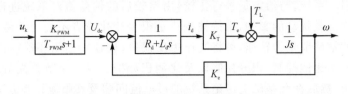

图 5 - 12　直流 PWM 控制系统的开环模型

令 $s=0$，可以求得系统的开环静特性方程为

$$\omega = \frac{K_{\mathrm{PWM}}}{K_{\mathrm{e}}} u_{\mathrm{k}} - \frac{R_{\mathrm{d}}}{K_{\mathrm{T}} K_{\mathrm{e}}} T_{\mathrm{L}} \qquad (5-24)$$

控制量 u_{k} 可以线性平滑调节，因此电动机的转速 ω 也可以平滑调节。需要说明的是：

① 直流 PWM 控制系统中，即使在稳态情况下，电动机电枢两端所承受的电压仍是脉冲电压，其电枢电流和转矩也是脉动的。所谓稳态，只是指电动机平均电磁转矩与负载转矩相平衡的状态，因此只能算作"准稳态"。

② 对于双极式可逆 PWM 变换器，无论负载轻重，电枢电流都是连续的，因此可以保证 U_{dc} 与占空比 ρ 成正比例关系，其静特性曲线如图 5 - 13(a)所示。

③ 对于其他可能出现电流断续的直流斩波器，当负载较轻导致电流断续时，电动机两端的平均电压将会被抬高，反映到静特性曲线上，曲线会上翘。且负载越轻，电流中断时间越长，静特性曲线上翘越严重。特别地，当理想空载时，电流始终为零，无论控制占空比如何变化，理想空载转速都会上翘到 $\omega_0 = U_{\mathrm{s}}/K_{\mathrm{e}}$，如图 5 - 13(b)所示。

脉动电流与
脉动转矩计
算分析

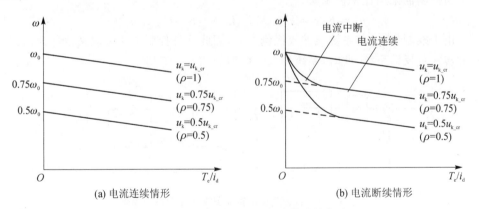

图 5 - 13　直流 PWM 控制系统静特性曲线

上述分析还表明，开环控制系统在负载阻转矩变化时，电机转速也会相应改变，不能稳定在期望的转速点上，难以满足坦克武器控制等高精度控制系统要求。因此，在实际系统中必须采用适当的控制方法提高系统控制性能。

5.3　转速单闭环反馈控制方法

单闭环反馈控制是自动控制系统最基本的控制方式，其基本原理是：将被调节量作为反馈量引入系统，与给定量进行比较，用比较后的偏差值对系统进行控制，从而抑制甚至消除负载扰动的影响，维持被调节量很少变化或者不变化。考虑到本章直流调速系统的被调节量为转速，可将其作为反馈量，构建转速闭环反馈控制系统，其控制规律可采用比例控制、积分控制以及比例积分控制等。本节首先对这几种控制方法进行分析，然后在此基础上讨论系统的过电流问题及其限流控制方法。

5.3.1 转速比例负反馈控制

转速负反馈的基本原理如图 5-14 所示。在电动机转轴上安装测速发电机，其转速与电动机同步，因此输出电压 U_ω 与电动机转速 ω 成正比，设其比例系数为 α，即 $U_\omega = \alpha\omega$。测速发电机电压 U_ω 与给定量 U_ω^* 进行比较，并由控制器运算后生成控制量，经放大装置放大后产生控制电压 u_k。

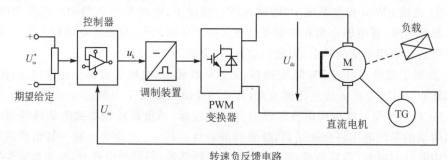

图 5-14 转速负反馈直流 PWM 控制系统结构

当控制器采用比例控制时，有

$$u_k = K_p e = K_p(U_\omega^* - U_\omega) = K_p(U_\omega^* - \alpha\omega) \tag{5-25}$$

由于控制量 u_k 与系统误差成比例关系，因此这种控制方法一般又被称为比例控制的转速负反馈系统，此时，系统的数学模型如图 5-15 所示。

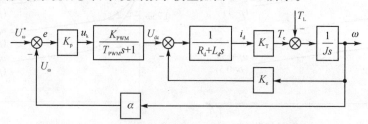

系统转速负反馈
仿真模型

图 5-15 转速负反馈直流 PWM 控制系统模型

进一步，可求得系统的传递函数为

$$\omega(s) = \frac{K_p K_T K_{PWM}}{((R_d + L_d s)Js + K_T K_e)(T_{PWM}s+1) + \alpha K_p K_T K_{PWM}}U_\omega^*(s) -$$

$$\frac{(R_d + L_d s)(T_{PWM}s+1)}{((R_d + L_d s)Js + K_T K_e)(T_{PWM}s+1) + \alpha K_p K_T K_{PWM}}T_L(s) \tag{5-26}$$

令 $s=0$，可以求得转速负反馈直流 PWM 控制系统静特性方程为

$$\omega = \frac{K_p K_{PWM}}{K_e + \alpha K_p K_{PWM}}U_\omega^* - \frac{R_d}{K_T K_e + \alpha K_p K_T K_{PWM}}T_L \tag{5-27}$$

对比式(5-27)和式(5-24)可知,采用转速负反馈可以很好的减小扰动力矩引起的转速降落,使得系统的静特性变硬。在同样的负载扰动情况下,开环系统和转速负反馈系统的角速度降落分别为

$$\begin{cases} \Delta\omega_{op} = \dfrac{R_d}{K_T K_e} T_L \\ \Delta\omega_{cl} = \dfrac{R_d}{K_T K_e + \alpha K_p K_T K_{PWM}} T_L \end{cases} \tag{5-28}$$

不难求得,二者的关系为

$$\Delta\omega_{cl} = \frac{\Delta\omega_{op}}{1 + \alpha K_p K_{PWM}/K_e} \tag{5-29}$$

当理想空载角速度相同时,开环系统和转速负反馈系统的静差率满足

$$s_{cl} = \frac{s_{op}}{1 + \alpha K_p K_{PWM}/K_e} \tag{5-30}$$

进一步,如果电动机的最高转速相同,而对于最低转速要求的静差率也相同,则开环系统和转速负反馈系统的调速范围满足

$$D_{cl} = (1 + \alpha K_p K_{PWM}/K_e) D_{op} \tag{5-31}$$

由此可见,当比例系数 K_p 足够大时,采用比例控制转速负反馈可以获得比开环控制系统硬的多得静特性,从而保证在一定静差率要求下,提高系统的调速范围。根据式(5-28),比例系数 K_p 越大,反馈控制系统的静差率越小。因此,为了减小静差,则希望将比例系数设计的足够大,那么能不能无限增大比例系数,不断缩小甚至完全消除静差,实现无静差控制呢?事实上,比例系数的大小除了与稳态误差有关,还会影响系统的稳定性。

根据式(5-26),可得闭环系统的特征方程为

$$[(R_d + L_d s)Js + K_T K_e](T_{PWM}s + 1) + \alpha K_p K_T K_{PWM} = 0 \tag{5-32}$$

整理可得

$$a_3 s^3 + a_2 s^2 + a_1 s + a_0 = 0 \tag{5-33}$$

式中,$a_3 = L_d J T_{PWM}$,$a_2 = (L_d + R_d T_{PWM})J$,$a_1 = K_T K_e T_{PWM} + R_d J$,$a_0 = K_T K_e + \alpha K_p K_T K_{PWM}$。

根据三阶系统的 Routh 判据,系统稳定的充分必要条件是

① $a_0 > 0, a_1 > 0, a_2 > 0, a_3 > 0$。

② $\Delta = a_1 a_2 - a_0 a_3 > 0$。

容易看出,各项系数均为正,则条件①满足。因此系统稳定条件为

$$\begin{aligned} \Delta &= a_1 a_2 - a_0 a_3 \\ &= J(L_d + R_d T_{PWM})(K_T K_e T_{PWM} + R_d J) - \\ &\quad L_d J T_{PWM}(K_T K_e + \alpha K_p K_T K_{PWM}) > 0 \end{aligned} \tag{5-34}$$

求解可得

$$K_p < K_{p\_cr} = \frac{(L_d + R_d T_{PWM})(K_T K_e T_{PWM} + R_d J)}{\alpha K_{PWM} L_d T_{PWM} K_T} - \frac{K_e}{\alpha K_{PWM}} \tag{5-35}$$

式中,K_{p_cr} 称为系统的临界比例系数。当 $K_p > K_{p\_cr}$ 时,系统不稳定。

上述分析表明,比例控制的转速负反馈直流 PWM 控制系统的稳态精度和系统稳定性是相互制约的。比例系数越大,系统稳态误差越小,但是系统稳定性越差;反过来,减小比例系数会提高系统稳定性,但是其稳态误差也会随之增大。同时,为了保证系统稳定,比例系数不能达到无穷大,因此系统的误差始终不能完全消除,这种控制系统被称为有静差控制系统。如果要实现无静差控制,就必须进一步研究新的控制方法,比例积分控制(PI)就是一种典型的无静差控制方法。

5.3.2 比例积分控制规律与无静差控制系统

1. 积分控制规律

在采用比例控制的转速负反馈系统中,系统的控制量是与偏差成正比的,而要使系统正常运行,就必须有控制量,要产生控制量,就必须有偏差,这是比例控制系统存在静差的根本原因。反过来,如果要做到无静差控制,关键是要做到在偏差消除之后系统还能保持一定的控制量,也就是说,控制量的大小不能只取决于偏差的现状,还要包含偏差的历史积累,亦即应增加积分控制环节。这样一来,当偏差消除时,系统的控制量不会随之变为零,而是保持在一个稳定值,从而驱动电动机稳定运行,这样就有可能实现无静差控制。对于 5.3.1 节中转速负反馈系统,如果采用积分控制器,则控制量 u_k 是系统偏差 e 的积分,即

$$u_k = \frac{K_P}{\tau_I} \int_0^t e \, dt = \frac{K_P}{\tau_I} \int_0^t (U_\omega^* - U_\omega) \, dt \tag{5-36}$$

式中,τ_I 为积分项时间常数。

当 e 是阶跃函数时,u_k 按线性规律增长,每一时刻 u_k 的大小是与 e 和横轴所包围的面积成正比的,如图 5-16(a)中阴影所示。图中,$u_{k\,cr}$ 是控制器的输出限幅值。对于闭环系统中的积分控制器,e 不是阶跃函数,而是随转速不断变化的。当电动机启动后,随着转速的不断升高,e 不断减小,但是积分作用使得 u_k 仍然继续增加,只不过其增长不再是线性的,每一时刻 u_k 的大小仍与 e 和横轴所包围的面积成正比,如图 5-16(b)中阴影所示。在动态过程中,当 e 变化时,只要其极性不变,即只要满足 $U_\omega^* > U_\omega$,积分控制器输出 u_k 就一直增长,直到 $U_\omega^* = U_\omega$,$e = 0$ 时,u_k 才停止增长而达到其终值 $u_{k\,cf}$。需要说明的是,此时 u_k 不为零,而是终值 $u_{k\,cf}$。如果 $e = 0$ 能够保持下去不再变化,u_k 也就保持在终值 $u_{k\,cf}$ 而不再变化,这样就实现了无静差控制。

下面分析积分控制器的抗扰性能。对于图 5-15 所示的系统,假定其初始状态为稳定运行状态,且有 $U_\omega^* = U_\omega$,$e = 0$,当采用积分控制器时,系统产生稳定且不为零的控制量 u_k 驱动电动机运行,此时有 $T_e = T_L$。当负载转矩 T_L 突然增大时,导致 $T_e < T_L$,电机转速 ω 下降,U_ω 减小,产生 $e > 0$。根据式(5-36),积分控制器输出 u_k 增大,电枢电压 U_{dc} 上升,从而使得转速 ω 在下降一定程度后又回升,直到恢复到初始转速时,误差 e 又重新归零。在新的稳态下,系统控制量和电枢电压均已上升,以克服负载转矩增加而导致电枢电流增大带来的压降,其动态过程如图 5-17 所示。

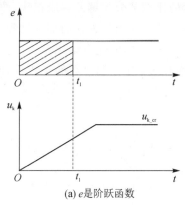
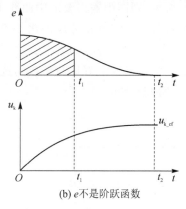

(a) e 是阶跃函数   (b) e 不是阶跃函数

图 5 - 16 积分控制器的输入和输出动态过程

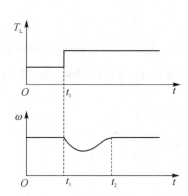
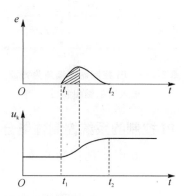

图 5 - 17 积分控制器突加负载的动态过程

综上分析,积分控制器通过引入输入偏差量的全部历史,使得在稳态时,即使 $e=0$,只要历史上有过偏差 e,就可以产生相应的控制电压 u_k,这是积分控制器和比例控制器的根本区别。

2. 比例积分控制规律

积分控制器能够实现无静差控制,但是其控制的快速性不如比例控制器,在同样的阶跃输入作用下,比例控制器可以立即产生响应,而积分控制器的输出则只能逐渐变化。因此,如果要兼顾稳态精度和动态响应速度,就需要将二者结合起来,构成比例积分控制器,简称 PI 控制器,其表达式为

$$u_k = K_p \left(e + \frac{1}{\tau_I} \int_0^t e\, \mathrm{d}t \right) = K_p \left((U_\omega^* - U_\omega) + \frac{1}{\tau_I} \int_0^t (U_\omega^* - U_\omega)\, \mathrm{d}t \right) \quad (5-37)$$

PI 控制器在偏差为方波输入时的输出特性如图 5 - 18 所示。在 $t=0$ 时刻,突然产生偏差量 e_0,由于比例部分作用,控制器输出量立即响应,上升至 $u_k = K_p e_0$,实现快速响应,随后按积分规律增长,且有 $u_k = K_p e_0 (1 + t/\tau_I)$。在 $t=t_1$ 时刻,偏差 e 突然降为零,则控制器输出为固定值 $u_k = K_p e_0 t_1 / \tau_I$,驱动电机运行,实现无静差控制。由此可见,PI 控制器结合了比例控制和积分控制两种规律的优点,比例部分实现快速响应,积分部分则最终消除偏差。

下面考虑 PI 控制器抗扰性能。负载扰动引起偏差 e 变化,设其变化波形如

图 5-19 所示,则图中输出波形中曲线①所示的比例部分与偏差 e 成正比,曲线②所示的积分部分与偏差的积分成正比。而 PI 控制器的输出量是这两部分之和。可见,PI 控制器兼具了快速响应和高稳定精度等优点,在各类电气自动化系统中得到了广泛的应用。当然其性能好坏与参数的选取紧密相关,PI 控制参数的工程设计方法将在第 9 章中进行分析。

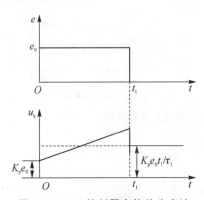

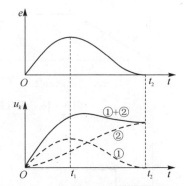

图 5-18　PI 控制器在偏差为方波　　　　图 5-19　PI 控制器突加负载的响应
　　　　　输入时的输出特性

3. PI 控制的系统控制性能分析

将图 5-15 中比例控制器改为 PI 控制器,可得系统的数学模型如图 5-20 所示。

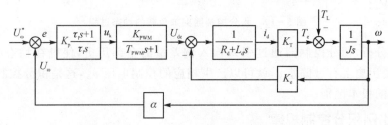

图 5-20　基于 PI 控制的系统控制模型

根据图 5-20,可求得系统的传递函数为

$$\omega(s) = \frac{K_p(\tau_I s + 1)K_T K_{PWM} U_\omega^*(s) - (R_d + L_d s)(T_{PWM} s + 1)\tau_I s T_L(s)}{((R_d + L_d s)Js + K_T K_e)(T_{PWM} s + 1)\tau_I s + \alpha K_p(\tau_I s + 1)K_T K_{PWM}}$$

$$(5-38)$$

令 $s=0$,可求得基于 PI 控制的系统静特性方程为

$$\omega = \frac{1}{\alpha} U_\omega^*$$

$$(5-39)$$

由此可见,系统稳定状态下电动机转速输出与给定量成正比,比例系数为反馈系数的倒数,也就是说,系统输出只与反馈系数相关,与系统参数无关,同时还可以完全抑制扰动力矩影响,实现无静差调速。

根据终值定理,可求得采用不同控制器时,系统在阶跃给定 $U_\omega^*(s) = U_\omega^*/s$ 条件下的稳态跟踪误差如表 5-1 所列。

表 5-1　直流 PWM 控制系统的阶跃稳态跟踪误差

控制器类型	稳态跟踪误差
比例控制器	$\dfrac{U_\omega^*}{1+\alpha K_p K_{\mathrm{PWM}}/K_e}$
积分控制器	0
PI 控制器	0

不难发现,在稳态情况下,采用比例控制时直流 PWM 控制系统是一个有静差系统,静差大小与比例系数有关,提高比例系数可减小稳态误差,但是允许的最大比例系数受系统稳定性制约,而采用积分控制和 PI 控制可使其成为无静差系统。

同样地,也可求得采用不同控制器时,系统在阶跃扰动 $T_L(s)=T_L/s$ 条件下的稳态扰动误差,如表 5-2 所列。对于采用比例控制的直流 PWM 控制系统,存在扰动引起的稳态误差,而采用积分控制和 PI 控制时,阶跃扰动引起的稳态误差为零。

表 5-2　直流 PWM 控制系统的阶跃稳态扰动误差

控制器类型	稳态扰动误差
比例控制器	$\dfrac{R_d T_L}{K_T K_e + \alpha K_p K_T K_{\mathrm{PWM}}}$
积分控制器	0
PI 控制器	0

5.3.3　系统过电流问题及其限流控制方法

上述分析的采用 PI 控制的转速负反馈控制系统,可以在保证系统稳定的前提下实现无静差调速,但是单独采用转速负反馈不能实现对电枢电流的控制。因此,在电动机启动、制动和堵转状态时可能出现过电流问题。对于图 5-14 所示系统,当给定转速 U_ω^* 突然增大时,由于惯性作用,电动机转速不可能立即建立起来,反馈电压 U_ω 为零。根据式(5-37),PI 控制器初始输出 $u_k=K_p U_\omega^*$,该控制量经 PWM 变换器放大,电枢电压 U_{dc} 立即达到最高值,对于电动机来说,相当于全压启动,容易造成过电流。此外,根据系统静特性可知,电动机堵转时电枢电流也会超过允许值。因此,为了保证系统安全工作,必须加入控制电流的环节。

电机启动过程过电流仿真模型

根据反馈控制原理,要保持某个物理量基本不变,就应该引入该物理量的负反馈,即可以引入电流负反馈,使得电枢电流不超过允许值。但是,这种作用只应在启动、制动和堵转等情况下,且电流超过允许值时存在,而需要在电机正常运行时取消,让电流能随着负载的增减而变化。这种当电流大到一定程度时才起作用的电流负反馈被称为电流截止负反馈,在图 5-14 中加入电流截止负反馈,可得系统结构如图 5-21 所示。

电流截止负反馈环节的输入-输出特性可描述为

$$U_i = \begin{cases} 0 & i_d \leqslant i_{d\_cr} \\ k_{if}(i_d - i_{d\_cr}) & i_d > i_{d\_cr} \end{cases} \tag{5-40}$$

式中，i_{d_cr} 为电流截止负反馈作用阈值，k_{if} 为电流截止负反馈系数。

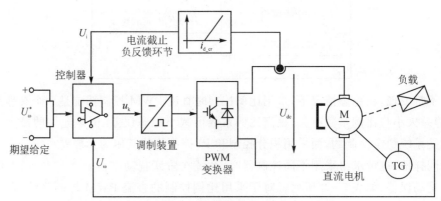

图 5-21   带电流截止负反馈的直流 PWM 控制系统结构

结合图 5-21，当转速控制器采用比例控制器时，可得带电流截止负反馈的直流 PWM 控制系统模型，如图 5-22 所示。

系统电流截止负反馈仿真模型

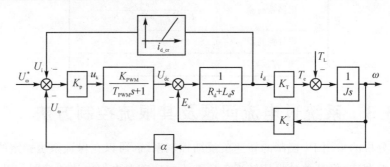

图 5-22   带电流截止负反馈的直流 PWM 控制系统模型

当系统处于平衡状态时，有 $T_L = T_e = i_d K_T$。令 $s = 0$，可化简得到系统稳态模型，如图 5-23 所示。当 $i_d \leqslant i_{d\_cr}$ 时，电流负反馈不起作用，系统静特性方程为

$$\omega = \frac{K_p K_{PWM} U_\omega^*}{K_e + \alpha K_p K_{PWM}} - \frac{R_d i_d}{K_e + \alpha K_p K_{PWM}} \tag{5-41}$$

当 $i_d > i_{d\_cr}$ 时，电流负反馈起作用，此时系统静特性方程转化为

$$\omega = \frac{K_p K_{PWM}}{K_e + \alpha K_p K_{PWM}}(U_\omega^* + k_{if} i_{d\_cr}) - \frac{R_d + K_p K_{PWM} k_{if}}{K_e + \alpha K_p K_{PWM}} i_d \tag{5-42}$$

综合式(5-41)和式(5-42)，可得系统的静特性曲线如图 5-24 所示。

当电机电枢电流比较小时，电流截止负反馈不起作用，此时系统呈现出较硬的静特性，如图 5-24 中 AB 段所示。当电枢电流增大超过阈值 i_{d_cr} 时，电流截止负反馈起作用，其作用类似于在主电路中串入一个大电阻 $K_p K_{PWM} k_{if}$，使得系统静特性急剧下垂，如图 5-24 中 BC 段所示。这样的两段式静特性常被称作下垂特性或挖土机特性。

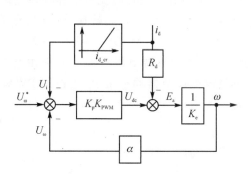 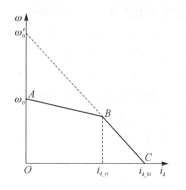

图 5-23　带电流截止负反馈的系统稳态模型　图 5-24　带电流截止负反馈的系统静特性

进一步,令 $\omega=0$,根据式(5-42)可得

$$i_{\mathrm{d\_bl}} = \frac{K_{\mathrm{p}}K_{\mathrm{PWM}}(U_{\omega}^{*} + k_{\mathrm{if}}i_{\mathrm{d\_cr}})}{R_{\mathrm{d}} + K_{\mathrm{p}}K_{\mathrm{PWM}}k_{\mathrm{if}}} \tag{5-43}$$

式中,$i_{\mathrm{d\_bl}}$ 为堵转电流。当 k_{if} 取值较大,使得 $k_{\mathrm{p}}K_{\mathrm{PWM}}k_{\mathrm{if}} \gg R_{\mathrm{d}}$ 时,式(5-43)可简化为

$$k_{\mathrm{if}} \approx U_{\omega}^{*}/(i_{\mathrm{d\_bl}} - i_{\mathrm{d\_cr}}) \tag{5-44}$$

$i_{\mathrm{d\_bl}}$ 应小于电动机允许的最大电流 i_{dm},一般为$(1.5\sim2)i_{\mathrm{N}}$。另一方面,从调速系统的稳态性能来看,则希望 AB 段的运行范围足够大,截止电流 $i_{\mathrm{d\_cr}}$ 应大于电动机的额定电流,如取为$(1.1\sim1.2)i_{\mathrm{N}}$,这样一来,就可以根据 $i_{\mathrm{d\_cr}}$ 和 $i_{\mathrm{d\_bl}}$ 确定电流截止负反馈系数 k_{if}。

5.4　转速-电流双闭环控制及其特性分析

5.4.1　转速-电流双闭环控制系统的基本结构

电流截止负反馈虽然能够起到限制保护作用,但是不能充分按照理想要求控制电流的动态过程。以启动过程为例,电流截止负反馈系统电流波形如图 5-25 所示,由图可见,电枢电流只在很短时间接近最大允许电流,其他时间均小于该值,即是说在启动过程中电机的过载能力没有被充分利用,这样也就限制了系统的动态性能,使其难以满足快速启动和高精度跟踪等要求。为了解决上述问题,应该在电动机最大允许电流和转矩限制下,充分利用电动机的过载能力,最好是在过渡过程中始终保持电流(和转矩)为允许的最大值,使系统以最大的加速度启动。当达到稳态转速时,再立即让电流降下来,同时使转矩与负载阻转矩相平衡,从而转入稳态运行,理想启动过程的电流和转速波形如图 5-26 所示。当然,由于实际系统电枢回路的电感作用,电枢电流不能突变,因此图中的理想波形只能近似逼近,难以准确实现。

分析图 5-26,为了实现在允许条件下的最快启动,关键是要获得一段使电流保持为最大值的恒流过程。因此,通常希望启动过程中只有电流负反馈起作用,以实现恒流控制,转速反馈最好不要起作用;在达到稳态后又希望转速负反馈起作用,实现速度的精确控制。为了实现上述目标,可在系统中分别设计电流调节器和转速调节器,并将二者进行嵌套(或称串级)连接,构成如图 5-27 所示的转速-电流双闭环控制系统。图中,ASR 为转速调节器,ACR 为电流调节器,M 为电动机,TG 为测速发电机。转速调节器工作原理与前相同,其输出作为电流调节器的输入,同时由电流传感器检测电流并形成电流反馈信号 U_i,再经电流调节器的输出 u_k 去控制 PWM 变换器。从闭环结构来看,电流环在里面,被称为内环,转速环在外面,被称为外环。这样就形成了转速-电流双闭环控制系统。

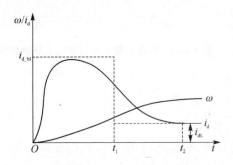

图 5-25　电流截止负反馈系统启动电流波形

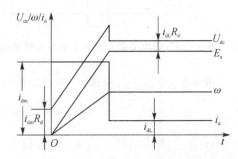

图 5-26　理想启动过程的电流和转速波形

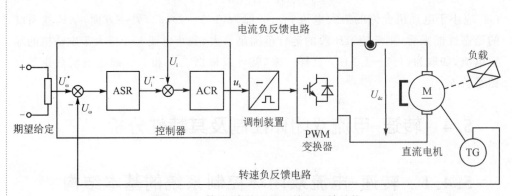

图 5-27　转速-电流双闭环控制系统结构

为了获得良好的静、动态性能,转速调节器和电流调节器一般均采用 PI 调节器,两个调节器可以采用模拟运算放大电路构成,也可采用数字控制器实现。无论采用何种方式,两个调节器的输出都是有限幅作用的,转速调节器的输出限幅值决定了电流调节器给定电压的最大值 U_{im}^*,电流调节器输出限幅值决定了 PWM 变换器的最大输出电压 U_{dm}。

5.4.2　转速-电流双闭环控制系统建模与特性分析

根据上述分析,可建立转速-电流双闭环控制系统的数学模型如图 5-28 所示。图中,G_{ASR} 和 G_{ACR} 分别为转速调节器和电流调节器的传递函数,α 和 β 分别为转速和电流反馈系数。

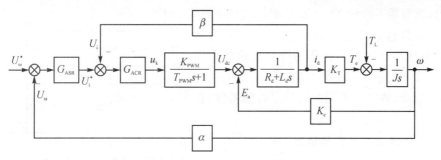

图 5－28 转速-电流双闭环控制系统数学模型

1. 稳态特性分析与参数计算

当处于平衡状态时，有 $T_L = T_e = i_d K_T$。将其代入系统模型，并令 $s=0$，同时考虑到转速调节器和电流调节器饱和特性时，可将转速-电流双闭环控制系统稳态模型描述为图 5－29 所示。

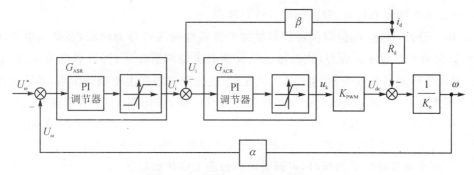

图 5－29 转速-电流双闭环控制系统的稳态模型

对于转速调节器和电流调节器来说，均存在两种状态：饱和——输出达到限幅值；不饱和——输出未达到限幅值。当调节器饱和时，输出为恒定值，不再受输入量影响，除非有反向输入信号使得调节器退出饱和。换句话说，饱和的调节器暂时隔断了输入和输出之间的关联，相当于使调节回路处于开路状态。当调节器不饱和时，PI调节器工作使得输入偏差量在稳态时始终保持为零。

为了实现电流的实时控制与快速跟踪，一般希望电流调节器不要进入饱和状态，因此，对于系统的稳态特性来说，主要分析转速调节器饱和与不饱和两种情况。下面仍以启动过程为例，转速调节器输出上限幅值设定为电流调节器给定允许的最大值 U_{im}^*。

（1）转速调节器不饱和情形

由于 PI 调节器作用，此时电流调节器和转速调节器输入偏差均为零，因此有

$$\begin{cases} U_\omega^* = U_\omega = a\omega \\ U_i^* = U_i = \beta i_d \end{cases} \tag{5-45}$$

由式（5-45）中第一个方程可得

$$\omega = U_\omega^* / \alpha = \omega_0 \tag{5-46}$$

不难发现，系统稳态时的静特性是与理想空载转速 ω_0 相平行的水平直线。同时，由

于转速调节器不饱和,$U_i^* < U_{im}^*$,根据式(5-45)第二个方程有 $i_d < i_{dm}$,因此该水平直线一直从 $i_d = 0$ 延续至 $i_d = i_{dm}$,这就是静特性曲线的稳定运行段,如图5-30中 AB 段所示。如果改变转速给定,将得到不同的转速运行静特性,它们为一组平行的水平直线。

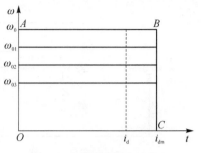

图5-30　转速-电流双闭环
控制系统的静特性

（2）转速调节器饱和情形

此时,转速调节器输出达到限幅值 U_{im}^*,转速外环呈开环状态,转速变化对系统不再产生影响,系统变成无静差的电流单闭环调节系统,在稳态时有

$$i_d = U_{im}^*/\beta = i_{dm} \tag{5-47}$$

则此时系统静特性为垂直的直线,如图5-30中 BC 段所示。若负载电流减小,即 $i_{dL} < i_{dm}$,使转速上升,当转速上升至 $\omega > U_\omega^*/\alpha$ 时,则转速调节器反向积分,退出饱和,恢复到线性调节状态,即回到静特性 AB 段。

综上分析,转速-电流双闭环控制系统的静特性曲线可分为两段:在负载电流小于 i_{dm} 时表现为转速无静差,此时转速负反馈起主要调节作用;当负载电流达到 i_{dm} 时,对应的转速调节器饱和,输出 U_{im}^*。此时,电流调节器起主要调节作用,系统表现为电流无静差,起到过电流自动保护作用。这样一来,采用两个PI调节器就分别形成了内、外两个闭环控制的效果。对比图5-24和图5-30可以发现,转速-电流双闭环控制系统的静特性比采用电流截止负反馈控制的静特性更理想。

当两个调节器均不饱和时,可得系统的稳态工作状态满足

$$\begin{cases} U_\omega^* = U_\omega = \alpha\omega = \alpha\omega_0 \\ U_i^* = U_i = \beta i_d = \beta i_{dL} = \beta T_L/K_T \\ u_k = U_{dc}/K_{PWM} = (K_e\omega + i_d R_d)/K_{PWM} = (U_\omega^* K_e/\alpha + i_{dL} R_d)/K_{PWM} \end{cases} \tag{5-48}$$

由此可见,在稳定状态时,转速 ω 的大小由给定电压 U_ω^* 和转速反馈系数 α 决定,转速调节器的输出 U_i^* 由负载电流 i_{dL} 和电流反馈系数 β 决定,而控制量的大小取决于给定电压 U_ω^* 和负载电流 i_{dL},以及转速反馈系数 α。这些关系反映了PI调节器不同于比例调节器的特点,比例调节器的输出始终正比于输入量,而PI调节器的饱和输出量为限幅值,非饱和输出量稳态值取决于输入量的积分,它最终将使控制对象的输出达到期望值,从而使得调节器输入误差信号为零。反馈系数可根据各调节器的给定与实际状态的限幅值设定,即

$$\begin{cases} \alpha = U_{\omega m}^*/\omega_{max} \\ \beta = U_{im}^*/i_{dm} \end{cases} \tag{5-49}$$

式中,$U_{\omega m}^*$、U_{im}^* 的选取通常会受到控制电路允许输入电压和供电电源幅值的限制。

2. 启动过程特性分析

由前面分析可知,转速-电流双闭环控制系统设计的一个重要目的就是获得接近

如图 5-26 所示的理想启动过程。假定系统在突加给定电压作用下由静止状态启动,其转速和电流波形如图 5-31 所示。图中,ω^* 为期望转速,且有 $\omega^* = U_\omega^* / \alpha$。

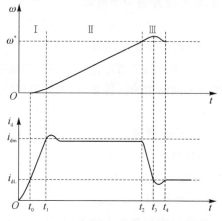

系统启动
过程仿真

如图 5-31 所示,在启动过程中,电流 i_d 从零增长到 i_{dm},然后在一段时间内维持在 i_{dm} 不变,之后下降并经调节后达到稳态值 i_{dL}。转速波形先缓慢上升,然后以恒定加速度上升,经过超调后稳定到给定值 ω^*。根据电流和转速变化过程可将启动过程分为电流上升、恒流速和转速调节 3 个阶段,转速调节器在此

图 5-31 转速-电流双闭环控制系统启动过程转速和电流波形

过程中经历了不饱和、饱和以及退饱和等 3 个过程。

(1) 第 I 阶段,即电流上升阶段($t \leqslant t_1$)

电动机初始处于静止状态,在突加给定电压 U_ω^* 后,由于两个调节器的跟随作用,u_k、U_{dc}、i_d 均逐渐上升,但在初期 i_d 较小,且 $i_d \leqslant i_{dL}$,电动机仍保持静止。直到 t_0 时刻后,$i_d > i_{dL}$,电动机开始转动,但是由于机电惯性作用,转速不会很快增长,因而转速调节器的输入偏差电压($\Delta U_\omega = U_\omega^* - U_\omega$)数值仍然较大,转速调节器由于积分作用,其输出值很快达到限幅值 U_{im}^*,强迫电枢电流 i_d 迅速上升。直到 $i_d \approx i_{dm}$,$U_i \approx U_{im}^*$ 时,电流调节器的控制作用使其保持在稳定值(这个值略小于 i_{dm}),第 I 阶段结束。在这一阶段中,转速调节器很快进入并保持在饱和状态,电流调节器一般不饱和。

(2) 第 II 阶段,即恒流升速阶段($t_1 < t \leqslant t_2$)

在此阶段中,转速调节器始终处于饱和状态,系统成为在恒值电流给定 U_{im}^* 作用下的电流调节系统。由于电流 i_d 恒定,系统加速度恒定,转速线性增长,电动机的反电势 E_a 随之线性增长。根据图 5-28,对于电流环来说,E_a 是一个线性渐增的扰动量,因此 U_{dc} 和 u_k 也必须相应的按线性增长,才能克服 E_a 的影响,使 i_d 保持恒定。当电流调节器采用 PI 调节器时,要使其输出量按线性增长,则其输入偏差电压($\Delta U_i = U_{im}^* - U_i$)必须维持在一定的恒值,也就是说,$i_d$ 应略低于 i_{dm}。

(3) 第 III 阶段,即转速调节阶段($t > t_2$)

当转速上升至给定值 ω^* 时,转速调节器输入偏差为零,但由于积分作用其输出还维持在限幅值 U_{im}^*,电动机继续加速,致使转速出现超调。而后转速调节器输入偏差值为负,开始退出饱和状态,U_i^* 和 i_d 很快下降。直到 $t = t_3$ 时刻,$i_d = i_{dL}$,转矩 $T_e = T_L$,转速 ω 达到峰值。在 $t_3 \sim t_4$ 时间内,$i_d < i_{dL}$,电动机开始在负载的阻力矩下减速,直到达到稳态。如果调节器的参数选取的不够好,该阶段还会有一段振荡过程。在转速调节阶段内,转速调节器和电流调节器都不饱和,转速调节器起主导调节

作用,电流内环是一个电流随动子系统。

综上所述,转速-电流双闭环控制系统的启动过程有以下 3 个特点:

(1) 饱和非线性控制

随着转速调节器在饱和与不饱和状态之间转换,系统呈现出完全不同的特征,需要作为不同结构的线性系统,采用分段线性化的方法来分析,不能简单的用线性控制理论来分析整个启动过程。

(2) 转速超调

当转速调节器采用 PI 调节器时,转速必然会有超调。对于完全不允许超调的情况,应采用相应的控制措施。

(3) 准时间最优控制

在设备物理条件允许下,采用最短时间使系统从给定的初始条件转移到最终平衡状态的控制被称为时间最优控制。对于速度控制系统,要实现时间最优控制,需要电动机在允许的最大过载能力限制下实现恒流启动。实际系统中由于电流不能突变,启动过程的第 Ⅰ 阶段和第 Ⅲ 阶段与理想启动过程相比还存在一定差异,但这两段的时间很短,占整个启动过程的比例很小,因而被称为准时间最优控制。采用饱和非线性控制方法实现准时间最优控制是一种工程实用价值很强的控制策略,广泛的应用于电力传动控制系统。

需要说明的是:当采用不可逆 PWM 变换器时,转速-电流双闭环控制只能保证良好的启动性能,却不能产生回馈制动。在制动过程中,当电流下降到零后,只能自由停车。如果要加快制动过程,需要另外采用相应的措施。

3. 动态抗扰特性分析

此处重点讨论抗负载扰动 T_L 和抗电压扰动 ΔU_{dc} 的性能,如图 5-32 所示。对于负载扰动 T_L,其作用点在电流环之外,主要靠转速调节器抑制其影响,也就是说,双闭环控制系统和单闭环控制系统都需要依靠转速调节器来实现负载扰动抑制。对于电压扰动 ΔU_{dc},当采用单闭环控制时,ΔU_{dc} 和 T_L 相似,都作用在转速负反馈环内,但由于作用点不一样,其动态过程也存在差别。T_L 作用点距转速输出较近,其影响能够比较快的反映到转速上来,使转速调节器产生作用;而 ΔU_{dc} 作用点距转速输出稍远,调节作用会存在迟滞。在双闭环控制系统中,由于增设了电流内环,电压波动可以通过电流反馈得到及时调节,不必等到 ΔU_{dc} 影响转速后再反馈回来,抗扰性能能够大幅提升。因此,双闭环控制系统中由 ΔU_{dc} 引起的转速动态变化一般比单闭环控制系统小。

综上分析,可将双闭环控制系统中转速调节器和电流调节器的作用概括如下:

① 转速调节器是双闭环控制系统的主导调节器,它使得转速 ω 很快地跟踪给定电压 U_ω^* 的变化,当采用 PI 调节器时可实现无静差,其输出限幅值一般取决于电动机允许的最大电流。同时,转速调节器还能对负载扰动变化起到抑制作用。

② 电流调节器作为内环调节器,其作用是在转速外环调节的过程中使电枢电流跟随转速调节器输出 U_i^* 的变化。在转速动态过程中,保证获得电动机允许的最大电流,从而加快动态过程;当电动机过载或堵转时,限制电枢电流的最大值,起到快速

地自动保护作用。同时,电流调节器还能对母线电压波动起到及时的抑制作用。

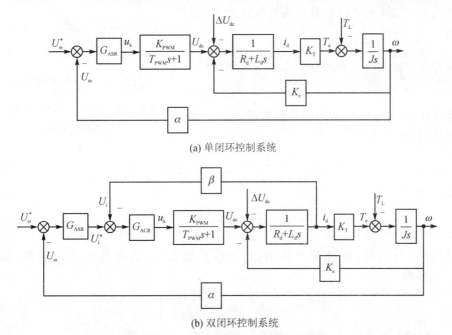

(a) 单闭环控制系统

(b) 双闭环控制系统

图 5 - 32 闭环控制系统的动态抗扰作用

系统抗扰性能
仿真模型

5.4.3 转速-电流双闭环控制系统转速超调的抑制- 微分负反馈

由前述分析可以发现,导致转速-电流双闭环控制系统必然存在超调的原因是:转速环采用的 PI 调节器只有在转速上升超过给定值 ω^*,并使得其输入偏差为负时才开始退出饱和。即是说,要抑制超调,就必须使得转速调节器退出饱和的时间提前。为此,可在转速环引入微分负反馈,此时系统数学模型如图 5 - 33 所示。

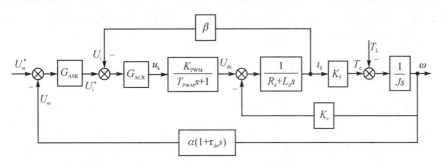

图 5 - 33 带微分负反馈的转速-电流双闭环控制系统数学模型

系统微分负反馈
仿真模型

图中,τ_{dn} 为转速微分负反馈系数。下面结合图 5 - 34 分析微分负反馈对系统启动过程的影响。未引入微分负反馈时,系统启动过程如图 5 - 34 中曲线①所示,t_2 时刻系统达到给定转速 ω^*,转速调节器退出饱和;引入微分负反馈后,系统启动过程如图 5 - 34 中曲线②所示,转速调节器退出饱和的时间提前至 t_2' 时刻。

当 $t \leqslant t'_2$ 时,转速调节器 G_{ASR} 饱和,设电枢电流 $i_d = i_{dm}$,转速可近似为按线性规律增长,且满足

$$\omega(t) = \frac{K_T}{J}(i_{dm} - i_{dL})(t - t_0) \cdot 1(t - t_0)$$

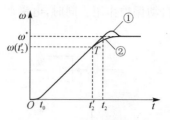

图 5-34 微分负反馈对系统启动过程的影响

$$(5-50)$$

式中,$1(t - t_0)$ 为从 t_0 开始的单位阶跃函数。容易求得当 $t = t'_2$ 时,有

$$\omega(t'_2) = \frac{K_T}{J}(i_{dm} - i_{dL})(t'_2 - t_0) \qquad (5-51)$$

求导,可得

$$\left.\frac{d\omega(t)}{dt}\right|_{t=t'_2} = \frac{K_T}{J}(i_{dm} - i_{dL}) \qquad (5-52)$$

又当 $t = t'_2$ 时,转速调节器 G_{ASR} 开始退出饱和,因此其输入量为零,根据图 5-33,有

$$U^*_\omega = \alpha\left[\omega(t'_2) + \tau_{dn}\left.\frac{d\omega(t)}{dt}\right|_{t=t'_2}\right] \qquad (5-53)$$

考虑到 $U^*_\omega/\alpha = \omega^*$,并综合式(5-51)~式(5-53)可得

$$\omega^* = \frac{K_T}{J}(i_{dm} - i_{dL})(t'_2 - t_0 + \tau_{dn}) \qquad (5-54)$$

由此,可求得转速调节器 G_{ASR} 退出饱和的时刻为

$$t'_2 = \frac{J\omega^*}{K_T(i_{dm} - i_{dL})} + t_0 - \tau_{dn} \qquad (5-55)$$

将式(5-55)代入式(5-51),可得退出饱和时刻的转速为

$$\omega(t'_2) = \omega^* - \frac{K_T\tau_{dn}}{J}(i_{dm} - i_{dL}) \qquad (5-56)$$

由此可见,改变微分负反馈系数 τ_{dn} 就可以相应的调整转速调节器退出饱和时刻和转速。分析表明,当 τ_{dn} 选取合适时可基本上消除转速超调,对其选取方法有兴趣的读者可参阅本书所列相关文献。

*5.4.4　转速-电流双闭环控制系统的弱磁控制

本章前述分析中电动机均采用调节电枢电压的调速方法,调速范围一般是从电动机的额定转速向下调速,对于调速范围要求更宽的控制系统,往往还需要在系统中加入弱磁控制,即在额定转速以下时,保持磁通为额定值不变,通过调节电枢电压实现调速;在额定转速以上时,保持电枢电压基本不变,通过减小磁通实现进一步升速,此时的控制特性如图 5-35 所示。为了充分利用电动机性能,当其长期运行时,允许的电枢电流 i_d 通常设定为额定电流 i_N,这样一来,在采用不同的调速方式时电机具有的转矩特性和功率特性也不一样。

(1) 恒转矩调速

在调压调速范围内,根据 $T_e = C_T\Phi i_d$,当保持主磁通 Φ 为额定值 Φ_N,且 $i_d = i_N$

时，T_e 为常数，故被称作恒转矩调速方式。此时，由于功率 $P = T_e\omega$，当转速升高时，功率增大。

（2）恒功率调速

在弱磁调速范围内，当 $i_d = i_N$ 时，主磁通 Φ 减小，T_e 减小，角速度 ω 增大，且有功率 $P = T_e\omega$ 保持不变，故被称作恒功率调速方式。受机械结构限制，弱磁调速的范围有限。

根据上述分析，在图 5-27 所示的转速-

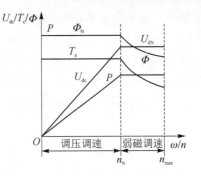

图 5-35　弱磁与调压配合控制特性

电流双闭环控制系统中，加入弱磁控制环节，可得其控制结构如图 5-36 所示。

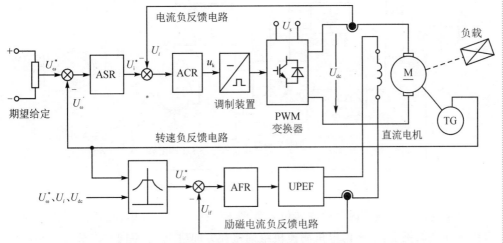

图 5-36　带有励磁电流闭环的弱磁与调压配合控制系统结构

图中，AFR 为励磁电流调节器，UPEF 为励磁电流变换装置。电枢回路仍采用常规的转速-电流双闭环控制结构，励磁回路采用电流负反馈控制，由励磁电流调节器进行调节。当电机转速低于额定转速时，励磁电流给定 U_{if}^* 为常数，使其磁通 Φ 稳定在额定磁通，电机转速调节依靠电枢回路转速-电流双闭环控制实现；当电机转速高于额定转速时，由于系统供电电源电压 U_s 和电流调节器输出限幅环节的限制，PWM 变换器输出电压不变，励磁回路根据电机转速反馈信号 U_ω（实际系统中有时还综合利用 U_ω^*、U_i、U_{dc} 等信号），按照反电势 E_a 不变的原则，逐步减小 U_{if}^*，在励磁电流调节器的作用下，磁通 Φ 减小，电动机工作在弱磁状态，实现额定转速以上的调速。采用弱磁与调压配合控制时，电机为两输入-单输出对象，分析其控制性能时可采用如图 5-9 所示数学模型，限于篇幅，此处不再赘述。

5.5　直流调速控制系统的装备应用

5.5.1　某装甲车辆武器驱动控制系统结构组成

某装甲车辆武器驱动控制系统结构如图 5-37 所示，包括水平向和高低向两个分系统。水平向分系统有功率放大器(含调制装置和直流脉宽调制变换器)、水平向电机测速机组、方向机等装置,用来实现功率转换和动力传递,控制炮塔按照期望给定转动;高低向分系统原理与水平向相似,只是驱动功率相对较小,同时其动力传动采用高低机,用以驱动武器组运动,两个分系统共用操纵台和武器控制组合(即控制器)。

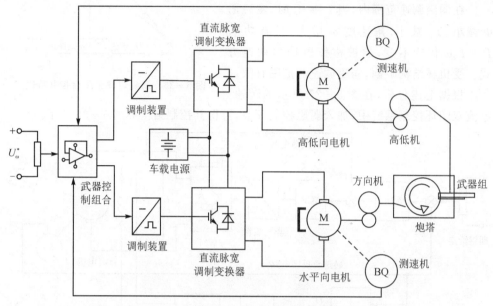

图 5-37　直流 PWM 控制武器驱动系统结构图

其主要部件在炮塔内部的安装位置如图 5-38 所示。其中,高低向电机测速机组固定在高低机上,水平向电机测速机组固定在方向机上,水平向功率放大器和高低向功率放大器安装在支架上,支架固定在吊篮上,操纵台安装在炮长操纵台支臂上,武器控制组合安装在炮塔右侧相应的附座上。采用基于 DSP 的数字控制方式,下面对数字控制原理进行详细分析。

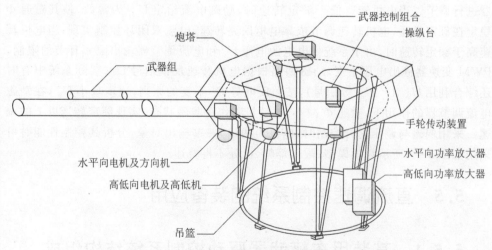

图 5-38　某装甲车辆武器驱动控制系统组成与安装位置

5.5.2　数字式直流 PWM 控制系统工作原理

为不失一般性,本节以 TI 公司 TMS320LF2407 为例,结合图 5 - 39,对数字式直流 PWM 控制系统一般工作原理进行分析,以作为读者开展相关分析设计的参考。

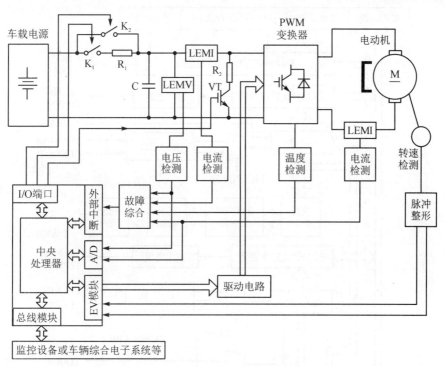

图 5 - 39　数字式直流 PWM 控制系统的一般结构

如图 5 - 39 所示,系统由主电路、检测电路、驱动/保护电路和数字控制器及其外围电路组成。主电路在 5.1.4 节已经进行了分析,这里不再赘述。检测电路包括电压检测、电流检测、温度检测和转速检测。电压和电流检测信号经过滤波等处理后,送入 DSP 的 A/D 转换模块,当转速检测采用基于光电编码器的数字测速时,其输出脉冲信号可通过整形调理后直接送入 DSP 的专用光电编码器接口(QEP)。驱动/保护电路根据数字控制器指令驱动主电路中各电力电子器件、接触器等动作,实现系统运行控制和故障保护。数字控制器是系统的核心,TMS320LF2407 具有 2 个电机控制专用模块——事件管理器(EV),图 5 - 40 为事件管理器 A 的结构图,它包含 2 个定时器、3 个比较单元、3 个捕获单元和 1 个增量式光电编码器接口。

定时器是事件管理器的核心模块,可设置为连续增计数方式、定向增/减计数方式、连续增/减计数方式。计数基准时钟可采用内部时钟或来自 TCLKINA 引脚的外部时钟。如图 5 - 40 中所示,定时器 1 伴随有 1 个比较寄存器,两者可共同工作产生 PWM 波;定时器 1 也可以与 3 个比较单元共同工作,在 PWM1~PWM6 上产生带死区的 PWM 控制信号。

利用定时器比较寄存器生成的对称 PWM 波形如图 5 - 41 所示。当定时器计数方式设置为连续增/减计数方式时,计数器从 0 开始增计数,当计到与比较值相等时,TxPWM 引脚发生跳变,当继续计数到与周期值相等时,计数器开始减计数,再次计数到与比较值相等时,TxPWM 引脚发生二次跳变,当计数器减到 0 时,完成一个 PWM 周期,计数器开始新一轮的增计数。这样一来,改变比较值就可以方便的改变 PWM 波的占空比。

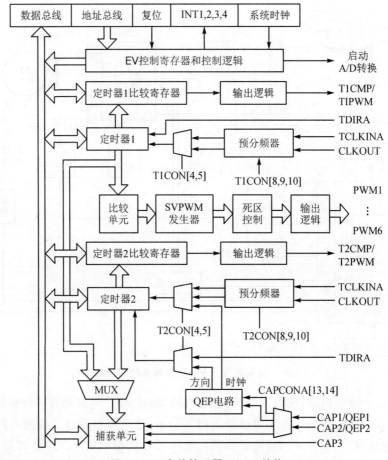

图 5-40 事件管理器 A(EV)结构

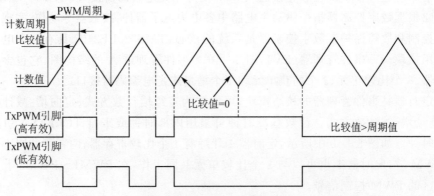

图 5-41 定时器比较寄存器生成的对称 PWM 波形

利用比较单元产生 PWM 波与利用定时器比较寄存器生成 PWM 波的方法基本相同,但它可以通过配置相应的寄存器设置 PWM 波形的死区时间,其生成的对称 PWM 波形如图 5-42 所示。定时器 2 也可以与定时器 2 比较寄存器共同工作,在 T2PWM 引脚上生成 PWM 波,其原理与定时器 1 相同,但是它不能与比较单元共同工作,因此无法生成具有死区的 PWM 波形。此外,定时器 2 和定时器 1 还有一个区别,即它可以与增量式光电编码器接口共同工作,测量编码器输出的转向和角位移。增量式光电编码器接口工作原理如图 5-43 所示,编码脉冲通过引脚 QEP1 和 QEP2 输入,定时器 2 根据输入编码脉冲的 4 个边沿加工构成的 4 倍频计数脉冲信号和计数方向信号进行计数。当引脚 QEP1 输入的编码脉冲超前引脚 QEP2 输入的编码脉冲 90°相位时,定时器 2 增计数;当引脚 QEP2 输入的编码脉冲超前引脚 QEP1 输入的编码脉冲 90°相位时,定时器 2 减计数。这样一来,就可以通过计数大小反映电机输出的角位移和转速等信息。

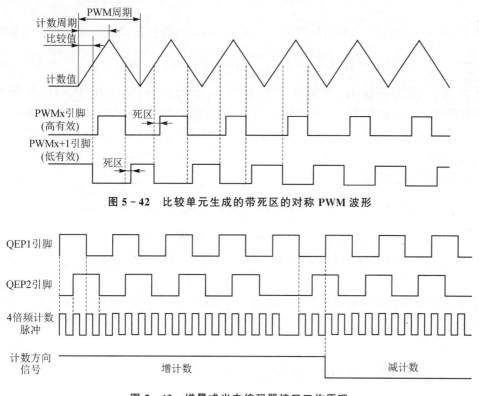

图 5-42　比较单元生成的带死区的对称 PWM 波形

图 5-43　增量式光电编码器接口工作原理

* 5.5.3　数字控制系统算法的软件实现

区别于模拟控制系统采用电路实现各种运算,数字控制系统中的控制算法是通过写入 DSP 中的软件代码来实现的。由于 DSP 的 CPU 单元只能接收数字量,因此要在 DSP 中实现 PID 控制,还需要把 PID 算法数字化,即改进为数字 PID 控制器。

1. 数字 PID 控制算法

在模拟系统中,PID 算法的表达式可记为

$$u(t) = K_p \left[e(t) + \frac{1}{\tau_I} \int e(t) dt + T_D \frac{de(t)}{dt} \right] \qquad (5-57)$$

式中,$u(t)$ 为控制器输出量,$e(t)$ 为控制器的输入偏差信号,K_p 为比例系数,τ_1 为积分项时间常数,T_D 为微分项系数。

对式(5-57)进行离散化处理,用数字形式的差分方程替代连续系统的微分方程,此时积分项与微分项可用求和与增量式表示,即

$$\begin{cases} t \approx kT \qquad (t=0,1,2,\cdots) \\ \int_0^t e(t) dt \approx T \sum_{j=0}^{k} e(jT) = T \sum_{j=0}^{k} e(j) \\ \frac{de(t)}{dt} \approx \frac{e(kT) - e[(k-1)T]}{T} = \frac{e(k) - e(k-1)}{T} \end{cases} \qquad (5-58)$$

式中,T 为采样周期。将式(5-58)代入式(5-57),可得位置式 PID 算法的表达式为

$$u(k) = K_p e(k) + K_I \sum_{j=0}^{k} e(j) + K_D [e(k) - e(k-1)] \qquad (5-59)$$

式中,K_I 为积分系数,K_D 为微分系数,且有 $K_I = K_p T / \tau_1$,$K_D = K_p T_D / T$。位置式 PID 算法程序框图如图 5-44 所示。由图可知,在控制量 $u(k)$ 计算过程中,需要对 $e(k)$ 进行累加,运算工作量大,且会存在较大的累积误差,影响系统控制性能。为此,可利用递推原理,将其改进为增量式 PID 算法。根据式(5-59),可递推出第 $k-1$ 次采样时的表达式为

$$u(k-1) = K_p e(k-1) + K_I \sum_{j=0}^{k-1} e(j) + K_D [e(k-1) - e(k-2)] \qquad (5-60)$$

综合式(5-59)和式(5-60),可得增量式 PID 算法的表达式为

$$u(k) = u(k-1) + K_p[e(k) - e(k-1)] + K_I e(k) + \\ K_D[e(k) - 2e(k-1) + e(k-2)] \qquad (5-61)$$

增量式 PID 算法程序框图如图 5-45 所示。较之位置式 PID 算法,计算过程中不需要进行累加,增量只与最近几次采样值有关,运算量小,且容易通过加权处理获得较好的控制效果。

2. 数字 PID 控制算法的改进

较之采用电路运算实现的模拟 PID 控制,数字 PID 控制算法设计的灵活性大大增加。在实际控制系统中,可以方便地对数字 PID 控制算法进行改进,以满足不同系统控制性能要求,下面对几种常用的改进算法进行分析。

(1) 积分分离 PID 控制算法

由前述章节分析可知,在 PID 控制器中引入积分环节的主要目的是消除静差,提高控制精度。但是,在电机启动、制动或者大幅增减给定值时,短时间内系统输出会有很大的偏差,引起 PID 运算的积分累积,造成较大的超调,甚至产生严重的振荡。为了解决上述问题,可在控制量开始跟踪时取消积分作用,直至系统输出接近给

定值时再恢复积分作用,这种改进算法被称为积分分离 PID 控制算法。其具体规则如下:

① 根据系统控制需求,设定积分分离阈值 $\varepsilon_I > 0$。

② 当 $|e(k)| > \varepsilon_I$ 时,也即是偏差值 $|e(k)|$ 比较大时,采用 PD 控制,以避免过大的超调,并使系统具有较快的响应。

③ 当 $|e(k)| \leqslant \varepsilon_I$ 时,也即是偏差值 $|e(k)|$ 比较小时,采用 PID 控制,以保证系统的控制精度。

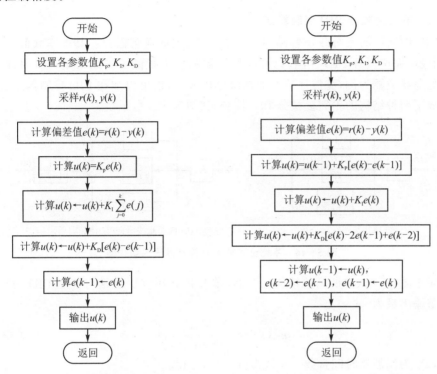

图 5-44 位置式 PID 算法程序框图　　图 5-45 增量式 PID 算法程序框图

位置式 PID 算法的
C 语言程序

增量式 PID 算法的
C 语言程序

以位置式 PID 算法为例,可根据上述规则将其改进为积分分离位置式 PID 控制算法,其表达式为

$$u(k) = K_p e(k) + \beta K_I \sum_{j=0}^{k} e(j) + K_D[e(k) - e(k-1)] \qquad (5-62)$$

式中,β 为积分项权值系数,且有

$$\beta = \begin{cases} 0, & |e(k)| > \varepsilon_I \\ 1, & |e(k)| \leqslant \varepsilon_I \end{cases} \qquad (5-63)$$

(2) 遇限削弱积分 PID 控制算法

区别于积分分离 PID 算法规则,遇限削弱积分 PID 控制算法在开始跟踪时允许积分,当控制量进入饱和区后再限制积分,其具体规则是:

① 根据系统控制需求,设定控制量允许最大值 u_{max} 和允许最小值 u_{min}。

② 当 $u(k-1) \geqslant u_{max}$ 且 $e(k) > 0$ 时,采用 PD 控制。

③ 当 $u(k-1) \leqslant u_{min}$ 且 $e(k) < 0$ 时,也采用 PD 控制。

④ 其他情况采用 PID 控制,以保证系统的控制精度。

采用上述规则,可以避免控制量长时间停留在饱和区。仍以位置式 PID 算法为例,改进后的遇限削弱积分 PID 控制算法表达式与式(5-62)相同,只需将其积分项权值系数 β 取值表达式修改为

$$\beta = \begin{cases} 0, & (u(k-1) \geqslant u_{\max} \& e(k) > 0) \,||\, (u(k-1) \leqslant u_{\max} \& e(k) < 0) \\ 1, & \text{其他} \end{cases}$$

$$(5-64)$$

(3) 不完全微分 PID 控制算法

PID 控制中的微分作用容易引入高频噪声,因此通常需要在其中串联低通滤波器,构成不完全微分 PID 控制,以提高控制器的抗干扰能力。以采用一阶惯性环节作为低通滤波器为例,滤波环节可加在微分环节上,也可以加在 PID 控制器后,这样就构成了两种结构的不完全微分 PID 控制,如图 5-46 所示。

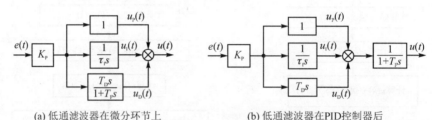

(a) 低通滤波器在微分环节上   (b) 低通滤波器在PID控制器后

图 5-46 不完全微分 PID 控制算法的结构图

对于图 5-46(a)所示的结构,比例环节和积分环节输出量与普通 PID 一样,微分环节输出量为

$$u_{\mathrm{D}}(s) = \frac{K_{\mathrm{p}} T_{\mathrm{D}} s}{1 + T_{\mathrm{F}} s} e(s)$$

$$(5-65)$$

式中,T_{F} 为滤波器时间常数。写成微分方程,可得

$$u_{\mathrm{D}}(t) + T_{\mathrm{F}} \frac{\mathrm{d} u_{\mathrm{D}}(t)}{\mathrm{d}t} = K_{\mathrm{p}} T_{\mathrm{D}} \frac{\mathrm{d}e(t)}{\mathrm{d}t}$$

$$(5-66)$$

将其离散化,可得

$$u_{\mathrm{D}}(k) + T_{\mathrm{F}} \frac{u_{\mathrm{D}}(k) - u_{\mathrm{D}}(k-1)}{T} = K_{\mathrm{p}} T_{\mathrm{D}} \frac{e(k) - e(k-1)}{T}$$

$$(5-67)$$

整理可得

$$u_{\mathrm{D}}(k) = \frac{T_{\mathrm{F}}}{T + T_{\mathrm{F}}} u_{\mathrm{D}}(k-1) + \frac{K_{\mathrm{p}} T_{\mathrm{D}}}{T + T_{\mathrm{F}}} [e(k) - e(k-1)]$$

$$(5-68)$$

式中,令 $\alpha = T_{\mathrm{F}}/(T + T_{\mathrm{F}})$,则式(5-68)可简化为

$$u_{\mathrm{D}}(k) = K_{\mathrm{D}}(1-\alpha)[e(k) - e(k-1)] + \alpha u_{\mathrm{D}}(k-1)$$

$$(5-69)$$

式中,$K_{\mathrm{D}} = K_{\mathrm{p}} T_{\mathrm{D}}/T$。仍以位置式 PID 算法为例,可改进为不完全微分 PID 控制算法,其表达式为

式(5-70)算法的 C 语言程序

$$u(k) = K_{\mathrm{p}} e(k) + K_{\mathrm{I}} \sum_{j=0}^{k} e(j) + K_{\mathrm{D}}(1-\alpha)[e(k) - e(k-1)] + \alpha u_{\mathrm{D}}(k-1)$$

$$(5-70)$$

采用同样的分析方法,可得图 5-46(b)所示的结构的不完全微分 PID 控制算法表达式为

$$u(k) = (1-\alpha)\left[K_p e(k) + K_I \sum_{j=0}^{k} e(j) + K_D [e(k) - e(k-1)] \right] + \alpha u_D(k-1)$$

$$(5-71)$$

式(5-71)算法的
C 语言程序

本章重难点
释疑

本章习题

5.1 比例控制的转速负反馈直流 PWM 控制系统有哪些特点?如果测速发电机的励磁发生了改变,系统能否抑制其干扰带来的影响?

5.2 为什么积分控制可以实现无静差调速?在采用积分控制的转速负反馈直流 PWM 控制系统中,当积分控制器输入偏差为 0 时,其输出是多少?取决于哪些因素?

5.3 在无静差转速闭环控制系统中,当供电电源电压、测速发电机励磁发生改变时,电动机转速是否会受到影响?为什么?

5.4 双极式可逆 PWM 变换器具有哪些特点?

5.5 转速-电流双闭环控制是如何抑制电机启动过程的过电流的?与电流截止负反馈有何区别?

5.6 根据转速-电流双闭环控制的原理,试分析当由于机械原因导致电动机转轴堵死后系统的工作状态。

5.7 某直流 PWM 控制调速系统,电动机参数 $P_N = 2.2$ kW,$U_N = 220$ V,$i_N = 12.5$ A,$n_N = 1\,500$ r/min,电枢电阻 $R_d = 1.5\ \Omega$,PWM 控制放大倍数 $K_{PWM} = 22$。

(1)画出开环系统的静态结构图,并计算系统静态速降 Δn_{op}。

(2)当采用转速反馈控制时,要求系统的调速范围 $D = 20$,静差率 $s < 5\%$,求调速要求所允许的静态速降 $\Delta n_{cl}(n_N = 1\,500$ r/min)。

(3)采用比例控制构成转速反馈控制系统,画出系统的静态结构图。

(4)调整系统参数,使得 $U_\omega^* = 15$ V 时,$i_d = i_N$,$n = n_N$。计算转速控制器的比例系数 K_p 和转速反馈系数 α。

习题 5.7 解析

5.8 在习题 5.7 的直流 PWM 控制调速系统中增设电流截止反馈环节,要求堵转电流 $i_{d\_bl} \leqslant 2i_N$,临界截止电流 $i_{d\_cr} \leqslant 1.2i_N$,应选取多大的比较阈值和电流反馈系数?

5.9 在转速-电流双闭环控制系统中,若将转速调节器改为比例控制器或者将电流调节器改为比例控制器,对系统的稳态性能有何影响?

5.10 根据转速-电流双闭环控制系统工作原理分析:

(1)在系统稳定运行过程中,如果电流反馈信号线断开,系统仍能正常工作吗?

(2)系统在额定负载下稳定运行时,因为某种原因导致电机励磁减小,电动机会升速失控吗?

习题 5.8 解析

5.11 弱磁和调压配合的直流调速控制系统,从空载启动到额定转速以上时,主电路电流和励磁电流的变化规律是什么?

习题 5.12 解析

5.12　在转速-电流双闭环控制系统中,ASR 和 ACR 均采用 PI 控制器,若 $U_\omega^* = 15$ V,$n_N = 1\,500$ r/min,$U_{im}^* = 10$ V,$i_N = 20$ A,$i_{dm} = 40$ A,$R_d = 2$ Ω,$K_{PWM} = 20$,$C_e\Phi = 0.127$ V·min/r。当 $U_\omega^* = 5$ V,$i_{dL} = 10$ A 时,求稳定运行时的 n、U_i^*、U_{dc}、u_k。

5.13　在转速-电流双闭环控制系统中,电流过载倍数为 2,电动机拖动恒转矩负载在额定工作点运行,现因某种原因 PWM 控制器供电电压上升 5%,系统工作情况将会如何变化? 写出 U_i^*、U_{dc}、u_k、i_d 以及 n 在系统重新稳定后的表达式。

5.14　请对比说明位置式 PID 算法和增量式 PID 算法的区别。

第 6 章 交流调速控制系统

本章导学

直流电动机转速控制和调节容易,调速性能好,因此在很长一段时间内,直流调速控制系统一直占据电力传动领域主导地位,早期的装甲车辆中武器电力传动控制系统也主要采用这种结构模式。但是,由于直流电动机本身结构上存在机械式换向器和电刷,这使其进一步应用开发受到诸多限制,例如:机械式换向器表面线速度和换向电流、电压均有极限容许值,使其难以向高转速、高电压、高功率方向发展。随着电机控制理论和数字控制技术的发展,交流调速控制技术逐渐成熟。20世纪90年代以来,交流传动技术不断应用于装甲车辆电传动、车载武器驱动等各类系统,其多项战技性能指标较传统系统有了大幅提升,本章将就此类系统展开分析。

6.1 交流调速控制系统的基本结构与原理

6.1.1 系统结构组成

交流调速控制系统的结构如图 6-1 所示。总的来看,与第 5 章中直流 PWM 控制系统基本相同,只是其功率变换装置和电动机有所差别。在装甲车辆应用的交流调速系统中,功率变换装置一般为 PWM 逆变器,交流电机一般选用永磁同步电机。电机定子结构与电励磁三相同步电机基本相同,转子采用永磁体代替电励磁系统,省去了励磁绕组、集电环和电刷,从而消除了励磁铜耗,具有效率高、功率密度高、转子惯量小且结构坚固等优点。

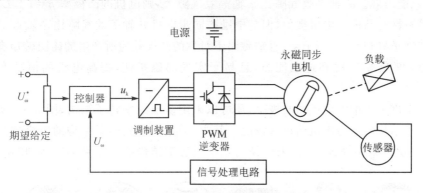

图 6-1 交流调速控制系统基本结构

永磁体材料对电机结构和性能影响很大,目前采用较多的主要有铁氧体、稀土钴和钕铁硼等。从永磁体安装形式来看,一般主要有表面式和内装式两种转子结构,表面式转子一般又分为面装式和插入式两种,内装式转子一般分为径向式和切向式两种,结构如图 6-2 所示。

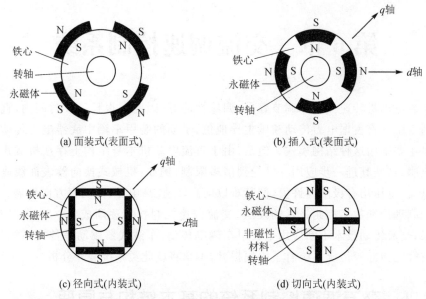

(a) 面装式(表面式)　　　　　　(b) 插入式(表面式)

(c) 径向式(内装式)　　　　　　(d) 切向式(内装式)

图 6 - 2　永磁转子的典型结构

面装式转子结构中的永磁体为环形,直接安装在转子铁心表面。由于永磁材料的磁导率与气隙磁导率接近,其有效气隙长度是气隙和永磁体径向厚度的总和,交、直轴磁路基本对称,电机的凸极率 $\rho = L_q/L_d \approx 1$,因此其特性与隐极电机相似,无凸极效应和磁阻转矩。面装式转子的直径可以做得很小,因此惯量低,有利于改善动态性能,且其建模控制相对较为简单;但是由于其等效气隙回路包含永磁体径向厚度,因此气隙较大,电枢反应电抗小,弱磁能力较差,电机恒功率弱磁运行范围通常较小。

区别于面装式结构,插入式转子结构将永磁体嵌入转子表面下,即将永磁体埋于转子铁心内部,因此其机械强度比面装式高,适用于高速运行场合。同时,有效气隙小,弱磁能力好。d 轴等效气隙比 q 轴等效气隙大,则电机的凸极率 $\rho = L_q/L_d > 1$,因此其特性与凸极式电机类似(但与电励磁同步电机 q 轴等效气隙比 d 轴等效气隙大的特性正好相反)。转子交、直轴磁路不对称的凸极效应所产生的磁阻转矩有助于提高电机的转矩密度和过载能力,且易于实现弱磁扩速,提高电机的恒功率运行范围。

为了进一步增大电机的凸极率,还可以采用多层磁钢转子结构,图 6 - 3 所示为不同转子结构的永磁电机凸极率情况。其中,采用面装式转子结构的电机的凸极率最小,其次是采用插入式的,采用径向式单层磁钢结构的凸极率可以达到3左右,而

图 6 - 3　不同转子结构永磁电机的凸极率

双层磁钢和三层磁钢结构的凸极率可以达到 $10\sim12$,三层以上磁钢结构的永磁电机通常采用轴向迭片结构,凸极率可以超过 12。增加磁钢层数可以提高电机的凸极率,增加气隙磁通密度,但是其结构复杂程度和制造成本也会随之增加。

6.1.2 永磁同步电机的调速特性和调速方法

作为基础导入,本节以采用面装式转子结构的永磁同步电机为例,其物理模型如图 6-4 所示。当在定子绕组中通入三相对称交流电时,会产生圆形旋转磁场,其旋转角速度为

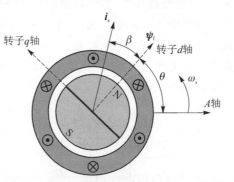

$$\omega_s = 2\pi f / p \qquad (6-1)$$

式中,f 为电源频率,p 为电机极对数。转子为永磁体,当定子磁场以同步转速旋转时,由于二者之间的磁力作用,会带动转子旋转。在稳态运行时,转子的旋转角速度 ω 与定子旋转角速度 ω_s 相同。进一步,根据电机学原理可以求得同步电机的电磁转矩为

图 6-4 采用面装式转子结构的
永磁同步电机物理模型

永磁同步电机
工作原理

$$T_e = p\psi_f i_s \sin \beta \qquad (6-2)$$

式中,ψ_f 为转子永磁体等效磁链矢量 $\boldsymbol{\psi}_f$ 的幅值,i_s 为定子绕组合成电流矢量 $\boldsymbol{i}_s$ 的幅值,β 为矢量 $\boldsymbol{\psi}_f$ 与 $\boldsymbol{i}_s$ 之间的夹角,也被称负载角(注:有的文献也将转子永磁体等效磁链矢量 $\boldsymbol{\psi}_f$ 和定子磁链矢量 $\boldsymbol{\psi}_s$ 之间的夹角称为负载角)。

对比直流电机电磁转矩(式(5-1)),同步电机的电磁转矩大小不仅受磁场和电枢电流的影响,还与负载角 β 紧密相关。当 $\beta = 0°$ 时,矢量 $\boldsymbol{\psi}_f$ 与 $\boldsymbol{i}_s$ 在同一轴线上,磁拉力最大,但无切向力,因此转矩为 0;当 β 增大时,转矩随之按正弦规律增大;当 $\beta = 90°$ 时,转矩达到最大值。在电机运行过程中,当负载阻转矩发生变化时,电机负载角也相应改变,从而使得电磁转矩随之改变,以平衡负载阻转矩,保持转子同步转动。形象地看,磁极间的磁力线就像具有弹性的橡皮筋一样,可以拉长,也可以缩短,但总是力图将自己缩到最短并保持平衡。如果负载阻转矩超过最大同步转矩,则无法再保持平衡,电机不能再同步运行,即出现失步现象。

根据式(6-1)可知,交流电机的调速一般需要改变电源频率,因此通常也称之为变频调速。常用的变频调速方法有两种,即他控式变频调速和自控式变频调速。

1. 他控式变频调速系统

他控式变频调速系统中的变频装置是独立运行的,变频装置的输出电压的频率直接由频率给定信号决定,与电机的实际转速无关,属于开环控制系统。图 6-5 为一种简单的他控式变频调速系统,常用于化工纺织工业的小容量多电机驱动系统中,多台永磁同步电机(PMSM)并联在共用的 PWM 变频器上,由统一的频率给定信号 f^* 调节变频器输出电压的频率和幅值,进而同时改变各台电机的转速。

这种开环控制方式结构简单,但是容易引起电机转速振荡。根据式(6-2)可得

如图 6-6 所示的同步电机矩-角特性。假设电机原来在某一转速下稳定运行,其稳定运行点为 A 点。转速调节过程中,电源频率给定信号 f^* 突然增大到某一值时,定子合成电流矢量 i_s 的旋转速度陡然加快,而转子由于惯性原因来不及加速,从而导致 β 被拉大,则运行点由 A 点上升,电磁转矩随之增大;若负载阻转矩保持不变,转子开始加速,β 逐渐减小,则运行点开始回落,但是回到 A 点后由于机械惯性不会停止加速,β 继续减小,电磁转矩也减小,β 又开始增大,运行点又随之上升。这样循环往复,在加速过程中,转子转速需要几经振荡后才能稳定于新的速度。这个过程仍然可以用橡皮筋形象地类比,一个处于平衡状态的橡皮筋被拉长后,需要经过多次伸缩过程才能达到新的平衡状态。同样的,如果负载阻转矩突变,也会导致转子出现转速振荡。更为严重的是,当负载阻转矩超过最大同步转矩时,还会出现失步,甚至导致整个调速系统崩溃。

电机振荡与
失步原理

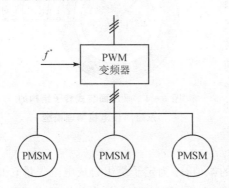

图 6-5　恒压频比他控式变频调速系统

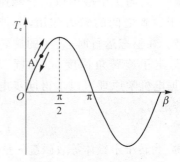

图 6-6　同步电机矩-角特性

2. 自控式变频调速系统

上述分析可以发现,转子转速之所以发生振荡,是因为他控式变频调速不能有效的控制转矩,改变电源频率只能调节定子合成电流矢量 i_s 的旋转速度,而不能对负载角 β 进行有效的控制,因此也就不能精确地控制转子的转速和位置。

自控式变频调速系统中的变频装置是非独立运行的,变频装置输出电压的频率和相位受转子位置检测装置控制,使得定子电流矢量旋转角度自动跟踪转子位置 θ,i_s 的转速和转子转速相同,始终保持同步,也即 β 保持不变,因此不会出现由于负载冲击等原因造成的振荡现象。自控式变频调速系统主要由永磁同步电机(PMSM)、PWM 逆变器、转子位置检测装置和控制器组成,其结构如图 6-7 所示。控制器工作的基本原理是:根据转子位置传感器 BQ 检测信号,获取转子的实际位置 θ 和转速 ω,然后按照一定的控制策略产生控制信号,控制 PWM 逆变器输出三相电流的频率、幅值和相位,实现定子

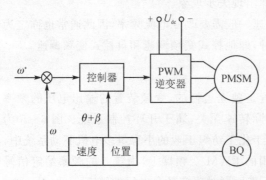

图 6-7　自控式变频调速系统结构图

合成电流矢量 i_s 和转子同步旋转。

接下来的问题是:既然自控式变频调速系统同步电机的定子电压频率和相位受转子转速的控制,那么电机的同步转速也受转子转速控制,而不是跟随期望的转速给定,这样一来是不是就不可能实现调速了呢? 前面已经提及,实现对转矩的有效控制才是实现转子转速精确控制的关键,因此要回答这个问题,需要再次回到同步电机转矩方程式(6-2)。对于永磁同步电机而言,ψ_f 是固定值,在运行过程中如果使 β 保持不变,则调节转矩只能通过控制定子合成电流矢量的大小来实现。具体方法是:在图 6-7 中,利用转子位置检测装置反馈的位置信号 θ 再增加 β 得到定子电流矢量的方向,从而保证 β 不变。利用检测装置反馈的角速度信号 ω 与期望角速度 ω^* 比较,当 $\omega < \omega^*$ 时,采用一定的控制策略调节定子合成电流矢量幅值 i_s,使得电磁转矩增加,从而使转子加速,达到期望转速;反之则减小 i_s,使转子减速。进而实现电机转速调节,避免转速振荡和失步问题。

目前,用于永磁同步电机的自控式变频调速控制策略主要有矢量控制和直接转矩控制两类。装甲车辆的交流调速控制主要是矢量控制。

6.2　永磁同步电机建模与矢量控制

矢量控制方法由德国学者在 20 世纪 70 年代初提出,其基本思想是:针对交流电机这样一个多变量、非线性、强耦合的控制对象,采用基于参数重构和状态重构的现代控制理论解耦原理,进行矢量变换,将交流电机转化为等效直流电机,再仿照直流调速原理对其进行控制,使交流调速系统的静、动态性能达到直流调速系统的水平。当然,这一思想的工程实现依赖于电力电子技术水平的不断提高和数字控制技术的快速发展。

6.2.1　矢量控制的基本原理

考虑到采用面装式转子结构的永磁同步电机(下面简称面装式永磁同步电机)交、直轴磁路基本对称,且 $L_q = L_d$,建模分析相对简单,因此本节以其为例分析矢量控制的基本原理。

1. 空间矢量的定义

永磁同步电机绕组的电压、电流、磁链等物理量都是随时间变化的,如果考虑到它们所在绕组的空间位置,可以将其定义为空间矢量。如图 6-8 所示,A、B、C 分别表示在空间静止的永磁同步电机定子三相绕组的轴线,它们在空间互差 $2\pi/3$,三相定子电压 U_A、U_B、U_C 分别加在三相绕组上,可定义其对应的电压空间矢量为 u_A、u_B、u_C。当 $U_A > 0$ 时,u_A 与 A 轴同向;当 $U_A < 0$ 时,u_A 与 A 轴反向。B、C 两相与之类似。由此可得

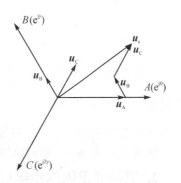

图 6-8　定子电压空间矢量

$$\begin{cases} \boldsymbol{u}_A = kU_A \\ \boldsymbol{u}_B = kU_B e^{j\gamma} \\ \boldsymbol{u}_C = kU_C e^{j2\gamma} \end{cases} \tag{6-3}$$

式中，$\gamma = 2\pi/3$，k 为待定系数。进一步，图 6-8 中三相合成矢量 $\boldsymbol{u}_s$ 可表示为

$$\boldsymbol{u}_s = \boldsymbol{u}_A + \boldsymbol{u}_B + \boldsymbol{u}_C = kU_A + kU_B e^{j\gamma} + kU_C e^{j2\gamma} \tag{6-4}$$

与定子电压空间矢量类似地，可定义定子电流和磁链空间矢量 $\boldsymbol{i}_s$ 和 $\boldsymbol{\psi}_s$ 分别为

$$\boldsymbol{i}_s = \boldsymbol{i}_A + \boldsymbol{i}_B + \boldsymbol{i}_C = ki_A + ki_B e^{j\gamma} + ki_C e^{j2\gamma} \tag{6-5}$$

$$\boldsymbol{\psi}_s = \boldsymbol{\psi}_A + \boldsymbol{\psi}_B + \boldsymbol{\psi}_C = k\psi_A + k\psi_B e^{j\gamma} + k\psi_C e^{j2\gamma} \tag{6-6}$$

式中，i_A、i_B、i_C 为三相定子绕组中的电流，ψ_A、ψ_B、ψ_C 为三相定子绕组的磁链。磁链是电流回路所交链的磁通量，大小为磁通与线圈匝数的乘积。例如，对于 A 相绕组，有 $\psi_A = \Phi_A N_A$，其中，N_A 为 A 相绕组线圈的匝数。

由式(6-4)和式(6-5)可以得到空间的矢量功率表达式为

$$p' = \mathrm{Re}(\boldsymbol{u}_s \boldsymbol{i}_s') = \mathrm{Re}\left[k^2(U_A + U_B e^{j\gamma} + U_C e^{j2\gamma})(i_A + i_B e^{-j\gamma} + i_C e^{-j2\gamma})\right]$$

$$= \frac{3}{2}k^2(U_A i_A + U_B i_B + U_C i_C) = \frac{3}{2}k^2 P \tag{6-7}$$

式中，$\boldsymbol{i}_s'$ 为 $\boldsymbol{i}_s$ 的共轭矢量，p' 为矢量功率，P 为三相瞬时功率。

按照矢量功率与三相瞬时功率相等的原则，取 $k = \sqrt{\dfrac{2}{3}}$，则电压、电流与磁链的空间矢量表达为

$$\begin{cases} \boldsymbol{u}_s = \sqrt{\dfrac{2}{3}}(U_A + U_B e^{j\gamma} + U_C e^{j2\gamma}) \\[3mm] \boldsymbol{i}_s = \sqrt{\dfrac{2}{3}}(i_A + i_B e^{j\gamma} + i_C e^{j2\gamma}) \\[3mm] \boldsymbol{\psi}_s = \sqrt{\dfrac{2}{3}}(\psi_A + \psi_B e^{j\gamma} + \psi_C e^{j2\gamma}) \end{cases} \tag{6-8}$$

当定子相电压 U_A，U_B，U_C 为三相平衡正弦电压，且其幅值为 U_m，角速度为 ω_s 时，三相合成矢量

$$\boldsymbol{u}_s = \boldsymbol{u}_A + \boldsymbol{u}_B + \boldsymbol{u}_C$$

$$= \sqrt{\frac{2}{3}}\left[U_m\cos\omega_s t + U_m\cos\left(\omega_s t - \frac{2}{3}\pi\right)e^{j\gamma} + U_m\cos\left(\omega_s t + \frac{2}{3}\pi\right)e^{j2\gamma}\right]$$

$$= \sqrt{\frac{2}{3}} \times \frac{3}{2}U_m e^{j\omega_s t} = \sqrt{\frac{3}{2}}U_m e^{j\omega_s t} = U_s e^{j\omega_s t} \tag{6-9}$$

由此可见，此时空间电压矢量 $\boldsymbol{u}_s$ 是一个以 ω_s 为角速度作恒速旋转的空间矢量，其幅值 U_s 为相电压幅值 U_m 的 $\sqrt{\dfrac{3}{2}}$ 倍，当某一相电压为最大值时，合成电压矢量 $\boldsymbol{u}_s$ 就落在该相轴线上。在三相对称正弦电压供电且电机稳态运行时，定子电流和磁链的空间矢量 $\boldsymbol{i}_s$ 和 $\boldsymbol{\psi}_s$ 的幅值也恒定，且以角速度 ω_s 作恒速旋转。

三相对称电压的
合成旋转矢量

2. 面装式永磁同步电机的矢量方程

为了简化难度，分析之前首先做如下假设：

① 忽略定、转子铁心磁阻,不计涡流和磁滞损耗。

② 永磁材料的电导率为零,永磁体内部的磁导率与空气相同。

③ 转子上没有阻尼绕组。

④ 永磁体产生的励磁磁场和三相绕组产生的电枢反应磁场在气隙中均为正弦分布。

⑤ 在稳态运行时,相绕组中的感应电动势为正弦波。

由此,可构建二极面装式永磁同步电机的物理模型,如图 6-9 所示。图中,g 为气隙长度,由于假设永磁体内部磁导率与空气相同,因此可认为 g 是均匀的;$\boldsymbol{\psi}_f$ 为转子永磁体等效励磁磁链矢量(通常将 $\boldsymbol{\psi}_f$ 轴线方向定义为 d 轴,沿旋转方向超前 d 轴 $90°$ 电角度的方向定义为 q 轴);θ_s、θ 分别为 $\boldsymbol{i}_s$ 和 $\boldsymbol{\psi}_f$ 相对于 A 相的旋转角度;β 为负载角,且有 $\beta = \theta_s - \theta$;$\omega_s$、$\omega$ 分别 $\boldsymbol{i}_s$ 和 $\boldsymbol{\psi}_f$ 的旋转角速度。不难发现,θ 和 ω 亦为电机转子的角位移和角速度。

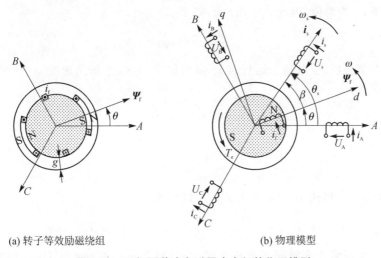

(a) 转子等效励磁绕组　　　　　(b) 物理模型

图 6-9　二极面装式永磁同步电机的物理模型

为了分析方便,在永磁同步电机建模时,通常将转子永磁体产生的励磁磁场等效为电励磁同步电机的励磁绕组产生的磁场。其等效过程为:首先,考虑到永磁体内部磁导率很小,转子表面的永磁体可等效为两个励磁线圈,转子永磁体产生的正弦分布磁场可认为与两个线圈在气隙中产生的正弦分布励磁磁场相同,如图 6-9(a)所示。然后,将两个励磁线圈等效为置于转子槽内的励磁绕组,其有效匝数为相绕组的 $\sqrt{\dfrac{3}{2}}$ 倍,则通入等效励磁电流 i_f 后,产生的磁链为 $\psi_f = L_f i_f$,其中,L_f 为等效励磁电感,如图 6-9(b)所示。当然,由于永磁体产生的磁场不能调节,若忽略温度变化对永磁体的影响,可认为电机运行过程中 ψ_f 和 i_f 均为常值。与式(6-9)类似地,转子永磁体等效励磁磁链矢量 $\boldsymbol{\psi}_f$ 可记为

$$\boldsymbol{\psi}_f = \psi_f e^{j\theta} \tag{6-10}$$

将转子励磁磁场称为转子磁场,又称为主极磁场。除此之外,在电机运行过程中,当其三相定子绕组通入三相对称电流时,还会产生电枢反应磁场和漏磁场,对应

的磁链矢量可分别记为 $\boldsymbol{\psi}_m$ 和 $\boldsymbol{\psi}_\sigma$，且有 $\boldsymbol{\psi}_m = L_m \boldsymbol{i}_s$，$\boldsymbol{\psi}_\sigma = L_{s\sigma} \boldsymbol{i}_s$，其中，$L_m$ 和 $L_{s\sigma}$ 分别为相绕组的等效励磁电感和漏电感。通常，定子电流矢量产生的电枢反应磁场和漏磁场之和被称为电枢磁场，对应的电枢磁链矢量为 $\boldsymbol{\psi}_a = \boldsymbol{\psi}_m + \boldsymbol{\psi}_\sigma = L_m \boldsymbol{i}_s + L_{s\sigma} \boldsymbol{i}_s = L_s \boldsymbol{i}_s$，其中，$L_s$ 为同步电感。

在电机运行过程中，电枢磁场和转子磁场同速同向旋转、相对静止，其矢量和为定子磁场。由此，可得定子磁链为

$$\boldsymbol{\psi}_s = L_s \boldsymbol{i}_s + \boldsymbol{\psi}_f \tag{6-11}$$

则定子绕组电压矢量方程可表示为

$$\boldsymbol{u}_s = R_s \boldsymbol{i}_s + \frac{d\boldsymbol{\psi}_s}{dt} = R_s \boldsymbol{i}_s + L_s \frac{d\boldsymbol{i}_s}{dt} + \frac{d\boldsymbol{\psi}_f}{dt} \tag{6-12}$$

式中，R_s 为相绕组电阻值。又根据式（6-10），可得

$$\frac{d\boldsymbol{\psi}_f}{dt} = \frac{d(\psi_f e^{j\theta})}{dt} = \frac{d\psi_f}{dt} e^{j\theta} + \psi_f e^{j\theta} \cdot j\omega = \frac{d\psi_f}{dt} e^{j\theta} + j\omega \boldsymbol{\psi}_f \tag{6-13}$$

又由于 ψ_f 为常值，因此 $d\psi_f/dt = 0$，则

$$\frac{d\boldsymbol{\psi}_f}{dt} = j\omega \boldsymbol{\psi}_f \tag{6-14}$$

根据上节分析，正弦稳态运行时 $\boldsymbol{i}_s$ 幅值恒定，且以电源角速度 ω_s 作恒速旋转，可记为

$$\boldsymbol{i}_s = i_s e^{j\theta_s} = i_s e^{j\omega_s t} \tag{6-15}$$

因此

$$\frac{d\boldsymbol{i}_s}{dt} = \frac{d(i_s e^{j\theta_s})}{dt} = \frac{di_s}{dt} e^{j\theta_s} + i_s e^{j\theta_s} \cdot j\omega_s = j\omega_s \boldsymbol{i}_s \tag{6-16}$$

将式（6-14）和式（6-16）代入式（6-12），可得

$$\boldsymbol{u}_s = R_s \boldsymbol{i}_s + L_s \frac{d\boldsymbol{i}_s}{dt} + \frac{d\boldsymbol{\psi}_f}{dt} = R_s \boldsymbol{i}_s + jL_s \omega_s \boldsymbol{i}_s + j\omega \boldsymbol{\psi}_f \tag{6-17}$$

对于二极面装式永磁同步电机来说，当其稳态运行时，转子与定子磁场同步旋转，有 $\omega_s = \omega$。根据式（6-11）和式（6-17）可得二极面装式永磁电机的稳态矢量图如图6-10(a)所示。图中，$\boldsymbol{E}_a = j\omega \boldsymbol{\psi}_f$。根据电机学原理，同步电机在正弦稳态下，（空间）矢量和（时间）相量具有时空对应关系，若仍取 A 轴作为时间参考轴，可以将矢量图直接转换为 A 相绕组的相量图，如图6-10(b)所示。图中，$\dot{E}_a = j\omega \dot{\psi}_f$。

面装式永磁电机
矢量图解析

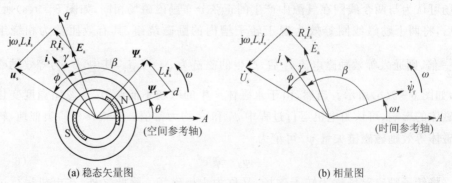

(a) 稳态矢量图　　　　　　　　　(b) 相量图

图6-10　二极面装式永磁电机的稳态矢量图和相量图

需要说明的是,将矢量图转换为 A 相绕组的相量图时,转换前各矢量之间的相互关系与转换后对应的各相量之间相互关系虽未发生变化,但对各矢量自身来说,其幅值与转换后对应相量的幅值是不同的。以电压矢量 $\boldsymbol{u}_s$ 为例,如式(6-9)所示,其幅值 U_s 是相电压幅值 U_m 的 $\sqrt{\dfrac{3}{2}}$ 倍,而在相量图中,$\dot{U}_s$ 的幅值 $|\dot{U}_s|$ 一般取为相电压有效值,即为相电压幅值 U_m 的 $\dfrac{\sqrt{2}}{2}$ 倍,亦即是有 $U_s = \sqrt{3}\,|\dot{U}_s|$。电流、磁链矢量与其对应的相量之间也具有类似的关系。

3. 面装式永磁同步电机的矢量控制原理

根据图 6-10(b),当忽略电机铜耗 $R_s\,|\dot{I}_s|$ 时,可得正弦稳态下电机的电磁功率为

$$P_e = 3\,|\dot{U}_s|\,|\dot{I}_s|\cos\phi = 3\,|\dot{E}_a|\,|\dot{I}_s|\cos\gamma = 3\omega\,|\dot{\psi}_f|\,|\dot{I}_s|\cos\gamma \qquad (6-18)$$

式中,$|\dot{U}_s|$、$|\dot{I}_s|$、$|\dot{E}_a|$、$|\dot{\psi}_f|$ 为相量 $\dot{U}_s$、$\dot{I}_s$、$\dot{E}_a$、$\dot{\psi}_f$ 的幅值。则电机的电磁转矩为

$$T_e = \frac{P_e}{\omega} = \frac{3\omega\,|\dot{\psi}_f|\,|\dot{I}_s|\cos\gamma}{\omega} = (\sqrt{3}\,|\dot{\psi}_f|)(\sqrt{3}\,|\dot{I}_s|)\sin\beta = \psi_f i_s \sin\beta$$

$$(6-19)$$

进一步,当考虑电机极对数时,有

$$T_e = p\psi_f i_s \sin\beta \qquad (6-20)$$

式中,p 为电机极对数。

对于永磁同步电机来说,ψ_f 为常值,电机的电磁转矩大小取决于电流矢量 i_s 幅值以及其与转子永磁励磁磁场的相对位置,也就是说,通过控制 i_s 的幅值和相位就可以控制电磁转矩。按照图 6-9 所建立的 d、q 坐标系,设电流矢量 i_s 在 d、q 轴的分量分别为 i_d、i_q,对应的幅值分别为 i_d、i_q,则有

$$i_q = i_s \sin\beta \qquad (6-21)$$

将其代入式(6-20),有

$$T_e = p\psi_f i_q \qquad (6-22)$$

即是说,电机的电磁转矩只与电流矢量的 q 轴分量 i_q 有关。若控制电角度 $\beta = 90°$(或 $i_d = 0$),则 i_s 与 $\boldsymbol{\psi}_f$ 在空间正交,定子电流全部为转矩电流,此时可将面装式永磁同步电机转矩控制表示为如图 6-11 所示,转子虽然以角速度 ω 旋转,但是在 $d-q$ 轴系内 i_s 与 $\boldsymbol{\psi}_f$ 却始终相对静止。从转矩生成的角度看,面装式永磁同步电机与图 6-12 所示的他励直流电动机是等效的。永磁同步电机的转子可等效为直流电机的定子,此时等效直流电机定子励磁电流 i_f 为常值,产生的励磁磁场为 $\boldsymbol{\psi}_f$;永磁同步电机的 q 轴线圈等效为直流电机电枢绕组(此时直流电机电刷置于几何中心线上),永磁同步电机的交轴电流 i_q 相当于直流电机的电枢电流,控制 i_q 即相当于控制电枢电流,由此可获得与直流电机同样的转矩控制效果。这样一来,就可以把复杂的三相交流变量控制转化为简单的直流变量控制,按照直流电机的控制方法来控制永磁同步电机,这就是矢量控制的基本思想。

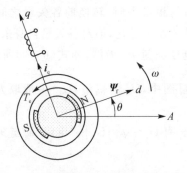
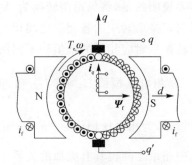

图 6 - 11　面装式永磁电机转矩控制原理($i_d = 0$)　　　图 6 - 12　等效他励直流电动机

　　需要说明的是,在分析矢量控制原理时,i_d、i_q 是定义在 d - q 坐标轴系中的,而 d - q 坐标轴系本身又是随转子旋转的,是旋转坐标系。实际装置中测量得到的电枢电流都是相对于 A、B、C 三相绕组轴线的,由绕组轴线构成的 A - B - C 坐标轴系是静止坐标系,因此要实现矢量控制,还必须实现各状态变量在 A - B - C 坐标系和 d - q 坐标系之间的相互变换。此外,为了进行永磁同步电机的矢量控制器设计与分析,还需要建立其在 d - q 坐标轴系下的状态方程。下面对坐标变换理论和永磁同步电机的建模方法进行介绍。

6.2.2　坐标变换理论

1. 永磁同步电机的坐标系

　　实现永磁同步电机矢量控制的关键是产生旋转电流矢量(或者磁动势),且其幅值大小和空间位置(或者旋转速度)能够按照要求变化,从而控制电磁转矩的大小,实现电机速度的调节。如前分析,在交流电机三相对称的静止绕组中,通入三相对称正弦电流 i_A、i_B、i_C(其对应的电流矢量记为 $\boldsymbol{i}_A$、$\boldsymbol{i}_B$、$\boldsymbol{i}_C$),就可以生成电流矢量 $\boldsymbol{i}_s$,从而产生旋转磁动势。这样一来,三相对称绕组的轴线 A、B、C 就构成一个 A - B - C 坐标系,如图 6 - 13(a)所示。

　　需要指出的是,产生旋转磁动势并不一定需要三相绕组,除了单向绕组以外,两相、三相、四相……任意对称的多相绕组,通入多相对称电流,都可以产生旋转磁动势,其中,以两相绕组最为简单。此外,在没有中线时,三相变量只有两相为独立变量,完全可以去掉一相,因此,三相绕组可以用相互独立的两相正交对称绕组等效代替,如图 6 - 13(b)所示。对于两相正交对称绕组 α、β,通入两相对称交流正弦电流 i_α、i_β(其对应的电流矢量记为 $\boldsymbol{i}_\alpha$、$\boldsymbol{i}_\beta$),也能产生旋转磁动势,当其产生的旋转磁动势与三相绕组的旋转磁动势幅值大小和转速都相同时,可认为两相绕组和三相绕组等效。这样一来,就构成了 α - β 坐标系,坐标系的 α 轴与 A - B - C 坐标系的 A 轴重合,β 轴超前 α 轴 $90°$。

　　除了上述这两个坐标系外,在前面的分析中还涉及 d - q 坐标系,坐标系的 d 轴与转子轴线重合,q 轴超前 d 轴 $90°$,如图 6 - 13(c)所示。在绕组 d、q 中分别通入直流电流 i_d、i_q(其对应的电流矢量记为 $\boldsymbol{i}_d$、$\boldsymbol{i}_q$),也会产生成电流矢量 $\boldsymbol{i}_s$,从而产生合成磁动势。当转子不动时,合成的磁动势是固定的;当转子旋转时,合成磁动势也随着旋转起来,成为旋转磁动势。如果这个磁动势的幅值大小和转速都与固定的交流绕组产生的旋转磁动势相等,那么这套旋转的直流绕组和前面两套固定的交流绕组也是等效的。当观测者站在转子绕组上与其一起旋转时,在其看来,d 轴和 q 轴是两个通入直流电且相互垂直的静止绕组,如果主极磁场的空间位置在 d 轴上,永磁同步电机就可以等效为直流电机了。

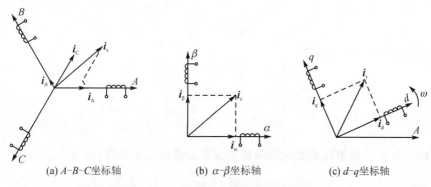

旋转矢量在不同坐标系中的分解

(a) A-B-C坐标轴　　　(b) α-β坐标轴　　　(c) d-q坐标轴

图 6-13　永磁同步电机坐标系模型

这与物体相对运动时参照物的选取原理相似,如果以地面为参照物,d、q 两个绕组是旋转的直流绕组;如果以转子为参照物,它们就变成相对静止的直流绕组了。也就是说,通过坐标变换可以找到与交流三相绕组等效的直流电机模型,从而把复杂的三相交流变量的控制转化为简单的直流变量控制,这种分析方法的可行性在 6.2.1 节中已经得到了验证。接下来的问题就是如何求取 i_A、i_B、i_C 与 i_α、i_β 和 i_d、i_q 之间的等效关系,这也是坐标变换的基本任务。

对于电机分析来说,进行坐标变换必须满足以下两个条件:

① 合成磁动势不变,即变换前后电机的合成磁动势保持不变。

② 功率不变,即变换前后电机的功率保持不变。

2. 三相-两相静止坐标变换

A-B-C 三相绕组和 α-β 两相绕组之间的变换被称作三相-两相静止坐标变换(简称 3/2 变换或 Clarke 变换)。图 6-14 中标出了 A-B-C 坐标系和 α-β 坐标系中的磁动势矢量,设三相绕组每相有效匝数为 N_3,两相绕组每相有效匝数为 N_2,根据变换前后合成磁动势不变的原则,两套绕组在 α、β 轴上的投影相等,则有

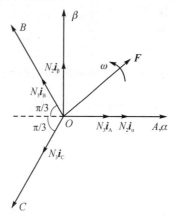

图 6-14　3/2 变换中的磁动势矢量

$$\begin{cases} N_2 i_\alpha = N_3 i_A - N_3 i_B \cos\dfrac{\pi}{3} - N_3 i_C \cos\dfrac{\pi}{3} = N_3\left(i_A - \dfrac{1}{2}i_B - \dfrac{1}{2}i_C\right) \\[2mm] N_2 i_\beta = N_3 i_B \sin\dfrac{\pi}{3} - N_3 i_C \sin\dfrac{\pi}{3} = \dfrac{\sqrt{3}}{2}N_3(i_B - i_C) \end{cases}$$

$$(6-23)$$

表示成矩阵形式为

$$\begin{bmatrix} i_\alpha \\ i_\beta \end{bmatrix} = \frac{N_3}{N_2} \begin{bmatrix} 1 & -\dfrac{1}{2} & -\dfrac{1}{2} \\ 0 & \dfrac{\sqrt{3}}{2} & -\dfrac{\sqrt{3}}{2} \end{bmatrix} \begin{bmatrix} i_A \\ i_B \\ i_C \end{bmatrix} \tag{6-24}$$

根据变换前后总功率不变的原则,可以证明匝数比为

$$\frac{N_3}{N_2} = \sqrt{\frac{2}{3}} \tag{6-25}$$

将上式代入式(6-24),可得

$$\begin{bmatrix} i_\alpha \\ i_\beta \end{bmatrix} = \sqrt{\frac{2}{3}} \begin{bmatrix} 1 & -\dfrac{1}{2} & -\dfrac{1}{2} \\ 0 & \dfrac{\sqrt{3}}{2} & -\dfrac{\sqrt{3}}{2} \end{bmatrix} \begin{bmatrix} i_A \\ i_B \\ i_C \end{bmatrix} = \boldsymbol{C}_{3/2} \begin{bmatrix} i_A \\ i_B \\ i_C \end{bmatrix} \tag{6-26}$$

式中,$\boldsymbol{C}_{3/2}$ 为从三相坐标系变换到两相正交坐标系的变换矩阵,且有

$$\boldsymbol{C}_{3/2} = \sqrt{\frac{2}{3}} \begin{bmatrix} 1 & -\dfrac{1}{2} & -\dfrac{1}{2} \\ 0 & \dfrac{\sqrt{3}}{2} & -\dfrac{\sqrt{3}}{2} \end{bmatrix} \tag{6-27}$$

接下来,求取从两相正交坐标系反变换到三相坐标系的变换矩阵。利用 $i_A + i_B + i_C = 0$ 的约束条件,将式(6-26)扩展为

$$\begin{bmatrix} i_\alpha \\ i_\beta \\ 0 \end{bmatrix} = \sqrt{\frac{2}{3}} \begin{bmatrix} 1 & -\dfrac{1}{2} & -\dfrac{1}{2} \\ 0 & \dfrac{\sqrt{3}}{2} & -\dfrac{\sqrt{3}}{2} \\ \dfrac{1}{\sqrt{2}} & \dfrac{1}{\sqrt{2}} & \dfrac{1}{\sqrt{2}} \end{bmatrix} \begin{bmatrix} i_A \\ i_B \\ i_C \end{bmatrix} \tag{6-28}$$

式(6-28)的变换矩阵第三行元素取为 $\dfrac{1}{\sqrt{2}}$ 的目的是使得变换矩阵为正交矩阵。根据矩阵理论可知,正交矩阵的逆矩阵等于矩阵的转置,因此式(6-28)的逆变换为

$$\begin{bmatrix} i_A \\ i_B \\ i_C \end{bmatrix} = \sqrt{\frac{2}{3}} \begin{bmatrix} 1 & 0 & \dfrac{1}{\sqrt{2}} \\ -\dfrac{1}{2} & \dfrac{\sqrt{3}}{2} & \dfrac{1}{\sqrt{2}} \\ -\dfrac{1}{2} & -\dfrac{\sqrt{3}}{2} & \dfrac{1}{\sqrt{2}} \end{bmatrix} \begin{bmatrix} i_\alpha \\ i_\beta \\ 0 \end{bmatrix} \tag{6-29}$$

再去掉式(6-29)变换矩阵第三列,即可得两相正交坐标系反变换到三相坐标系的变换矩阵 $\boldsymbol{C}_{2/3}$ 为

$$C_{2/3} = \sqrt{\frac{2}{3}} \begin{bmatrix} 1 & 0 \\ -\dfrac{1}{2} & \dfrac{\sqrt{3}}{2} \\ -\dfrac{1}{2} & -\dfrac{\sqrt{3}}{2} \end{bmatrix} \qquad\qquad (6-30)$$

考虑到 $i_A + i_B + i_C = 0$，上述变换过程还可进一步化简，如将式(6-26)化为

$$\begin{bmatrix} i_\alpha \\ i_\beta \end{bmatrix} = \begin{bmatrix} \sqrt{\dfrac{3}{2}} & 0 \\ \dfrac{1}{\sqrt{2}} & \sqrt{2} \end{bmatrix} \begin{bmatrix} i_A \\ i_B \end{bmatrix} \qquad\qquad (6-31)$$

则相应的逆变换为

$$\begin{bmatrix} i_A \\ i_B \end{bmatrix} = \begin{bmatrix} \sqrt{\dfrac{2}{3}} & 0 \\ -\dfrac{1}{\sqrt{6}} & \dfrac{1}{\sqrt{2}} \end{bmatrix} \begin{bmatrix} i_\alpha \\ i_\beta \end{bmatrix} \qquad\qquad (6-32)$$

3. 两相静止-两相旋转坐标变换

从 $\alpha-\beta$ 两相静止绕组到 $d-q$ 两相旋转绕组之间的变换被称作两相静止-两相旋转坐标变换（简称 2s/2r 变换或 Park 变换）。图 6-15 标出了 $\alpha-\beta$ 坐标系和 $d-q$ 坐标系中的磁动势矢量，绕组每相有效匝数均为 N_2。两相静止交流电流 i_α、i_β 和两相旋转直流电流 i_d、i_q 产生同样以角速度 ω 旋转的合成磁动势 F。当 d 轴旋转至与 α 轴相对角度为 θ 时，有

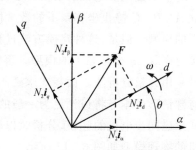

图 6-15 2s/2r 变换中的磁动势矢量

$$\begin{cases} i_d = i_\alpha \cos\theta + i_\beta \sin\theta \\ i_q = -i_\alpha \sin\theta + i_\beta \cos\theta \end{cases} \qquad\qquad (6-33)$$

表示成矩阵形式为

$$\begin{bmatrix} i_d \\ i_q \end{bmatrix} = \begin{bmatrix} \cos\theta & \sin\theta \\ -\sin\theta & \cos\theta \end{bmatrix} \begin{bmatrix} i_\alpha \\ i_\beta \end{bmatrix} \qquad\qquad (6-34)$$

令 $C_{2s/2r}$ 为从 $\alpha-\beta$ 两相静止坐标系到 $d-q$ 两相旋转坐标系的变换矩阵，则

$$C_{2s/2r} = \begin{bmatrix} \cos\theta & \sin\theta \\ -\sin\theta & \cos\theta \end{bmatrix} \qquad\qquad (6-35)$$

根据前述分析同样的方法，可以求得 $d-q$ 两相旋转坐标系到 $\alpha-\beta$ 两相静止坐标系的反变换矩阵 $C_{2s/2r}$ 为

$$C_{2r/2s} = \begin{bmatrix} \cos\theta & -\sin\theta \\ \sin\theta & \cos\theta \end{bmatrix} \qquad\qquad (6-36)$$

综上分析，可得电流坐标变换框图，如图 6-16 所示。可以证明，在前述条件下，

电压变换矩阵和磁链变换矩阵与电流变换矩阵相同,有兴趣的读者可以自行推导,这里不再赘述。

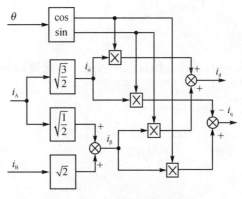

图 6-16 电流坐标变换框图

6.2.3 永磁同步电机的建模方法

对于永磁同步电机的建模有多种方法,最基本的方法是:首先根据电机工作原理建立 A-B-C 静止坐标系下的数学模型,然后通过坐标变换,将其转换成 d-q 坐标系下的模型。但是,这种建模方法过程比较复杂,因此通常采用的是根据电机矢量图直接建立 d-q 坐标系下的模型。事实上,6.2.1 节中对面装式永磁同步电机的分析就是采用矢量分析法。面装式永磁同步电机可看作是凸极率 $\rho=L_q/L_d=1$ 时的一种特殊情形。本节将讨论更为一般的情况,即凸极率 $\rho=L_q/L_d>1$ 的插入式或者内装式永磁同步电机的建模,分析时以插入式永磁同步电机为例,二极插入式永磁同步电机的物理模型如图 6-17 所示。

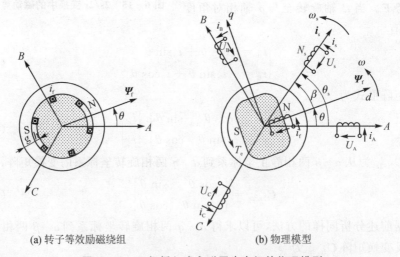

(a) 转子等效励磁绕组　　　　(b) 物理模型

图 6-17 二极插入式永磁同步电机的物理模型

与前类似,插入式转子的两个永磁体也可等效为两个空心励磁线圈,如图 6-17(a)所示。再进一步,两个励磁线圈又可等效为置于转子槽内的励磁绕组,其有效匝数为相绕组的 $\sqrt{\dfrac{3}{2}}$ 倍。与面装式转子结构不同的是,插入式转子结构的气隙不均匀,面对转子铁心部分的气隙长度仍为 g,面对永磁体部分的气隙长度增大为 $g+h$,h 为永磁体高度。仍将图 6-17(b)中永磁励磁磁场轴线方向定义为 d 轴,沿旋转方向超前 d 轴 $90°$ 电角度方向定义为 q 轴,则转子 d 轴方向上的气隙磁阻要大于 q 轴方向上的气隙磁阻。由于气隙磁阻的变化,当空间相位角 β 不同时,幅值相同的定子电流矢量 $\boldsymbol{i}_s$ 产生的电枢反应磁场也不同,也就是说等效励磁电感不再是常值,它随 β 改变而变化,这就给分析建模带来了困难。

为了简化分析难度,可借鉴电机学中采用双反应(双轴)理论分析凸极同步电机的方法,采用 $d-q$ 轴系来构建数学模型。设 L_{md}、L_{mq} 分别为 d 轴等效励磁电感和 q 轴等效励磁电感,并将 $\beta=0°$ 时定子电流矢量 $\boldsymbol{i}_s$ 在气隙中产生的正弦分布磁场称为 d 轴电枢反应磁场,将 $\beta=90°$ 时 $\boldsymbol{i}_s$ 在气隙中产生的正弦分布磁场称为 q 轴电枢反应磁场。容易得知,由于 d 轴气隙磁阻大于 q 轴气隙磁阻,幅值相同的 $\boldsymbol{i}_s$ 产生的 d 轴电枢反应磁场要小于 q 轴电枢反应磁场,因此有 $L_{md}<L_{mq}$。特别地,对于面装式永磁同步电机,有 $L_{md}=L_{mq}=L_m$。

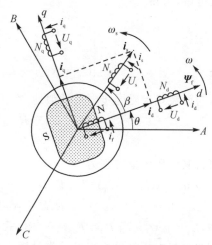

图 6-18　$d-q$ 轴系中绕组分解

基于上述定义,将图 6-17(b)中的单轴线圈 N_s 分解为 $d-q$ 轴系上的双轴线圈 N_d、N_q,每个线圈的有效匝数与单轴线圈相同,如图 6-18 所示。此时,电流矢量 $\boldsymbol{i}_s$ 可分解为

$$\boldsymbol{i}_s=i_s\mathrm{e}^{\mathrm{j}\theta}=\boldsymbol{i}_d+\boldsymbol{i}_q=(i_d+\mathrm{j}i_q)\,\mathrm{e}^{\mathrm{j}\theta} \tag{6-37}$$

根据双反应理论,可求得电流矢量产生的电枢反应磁场和漏磁场对应的磁链 $\boldsymbol{\psi}_m$、$\boldsymbol{\psi}_\delta$ 分别为

$$\begin{cases}\boldsymbol{\psi}_m=(\psi_{md}+\mathrm{j}\psi_{mq})\,\mathrm{e}^{\mathrm{j}\theta}=(L_{md}i_d+\mathrm{j}L_{mq}i_q)\,\mathrm{e}^{\mathrm{j}\theta}=L_{md}\boldsymbol{i}_d+L_{mq}\boldsymbol{i}_q\\\boldsymbol{\psi}_\delta=(\psi_{\delta d}+\mathrm{j}\psi_{\delta q})\,\mathrm{e}^{\mathrm{j}\theta}=(L_{s\delta}i_d+\mathrm{j}L_{s\delta}i_q)\,\mathrm{e}^{\mathrm{j}\theta}=L_{s\delta}\boldsymbol{i}_d+L_{s\delta}\boldsymbol{i}_q\end{cases} \tag{6-38}$$

式中,ψ_{md}、ψ_{mq} 为磁链 $\boldsymbol{\psi}_m$ 在 d、q 轴方向分量的幅值;$\psi_{\delta d}$、$\psi_{\delta q}$ 分别为磁链 $\boldsymbol{\psi}_\delta$ 在 d、q 轴方向分量的幅值。

由此可求得电枢磁链矢量为

$$\boldsymbol{\psi}_a=\boldsymbol{\psi}_m+\boldsymbol{\psi}_\delta=(L_{md}+L_{s\delta})i_d\mathrm{e}^{\mathrm{j}\theta}+j(L_{mq}+L_{s\delta})i_q\mathrm{e}^{\mathrm{j}\theta}=L_d\boldsymbol{i}_d+L_q\boldsymbol{i}_q \tag{6-39}$$

式中,L_d 为直轴同步电感,且 $L_d=L_{md}+L_{s\delta}$;L_q 为交轴同步电感,且 $L_q=L_{mq}+L_{s\delta}$。

进一步,结合式(6-10)和式(6-11),可求得定子磁链矢量为

$$\boldsymbol{\psi}_s=\boldsymbol{\psi}_a+\boldsymbol{\psi}_f=L_d\boldsymbol{i}_d+L_q\boldsymbol{i}_q+\psi_f\mathrm{e}^{\mathrm{j}\theta}=(L_di_d+\psi_f+\mathrm{j}L_qi_q)\,\mathrm{e}^{\mathrm{j}\theta} \tag{6-40}$$

与电流矢量 $\boldsymbol{i}_s$ 类似地,定子绕组电压矢量 $\boldsymbol{u}_s$ 也可分解为

$$\boldsymbol{u}_s = U_s \mathrm{e}^{\mathrm{j}\theta} = \boldsymbol{u}_d + \boldsymbol{u}_q = (U_d + \mathrm{j}U_q)\,\mathrm{e}^{\mathrm{j}\theta} \qquad (6-41)$$

式中,$\boldsymbol{u}_d$、$\boldsymbol{u}_q$ 分别为电压矢量 $\boldsymbol{u}_s$ 在 d、q 轴方向分量,U_d、U_q 为其对应幅值。

又定子绕组电压矢量方程可写为

$$\boldsymbol{u}_s = R_s \boldsymbol{i}_s + \frac{\mathrm{d}\boldsymbol{\psi}_s}{\mathrm{d}t} \qquad (6-42)$$

将式(6-37)、式(6-40)、式(6-41)代入式(6-42),可得

$$(U_d + \mathrm{j}U_q)\,\mathrm{e}^{\mathrm{j}\theta} = R_s(i_d + \mathrm{j}i_q)\,\mathrm{e}^{\mathrm{j}\theta} + \frac{\mathrm{d}(L_d i_d + \psi_f + \mathrm{j}L_q i_q)\,\mathrm{e}^{\mathrm{j}\theta}}{\mathrm{d}t}$$

$$= R_s(i_d + \mathrm{j}i_q)\,\mathrm{e}^{\mathrm{j}\theta} + \left(L_d \frac{\mathrm{d}i_d}{\mathrm{d}t} + \mathrm{j}L_q \frac{\mathrm{d}i_q}{\mathrm{d}t}\right)\mathrm{e}^{\mathrm{j}\theta} +$$

$$(\mathrm{j}L_d i_d + \mathrm{j}\psi_f - L_q i_q)\,\omega\mathrm{e}^{\mathrm{j}\theta} \qquad (6-43)$$

将其分解,可得

$$\begin{cases} U_d = R_s i_d + L_d \dfrac{\mathrm{d}i_d}{\mathrm{d}t} - \omega L_q i_q \\[2mm] U_q = R_s i_q + L_q \dfrac{\mathrm{d}i_q}{\mathrm{d}t} + \omega L_d i_d + \omega\psi_f \end{cases} \qquad (6-44)$$

与面装式永磁同步电机类似地,在正弦稳态下,i_d、i_q 的幅值恒定,有

$$\begin{cases} U_d = R_s i_d - \omega L_q i_q \\ U_q = R_s i_q + \omega L_d i_d + \omega\psi_f \end{cases} \qquad (6-45)$$

则可得其电压矢量方程为

$$\boldsymbol{u}_s = (U_d + \mathrm{j}U_q)\,\mathrm{e}^{\mathrm{j}\theta} = R_s(i_d + \mathrm{j}i_q)\,\mathrm{e}^{\mathrm{j}\theta} - \omega L_q i_q \mathrm{e}^{\mathrm{j}\theta} + \mathrm{j}\omega L_d i_d \mathrm{e}^{\mathrm{j}\theta} + \mathrm{j}\omega\psi_f \mathrm{e}^{\mathrm{j}\theta}$$

$$= R_s \boldsymbol{i}_s + \mathrm{j}(\omega L_d \boldsymbol{i}_d + \omega L_q \boldsymbol{i}_q) + \boldsymbol{E}_a \qquad (6-46)$$

式中,$\boldsymbol{E}_a = \mathrm{j}\omega\boldsymbol{\psi}_f$。当 $L_d = L_q = L_s$ 时,式(6-46)可化为式(6-17)。因此,面装式永磁同步电机电压矢量方程可看作是插入式永磁同步电机电压矢量方程的特殊形式。

进一步,根据式(6-46),可得插入式永磁同步电机的稳态矢量图如图 6-19(a)所示。类似地,根据电机学原理,仍取 A 轴作为时间参考轴,可以将矢量图转换为 A 相绕组的相量图,如图 6-19(b)所示。图中,$\dot{E}_a = \mathrm{j}\omega\dot{\psi}_f$。

插入式永磁电机
矢量图解析

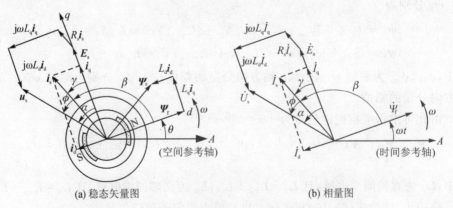

(a) 稳态矢量图　　　　　　　　　　　(b) 相量图

图 6-19　二极插入式永磁电机的稳态矢量图和相量图

当忽略电机铜耗 $R_s | \dot{I}_s |$ 时,可得正弦稳态下电机的电磁功率为

$$P_e = 3 \mid \dot{U}_s \mid \mid \dot{I}_s \mid \cos \phi = 3 \mid \dot{U}_s \mid \mid \dot{I}_s \mid \cos(\alpha - \gamma)$$

$$= 3 \mid \dot{U}_s \mid \mid \dot{I}_s \mid \cos \alpha \cos \gamma + 3 \mid \dot{U}_s \mid \mid \dot{I}_s \mid \sin \alpha \sin \gamma$$

$$= 3 \mid \dot{U}_s \mid \cos \alpha \cdot \mid \dot{I}_q \mid - 3 \mid \dot{U}_s \mid \sin \alpha \cdot \mid \dot{I}_d \mid$$

$$= 3 (\mid \dot{E}_a \mid + \omega L_d \mid \dot{I}_d \mid) \mid \dot{I}_q \mid - 3 \omega L_q \mid \dot{I}_d \mid \mid \dot{I}_q \mid$$

$$= 3 \omega \mid \dot{\psi}_f \mid \mid \dot{I}_q \mid + 3 \omega (L_d - L_q) \mid \dot{I}_d \mid \mid \dot{I}_q \mid \qquad (6-47)$$

式中，$\mid \dot{U}_s \mid$、$\mid \dot{I}_s \mid$、$\mid \dot{I}_d \mid$、$\mid \dot{I}_q \mid$、$\mid \dot{E}_a \mid$、$\mid \dot{\psi}_f \mid$ 分别为对应相量 $\dot{U}_s$、$\dot{I}_s$、$\dot{I}_d$、$\dot{I}_q$、$\dot{E}_a$、$\dot{\psi}_f$ 的幅值。则电机的电磁转矩为

$$T_e = \frac{P_e}{\omega} = \frac{3 \omega \mid \dot{\psi}_f \mid \mid \dot{I}_q \mid + 3 \omega (L_d - L_q) \mid \dot{I}_d \mid \mid \dot{I}_q \mid}{\omega}$$

$$= (\sqrt{3} \mid \dot{\psi}_f \mid) (\sqrt{3} \mid \dot{I}_q \mid) + (L_d - L_q) (\sqrt{3} \mid \dot{I}_d \mid) (\sqrt{3} \mid \dot{I}_q \mid)$$

$$= \psi_f i_q + (L_d - L_q) i_d i_q \qquad (6-48)$$

进一步，当考虑电机极对数时，则有

$$T_e = p \left[\psi_f i_q + (L_d - L_q) i_d i_q \right] \qquad (6-49)$$

当 $L_d = L_q = L_s$ 时，式(6-49)与面装式永磁同步电机电磁转矩方程式(6-22)一致。设电机阻转矩为 T_L 时，则其动力学方程可表示为

$$T_e - T_L = J \frac{\mathrm{d}\omega}{\mathrm{d}t} \qquad (6-50)$$

综合式(6-44)、式(6-48)和式(6-50)，并进行 Laplace 变换，可得 $d-q$ 坐标系下二极永磁同步电机的模型(等效直流电机模型)，如图 6-20 所示。

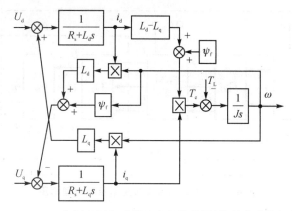

图 6-20 $d-q$ 坐标系下永磁同步电机的模型(等效直流电机模型)

6.2.4 永磁同步电机矢量控制系统结构

根据前述分析，永磁同步电机的整体模型框图如图 6-21 所示。在三相静止坐标系中，定子交流电压 U_A、U_B、U_C 通过 3/2 变换后可等效为两相静止坐标系上的交流电压 U_α、U_β，再经过与转子磁链同步旋转的 2s/2r 变换，可以等效为两相旋转坐标系上的直流电压 U_d、U_q，以 U_d、U_q 为输入的 $d-q$ 轴系下的永磁同步电机模型(见

图 6-20)是一个等效直流电机模型。也即是说,从图 6-21 的输入/输出端口看,输入为 A、B、C 三相交流电,输出为转速 ω,是一台交流电机;但是,从电机内部看,经过 3/2 变换和 2s/2r 变换,又可看作是一台以直流电 U_d、U_q 为输入,转速 ω 为输出的直流电机。

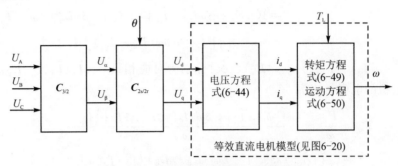

图 6-21　永磁同步电机整体模型框图

　　基于等效直流电机模型,参照前面章节的直流电机调速控制方法,可以得到永磁同步电机矢量控制原理框图,如图 6-22 所示。当需要对永磁同步电机进行调速控制时,控制器根据期望转速 ω^* 和电机实际转速 ω 运算得到 U_d^*、U_q^*,经过 2r/2s 变换得到 U_α^*、U_β^*,再经过 2/3 变换得到 U_A^*、U_B^*、U_C^*,并输入 PWM 逆变器,其输出电压 U_A、U_B、U_C 施加到永磁同步电机上。当忽略 PWM 逆变器控制延时(即认为其近似传递函数为 K_{PWM}),并考虑矩阵 $C_{2/3} \cdot C_{3/2} = 1$,$C_{2r/2s} \cdot C_{2s/r} = 1$ 时,图 6-22 中整个虚线框②内的部分可以用传递函数为 K_{PWM} 的直线代替,则图 6-22 可简化为如图 6-23 所示的等效直流调速系统。

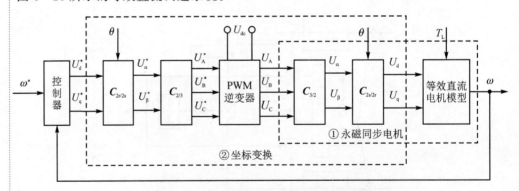

图 6-22　永磁同步电机矢量控制原理框图

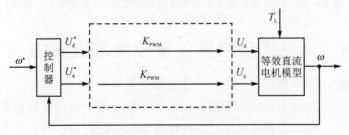

图 6-23　简化后的等效直流调速系统结构图

这样一来,就可以按照控制直流电机的方法来设计永磁同步电机的控制器了。接下来的任务就是根据图 6-20 所示的等效直流电机模型进行控制器设计。当采用 $i_d=0$ 控制时,二极永磁同步电机模型可简化为如图 6-24 所示。与图 5-10 对比可知,此时永磁同步电机简化模型与直流电机基本一致,因此可参照前述章节直流调速系统控制方法,采用转速-电流双闭环控制结构。转速调节器抑制负载扰动影响,同时限制电机允许的最大

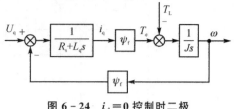

图 6-24 $i_d=0$ 控制时二极
永磁同步电机简化模型

电流;电流调节器在转速动态变化过程中,保证获得电机允许的最大电流,从而加快动态过程,同时抑制电压波动等扰动的影响。

需要说明的是,在实际工作过程中,由于 d 轴和 q 轴电压、电流等物理量之间是相互耦合的,虽然采用 $i_d=0$ 控制,但从动态过程来看,i_d 难以始终保持为零,而是在零点左右波动。因此,当考虑其影响时,二极永磁同步电机模型如图 6-25 所示,即 d 轴和 q 轴可看作两个带扰动的系统,因此 d、q 两轴的电流回路都需要设置电流调节器。d 轴电流调节器的作用是抑制来自 q 轴的扰动影响,使电流 i_d 始终保持为零;q 轴电流调节器的作用是抑制来自 d 轴的扰动影响,使电流 i_q 快速精确跟随转速调节器输出的变化,从而保证系统的调速性能。对于控制性能要求更高的系统,为了实现 d、q 轴的完全解耦,有时还需要专门设置解耦控制器,这部分内容将在第 8 章进行详细介绍。

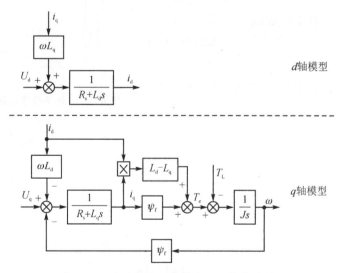

图 6-25 考虑耦合影响的永磁同步电机模型

此外,除了采用 $i_d=0$ 控制,永磁同步电机还经常用到最大转矩/电流比控制、最大输出功率控制等方法,对其有兴趣的读者可参考本书所列参考文献。

根据上述分析,当功率变换装置(PWM 逆变器)采用 SPWM 控制时,可得永磁同步电机矢量控制系统的基本结构,如图 6-26 所示。

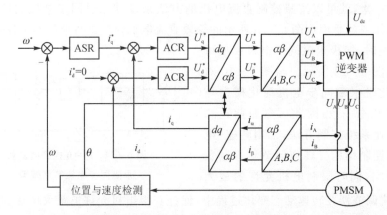

图 6－26　永磁同步电机矢量控制系统的基本结构(逆变器采用 SPWM 控制)

当然,当逆变器采用其他调制方法时,永磁同步电机矢量控制系统的结构也有所不同,相关内容将在 6.3 节中进行详细分析。

*6.2.5　转子位置的检测与初始标定

由图 6－26 可知,转子位置检测是实现永磁同步电机矢量控制的关键环节,其检测信息不仅用于 α-β 坐标系和 d-q 坐标系之间的 2s/2r 变换,计算 i_d、i_q 等物理量,同时其微分信号(即转速)还用于转速调节器的闭环控制。因此,转子位置检测的精度直接影响系统的控制性能。以坐标变换误差为例,假设转子检测位置与实际位置存在 $\Delta\theta$ 的偏差,则控制系统构建的 $\hat{d}$-$\hat{q}$ 坐标系与实际 d-q 坐标系之间也存在偏差,如图 6－27 所示。当通过矢量控制在 $\hat{d}$-$\hat{q}$ 坐标系下实现 $\hat{i}_d=0$ 时,实际 d

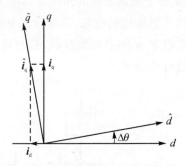

图 6－27　转子位置检测偏差影响

-q 坐标系下的 i_d 并不为零,而是 $i_d=\hat{i}_q\sin\Delta\theta$,同时有 $i_q=\hat{i}_q\cos\Delta\theta$。当 $\Delta\theta$ 较大时会对控制性能产生严重影响。

在电机出厂时,由于加工、安装误差等原因,旋转变压器、光电编码器等传感器检测的零位(即 A 相位)可能与实际转子的零位存在偏差,因此在电机运行之前,需要对其转子初始零位进行标定。转子初始相位标定通常采用磁定位的方法,其基本思路是:通过施加一个已知大小和方向的直流电流,使定子绕组产生一个恒定的磁场,这个磁场与转子恒定磁场相互作用,迫使转子转到两个磁链成一线的位置而停止,由于此时定子磁链位置已知,因此转子的位置也就可以确定。基于磁定位的转子初始相位标定原理如图 6－28 所示。

假定转子初始处于图 6－28(a)所示的任意位置,此时给定子通入直流电流矢量 i_s,其 d 轴分量 $i_d=0$,q 轴分量 $i_q=i_N$(i_N 为额定电流),d 轴相位为 θ_s。i_s 所产生的磁场与转子磁场相作用,使转子转到图 6－28(b)所示位置。根据前述 d-q 坐标系定义方法,转子磁场方向需要与 d 轴重合,因此在 θ_s 基础上再加 $90°$ 就得到了 $d-q$ 坐标系的当前位置,如图 $6-28(c)$ 所示,这样就实现了转子磁场定向。

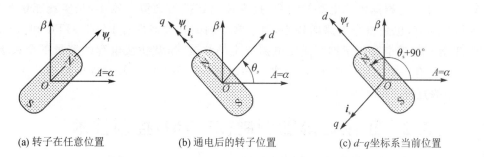

转子初始相位
标定原理

(a) 转子在任意位置　　　　(b) 通电后的转子位置　　　　(c) d-q坐标系当前位置

图 6 - 28　基于磁定位的转子初始相位标定原理

在实际工程实践中,通常给定子施加一个 $i_d=0$, $i_q=i_N$, $\theta_s=-90°$ 的直流电,就可以使转子转到 d 轴、A 轴、α 轴三轴重合的初始位置,实现转子位置初始标定。

6.3　PWM 逆变器及其调制方法

PWM 逆变器是实现系统调速控制的重要装置,其功能是根据控制指令要求,将车载直流电源变换为三相可调交流电,驱动永磁同步电机按照期望运行,其拓扑结构和调制方法直接影响系统的调速性能。同时,当逆变器调制方法不同时,永磁同步电机矢量控制系统的结构也不一样。本节首先对交流调速控制系统中的 PWM 逆变器拓扑结构进行分析,然后在此基础上,探讨正弦波脉宽调制(SPWM)控制、电流滞环跟踪 PWM(CHBPWM)控制和电压空间矢量 PWM(SVPWM)控制等 3 种典型调制方式及其相应的矢量控制系统结构和工作原理。

6.3.1　PWM 逆变器的拓扑结构组成

根据直流侧电源性质的不同,逆变器可以分为电压型逆变器和电流型逆变器,装甲车辆中的交流全电式炮控等系统中一般采用三相电压型桥式逆变器,其主电路拓扑结构如图 $6-29$ 所示。

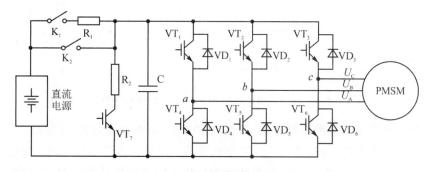

图 6 - 29　三相电压型桥式逆变器的主电路拓扑结构

如图 6-29 所示,实际系统中的 PWM 逆变器增加了滤波电路、预充电路和释能电路等。逆变电路由 6 个功率开关器件 VT_1~VT_6 组成,功率器件反并续流二极管 VD_1~VD_6,它根据驱动电路的指令,把直流电转换为交流电输出,是实现能量变换的执行环节,也是整个电路的核心,目前常采用的开关器件有 IGBT、GTR 和 MOSFET 等。滤波电容用于抑制逆变电路产生的纹波,通常滤波电容的容量不会太小,因此又具有一定的储能作用,也称之为储能电容。预充电路和释能电路的功能与第 5 章中的直流 PWM 变换器相同。

6.3.2　正弦波脉宽调制(SPWM)控制技术

采用 SPWM 控制的逆变器结构原理如图 6-30 所示。设期望输出波形为正弦波,采用与期望输出波形相同频率的正弦波 U_A^*、U_B^*、U_C^* 作为调制波,以远高于期望波形频率的三角波作为载波,调制波与载波之差经比较器处理后,得到控制开关器件的通断驱动信号序列,这样一来,就可以在永磁同步电机输入端得到一系列等幅不等宽的矩形波电压 U_A、U_B、U_C,按照波形面积相等的原则,每一个矩形波的面积与相应时刻对应的正弦波面积相等,因而这个序列的矩形波与期望的正弦波等效。

SPWM 调制
仿真模型

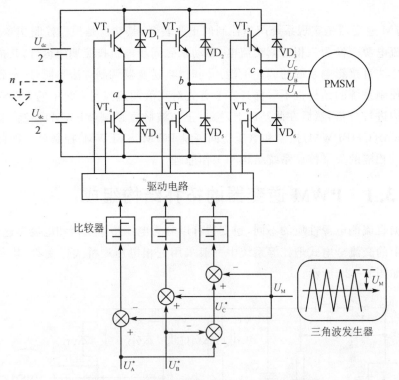

图 6-30　三相电压型 SPWM 逆变器结构原理

按照三角载波的极性不同,分为单极性 SPWM 调制和双极性 SPWM 调制。如果在调制波的半个周期内,载波为只在正或负的一种极性范围内变化的三角波,则称之为单极性 SPWM 调制;反之,如果载波为正负极性之间变化的三角波时称之为双极性 SPWM 调制。交流全电式坦克炮控系统等装甲车辆交流调速系统中一般采用双极性调制方式,本节也着重对这种方式进行分析。为了分析方便,在图 6-30 所示的直流侧引入一个假想中性点 n。

设在图 6-26 中,d、q 轴两个电流调节器输出的控制量 U_d^*、U_q^* 所合成的矢量为

$$\boldsymbol{u}_\text{s}^* = U_\text{s}^* \text{e}^{\text{j}\theta} = U_\text{s}^* \text{e}^{\text{j}\omega t} \tag{6-51}$$

则经过 2r/2s 变换和 2/3 变换后,得到的正弦调制波 U_A^*、U_B^*、U_C^* 可分别表示为

$$\begin{cases} U_\text{A}^* = \sqrt{\dfrac{2}{3}} U_\text{s}^* \cos \omega t \\[2mm] U_\text{B}^* = \sqrt{\dfrac{2}{3}} U_\text{s}^* \cos(\omega t - 2\pi/3) \\[2mm] U_\text{C}^* = \sqrt{\dfrac{2}{3}} U_\text{s}^* \cos(\omega t + 2\pi/3) \end{cases} \tag{6-52}$$

选取三角载波的幅值为 U_M。一般地,三角载波的幅值 U_M 应大于正弦调制波 U_A^*、U_B^*、U_C^* 幅值,即 $U_\text{M} \geqslant \sqrt{2/3} U_\text{s}^*$。令 $\rho = \sqrt{2/3} U_\text{s}^* / U_\text{M}$,且有 $0 \leqslant \rho \leqslant 1$。则式(6-52)可进一步写为

$$\begin{cases} U_\text{A}^* = \rho U_\text{M} \cos \omega t \\[2mm] U_\text{B}^* = \rho U_\text{M} \cos(\omega t - 2\pi/3) \\[2mm] U_\text{C}^* = \rho U_\text{M} \cos(\omega t + 2\pi/3) \end{cases} \tag{6-53}$$

采用 U_A^*、U_B^*、U_C^* 与三角载波进行 SPWM 调制控制,可得逆变器主要变量波形如图 6-31 所示。

图 6-31 中,U_an、U_bn、U_cn 曲线为逆变器各相输出点 a、b、c 到直流电源假想中性点 n 之间的电压,是幅值为 $U_\text{dc}/2$ 或 $-U_\text{dc}/2$ 的方波序列。对 U_an、U_bn、U_cn 进行傅里叶分解,可得其基波分量如图 6-21 中 U_an1、U_bn1、U_cn1 曲线所示,可分别表示为

$$\begin{cases} U_\text{an1} = \dfrac{\rho U_\text{dc}}{2} \cos \omega t \\[3mm] U_\text{bn1} = \dfrac{\rho U_\text{dc}}{2} \cos(\omega t - 2\pi/3) \\[3mm] U_\text{cn1} = \dfrac{\rho U_\text{dc}}{2} \cos(\omega t + 2\pi/3) \end{cases} \tag{6-54}$$

由此可见,基波分量幅值正比于 ρ,即通过调节 U_s^* 改变 ρ 可以控制逆变器输出电压。

进一步,对于永磁同步电机相电压 U_A、U_B、U_C,分别有

$$\begin{cases} U_\text{A} = \dfrac{1}{3}(2U_\text{an} - U_\text{bn} - U_\text{cn}) \\[3mm] U_\text{B} = \dfrac{1}{3}(2U_\text{bn} - U_\text{an} - U_\text{cn}) \\[3mm] U_\text{C} = \dfrac{1}{3}(2U_\text{cn} - U_\text{an} - U_\text{bn}) \end{cases} \tag{6-55}$$

其波形如图 6-31 中 U_A、U_B、U_C 曲线所示。同理对其进行傅里叶分解,可得其基波

分量如图 6-31 中 U_{A1}、U_{B1}、U_{C1} 曲线所示,其表达式可写为

$$
\begin{cases}
U_{A1} = \dfrac{\rho U_{dc}}{2}\cos\omega t \\[2mm]
U_{B1} = \dfrac{\rho U_{dc}}{2}\cos(\omega t - 2\pi/3) \\[2mm]
U_{C1} = \dfrac{\rho U_{dc}}{2}\cos(\omega t + 2\pi/3)
\end{cases}
\tag{6-56}
$$

当 $\rho = 1$ 时,永磁同步电机的最大相电压幅值为 $U_{dc}/2$。

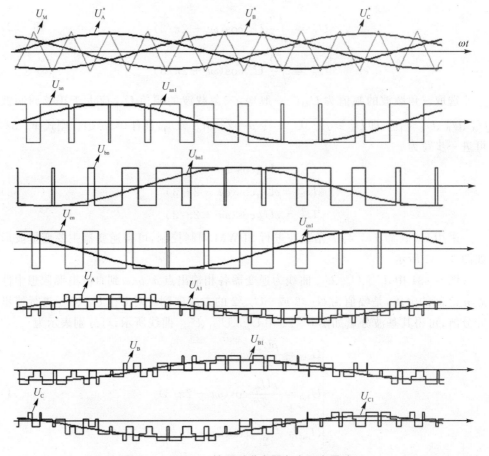

图 6-31 SPWM 控制时逆变器各主要变量波形

*6.3.3 电流滞环跟踪 PWM(CHBPWM)控制技术

采用电流滞环跟踪 PWM 控制的逆变器结构原理如图 6-32 所示。给定电流 i_A^*、i_B^*、i_C^* 与电机实际相电流 i_A、i_B、i_C 通过滞环比较器处理后,得到控制开关器件的通断驱动信号序列。设滞环比较器的阈值为 h,当给定电流和实际电流之差达到 h 时,接到直流电源正极的开关器件导通,使得实际电流增加;反之,当给定电流和实际电流之差达到 $-h$ 时,接到直流电源负极的开关器件导通,使得实际电流减小。采用电流环跟踪 PWM 控制时逆变器各主要变量波形如图 6-33 所示。

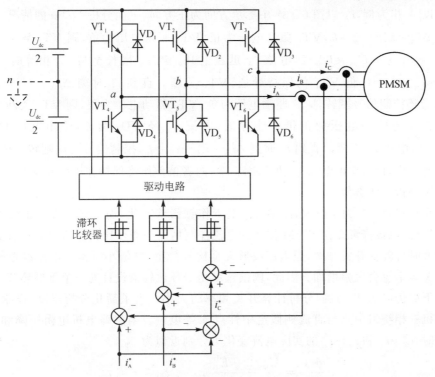

图 6 - 32　电流滞环跟踪 PWM 逆变器结构原理

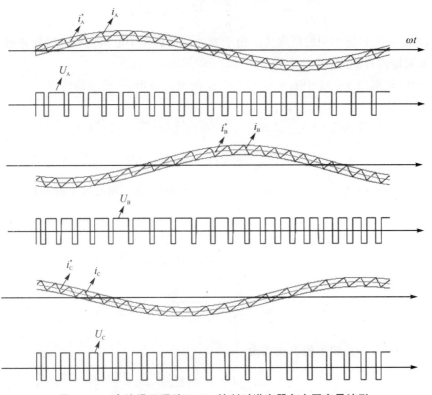

图 6 - 33　电流滞环跟踪 PWM 控制时逆变器各主要变量波形

以 A 相为例，i_A 以图 6-32 中标示方向为正方向，下面分析 $i_A > 0$ 的情况：设 t_0 时刻 $\Delta i_A = i_A^* - i_A = h$，$VT_1$ 驱动电压为正，VT_4 驱动电压为负，则 VT_1 导通，VT_4 关断，输出电压 $U_{an} = U_{dc}/2$，电流 i_A 迅速上升。当 i_A 增长至与 i_A^* 相等时，虽然 $\Delta i_A = i_A^* - i_A = 0$，但 VT_1 仍保持导通，VT_4 关断。直到 t_1 时刻 $\Delta i_A = i_A^* - i_A = -h$，滞环控制信号翻转，$VT_1$ 驱动电压为负，VT_4 驱动电压为正，则 VT_1 关断，VT_4 虽然施加的驱动电压为正仍不能导通，电流 i_A 经 VD_4 续流，输出电压 $U_{an} = -U_{dc}/2$，电流 i_A 下降。直到 t_2 时刻 $\Delta i_A = i_A^* - i_A = h$，控制信号再次翻转。按此规律交替工作，使得输出电流 i_A 快速跟踪 i_A^*，两者偏差始终保持在 $\pm h$ 范围内。$i_A < 0$ 的情况分析方法类似。

在稳态时，i_A^* 为正弦波，i_A 在 i_A^* 上下作锯齿状变化，输出电流接近正弦变化。不难发现，电流滞环跟踪 PWM 控制的电流控制精度与滞环比较器的阈值 h 有关，阈值较大时可降低开关频率，但电流波形失真比较严重；阈值小时虽然电流波形较好，但开关频率也会大幅增加。因此，阈值选取是滞环比较器设计的一个重要环节。

下面仍以 A 相为例，分析计算开关频率的大小。为了简化分析难度，设永磁同步电机三相绕组中点与直流侧假定中性点 n 等电位。当忽略电机电阻压降和死区时间时，$t_0 \sim t_1$ 和 $t_1 \sim t_2$ 的实际电流变化可分别近似为

$$\begin{cases} \dfrac{di_A}{dt} = \dfrac{U_{dc}/2 - E_A}{L_A}, & t_0 \leqslant t < t_1 \\[3mm] \dfrac{di_A}{dt} = \dfrac{-U_{dc}/2 - E_A}{L_A}, & t_1 \leqslant t < t_2 \end{cases} \qquad (6-57)$$

式中，E_A 为 A 相绕组中的反电势。由于开关周期远小于电机的机电时间常数，在一个开关周期内可认为 E_A 为常数。

此外，根据图 6-33 中 $t_0 \sim t_1$ 和 $t_1 \sim t_2$ 的电流波形，可近似的得到

$$\begin{cases} \dfrac{d(i_A - i_A^*)}{dt}(t_1 - t_0) = 2h \\[3mm] \dfrac{d(i_A - i_A^*)}{dt}(t_2 - t_1) = -2h \end{cases} \qquad (6-58)$$

将式(6-57)代入式(6-58)，可得电流上升时间 Δt_1 和电流下降时间 Δt_2 的表达式为

$$\begin{cases} \Delta t_1 = t_1 - t_0 = \dfrac{4hL_A}{U_{dc} - 2\left(E_A + L_A \dfrac{di_A^*}{dt}\right)} \\[5mm] \Delta t_2 = t_2 - t_1 = \dfrac{4hL_A}{U_{dc} + 2\left(E_A + L_A \dfrac{di_A^*}{dt}\right)} \end{cases} \qquad (6-59)$$

由此可得，开关频率的表达式为

$$f = \frac{1}{\Delta t_1 + \Delta t_2} = \frac{U_{dc}^2 - 4\left(E_A + L_A \dfrac{di_A^*}{dt}\right)^2}{8hL_AU_{dc}} \qquad (6-60)$$

由式(6-60)可看出,电流滞环跟踪 PWM 控制的开关管通断频率与滞环阈值、电机感应电势、指令电流变化率呈减函数关系。此外,若滞环阈值设定为常数,电机感应电势和指令电流变化率为零时,则开关频率最高,且满足

$$f_{max} = \frac{U_{dc}}{8hL_A} \qquad\qquad (6-61)$$

当采用电流滞环跟踪 PWM 控制时,图 6-26 所示的永磁同步电机矢量控制系统的基本结构可变换为如图 6-34 所示。

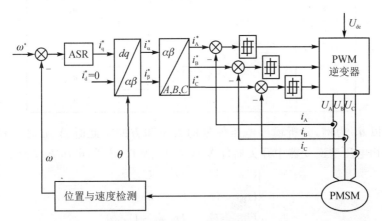

图 6-34 永磁同步电机矢量控制系统的基本结构(逆变器采用电流滞环跟踪 PWM 控制)

从控制的角度来看,当实际电流大于给定值时,改变开关器件状态使其迅速减小,反之亦然。使得实际电流围绕给定电流波形作锯齿状变化,并将偏差限制在一定范围内,这样一来,采用电流滞环跟踪 PWM 控制时,电流环实际上构成了一个 Bang-Bang 控制器,系统可看作由一个转速控制环和一个采用 Bang-Bang 控制的电流环组成。Bang-Bang 控制具有动态调节速度快、内环扰动抑制能力强等特点,且这种电流控制方法结构简单,不依赖于电机参数,鲁棒性好。其缺点是开关频率不固定,随外界条件变化波动大,同时其输出电流的脉动大,对电机损害比较严重。

6.3.4 电压空间矢量 PWM(SVPWM)控制技术

1. 电压空间矢量 PWM 基本原理

分析图 6-29 所示的三相电压型逆变器可以发现,根据每个桥臂上的两个开关管的控制信号不同,每相有两种状态,这样三相组合共有 8 种状态($2^3 = 8$)。规定当一个桥臂上接到直流电源正极的开关管处于导通、接到负极的开关管处于关断时的状态为 1;反之,当一个桥臂上接到直流电源正极的开关管处于关断、接到负极的开关管处于导通时的状态为 0 时,三相电压型逆变器的所有状态与输出电压矢量如表 6-1 所列。

表 6-1 中给出了每个状态下的开关模式定义和输出电压矢量的表示方法(如每相状态都为 0 时,称之为开关模式 0,此时输出电压矢量用 u_0 表示);共有开关模式 0～7,对应的输出电压矢量为 $u_0 \sim u_7$,其中,$u_1 \sim u_6$ 为大小相等、相位互差 $\pi/3$ 电角

度的矢量,而 u_0 和 u_7 为大小为 0 的电压矢量,也称之为零电压矢量。

表 6-1 三相电压型逆变器状态与输出电压矢量

开关模式	A 相	B 相	C 相	输出电压矢量
0	0	0	0	u_0
1	1	0	0	u_4
2	1	1	0	u_6
3	0	1	0	u_2
4	0	1	1	u_3
5	0	0	1	u_1
6	1	0	1	u_5
7	1	1	1	u_7

下面以 u_4 为例,分析输出电压矢量的大小和方向。此时 A、B、C 相的状态为 1、0、0,三相电压型逆变器中开关器件 VT_1、VT_5、VT_6 导通,电压方程为

$$\begin{cases} U_{AB} = U_A - U_B = U_{dc} \\ U_{BC} = U_B - U_C = 0 \\ U_{CA} = U_C - U_A = -U_{dc} \end{cases} \tag{6-62}$$

式中,U_{AB}、U_{BC}、U_{CA} 分别为 AB 相、BC 相、CA 相的线电压。

当采用三相对称绕组时,可得每相的相电压为

$$\begin{cases} U_A = 2U_{dc}/3 \\ U_B = -U_{dc}/3 \\ U_C = -U_{dc}/3 \end{cases} \tag{6-63}$$

根据式(6-3),可得到三相电压矢量为

$$\begin{cases} u_A = \sqrt{\dfrac{2}{3}} U_A = \sqrt{\dfrac{2}{3}} \cdot \dfrac{2}{3} U_{dc} \\ u_B = \sqrt{\dfrac{2}{3}} U_B e^{j\gamma} = -\sqrt{\dfrac{2}{3}} \cdot \dfrac{1}{3} U_{dc} e^{j\gamma} \\ u_C = \sqrt{\dfrac{2}{3}} U_C e^{j2\gamma} = -\sqrt{\dfrac{2}{3}} \cdot \dfrac{1}{3} U_{dc} e^{j2\gamma} \end{cases} \tag{6-64}$$

电压矢量 u_A、u_B、u_C 如图 6-35(a)所示。根据矢量运算法则,容易求得其合成矢量 u_4 的方向为 A 轴方向,即 A 相绕组轴线方向,且有

$$u_4 = u_A + u_B + u_C = \sqrt{\frac{2}{3}} \left(\frac{2}{3} U_{dc} - \frac{1}{3} U_{dc} e^{j\gamma} - \frac{1}{3} U_{dc} e^{j2\gamma} \right) = \sqrt{\frac{2}{3}} U_{dc}$$

$$\tag{6-65}$$

采用上述方法,可以求得三相电压型逆变器在不同的开关模式下的输出电压矢量,如图 6-35(b)所示。其中,$u_1 \sim u_6$ 是大小为 $\sqrt{\dfrac{2}{3}} U_{dc}$,相位上互差 $\dfrac{\pi}{3}$ 电度角的矢量,这 6 个输出电压矢量 $u_1 \sim u_6$ 将电压空间矢量分为对称的 6 个扇区 Ⅰ～Ⅵ,每个

扇区角度为$\frac{\pi}{3}$。

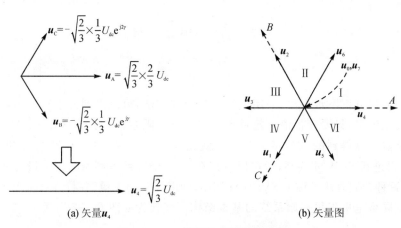

(a) 矢量$\boldsymbol{u}_4$ (b) 矢量图

图 6-35 三相逆变器电压矢量图

进一步,采用相邻电压矢量合成,可以得到扇区内的其他电压矢量。如在第 I 扇区中,一个调制周期 T 内,在 $t_4 = k_1 T$ 时间内输出电压矢量 $\boldsymbol{u}_4$,$t_6 = k_2 T$ 时间内输出电压矢量 $\boldsymbol{u}_6$,剩下 $t_0 = (1 - k_1 - k_2)T$ 时间内输出电压矢量为 $\boldsymbol{u}_0$ 或 $\boldsymbol{u}_7$,则合成电压矢量 $\boldsymbol{u}_s$ 如图 6-36 所示。可以计算得 $\boldsymbol{u}_s$ 的幅值为

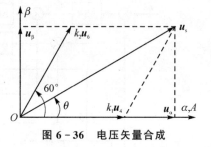

图 6-36 电压矢量合成

$$U_s = \sqrt{k_1^2 + k_2^2 + k_1 k_2} \cdot \sqrt{\frac{2}{3}} U_{dc} \tag{6-66}$$

其相位为

$$\theta = \tan^{-1} \frac{k_2 \sin \frac{\pi}{3}}{k_1 + k_2 \cos \frac{\pi}{3}} \tag{6-67}$$

反过来,对于一个给定的电压矢量 $\boldsymbol{u}_s = U_s e^{j\theta}$,设其在 α、β 轴上的分量为 $\boldsymbol{u}_\alpha$、$\boldsymbol{u}_\beta$,对应的幅值为 U_α、U_β,则根据图 6-36 可得

$$\begin{cases} U_\alpha = U_s \cos \theta = k_1 U_4 + k_2 U_6 \cos \frac{\pi}{3} \\ U_\beta = U_s \sin \theta = k_2 U_6 \sin \frac{\pi}{3} \end{cases} \tag{6-68}$$

由此可得

$$\begin{cases} k_1 = \frac{2U_s}{\sqrt{3} U_4} \sin\left(\frac{\pi}{3} - \theta\right) \\ k_2 = \frac{2U_s}{\sqrt{3} U_6} \sin \theta \end{cases} \tag{6-69}$$

考虑到 $U_4 = U_6 = \sqrt{\dfrac{2}{3}} U_{dc}$，则有

$$\begin{cases} k_1 = \dfrac{\sqrt{2} U_s}{U_{dc}} \sin\left(\dfrac{\pi}{3} - \theta\right) \\[3mm] k_2 = \dfrac{\sqrt{2} U_s}{U_{dc}} \sin\theta \end{cases} \qquad (6-70)$$

通过上述分析不难得出：采用电压矢量合成方法，可以得到大小和方向均可调节的任意电压矢量，只要其幅值不超过逆变器输出极限 U_{sm}。这样一来，图 6-26 中电流环调节器计算得到的电压量 U_d^*、U_q^* 就无需变换成 $A-B-C$ 坐标系下的 U_A^*、U_B^*、U_C^* 再进行 SPWM 调制，而可以直接在 $\alpha-\beta$ 坐标系下利用电压矢量合成方法进行调制，这种调制方法被称为 SVPWM 调制，即电压空间矢量调制。由此，图 6-26 所示的永磁同步电机矢量控制系统的基本结构可变换为如图 6-37 所示。

永磁同步电机
矢量控制系统
仿真模型

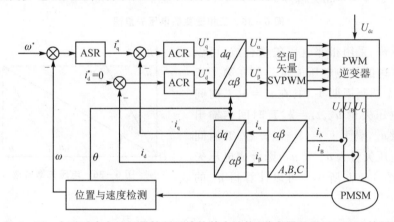

图 6-37　永磁同步电机矢量控制系统的基本结构（逆变器采用 SVPWM 控制）

下面进一步分析合成电压矢量的空间分布特征。仍以第 I 扇区为例，如果要使合成电压矢量的幅值最大，则需有 $k_1 + k_2 = 1$，此时式(6-66)可化为

$$U_s = \sqrt{k_1^2 + (1-k_1)^2 + k_1(1-k_1)} \cdot \sqrt{\dfrac{2}{3}} U_{dc}, \quad 0 \leqslant k_1 \leqslant 1 \qquad (6-71)$$

由此可见，当 $k_1 + k_2 = 1$ 时，由电压矢量 u_4、u_6 合成的输出电压矢量 u_s 正好位于由它们围成的三角形的边界上，如图 6-38 所示。进一步考虑其他扇区，输出电压矢量轨迹构成一个等边六边形，如图 6-39 所示。

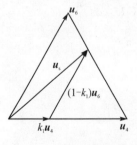

图 6-38　合成矢量轨迹

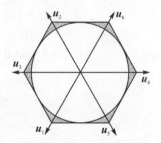

图 6-39　SVPWM 调制区域

这样一来,该等边六边形内切圆所包含区域为 SVPWM 的线性调制区域,容易求得其内切圆的半径为 $\dfrac{U_{dc}}{\sqrt{2}}$,这也是调制过程中合成电压矢量基波所能达到的最大幅值,即

$$U_{sm} = \frac{U_{dc}}{\sqrt{2}} \qquad\qquad (6-72)$$

又根据式(6-9),当定子相电压为三相平衡正弦电压时,三相合成矢量幅值是相电压幅值的 $\sqrt{\dfrac{3}{2}}$ 倍,故基波相电压最大幅值为 $\dfrac{U_{dc}}{\sqrt{3}}$,而 SPWM 调制时相电压最大幅值为 $\dfrac{U_{dc}}{2}$。对比可知,SVPWM 调制比 SPWM 调制最高所能达到的调制比高出约 15%,使其直流母线电压利用率更高,这也是 SVPWM 控制的一个重要优点。

2. 电压空间矢量 PWM 调制算法

前述分析表明,对于图 6-39 内切圆中的任意期望电压矢量,都可以采用与其相邻的两个基本电压矢量以及零矢量合成实现,各电压矢量的作用时间长度可由期望合成电压矢量的幅值大小和相位计算得到,但是其作用顺序如何确定呢?目前,电压矢量作用顺序的选取主要以减小开关损耗和谐波分量为准则,一般采用七段式 SVPWM 算法和五段式 SVPWM 算法。

对于七段式 SVPWM 算法而言,基本矢量作用顺序的分配原则为:在每次状态转换时,只改变其中一相的开关状态,并且对零矢量在时间上进行平均分配,以使产生的 PWM 波形对称,从而有效地降低 PWM 谐波分量。仍以第 I 扇区为例,将零矢量分为 4 份,在调制周期的首、尾各配置 1 份,在中间配置 2 份;将两个基本电压矢量 u_4、u_6 的作用时间 t_4、t_6 平分后插在零矢量之间,按照开关损耗最小的原则,首尾取零矢量 u_0,中间取零矢量 u_7。由此可得 SVPWM 的基本矢量作用顺序和作用时间为:u_0($t_0/4$)、u_4($t_4/2$)、u_6($t_6/2$)、u_7($t_0/2$)、u_6($t_6/2$)、u_4($t_4/2$)、u_0($t_0/4$),如图 6-40 所示。

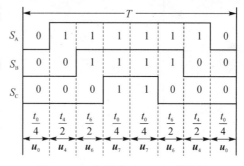

图 6-40 七段式 SVPWM 算法的
开关状态(第 I 扇区)

采用同样的方法,可以求得各个扇区的 SVPWM 算法开关切换顺序及驱动信号波形,如表 6-2 所列。

根据表 6-2,在第 I 扇区中,以直流电源电压中点 n 为参考零电位,一个调制周期内逆变器的 A 相输出电压 U_{an} 平均值 $\overline{U}_{an}$ 为

$$\overline{U}_{an} = \frac{U_{dc}}{2T}\left(-\frac{t_0}{4} + \frac{t_4}{2} + \frac{t_6}{2} + \frac{t_0}{2} + \frac{t_6}{2} + \frac{t_4}{2} - \frac{t_0}{4}\right) = \frac{U_{dc}}{2T}(t_4 + t_6)$$

$$(6-73)$$

表 6-2 七段式 SVPWM 算法开关切换顺序及驱动信号波形

u_s 所在扇区	开关切换顺序	驱动信号波形
I 扇区 $\left(0 \leqslant \theta < \dfrac{\pi}{3}\right)$	$0 \to 4 \to 6 \to 7 \to 7 \to 6 \to 4 \to 0$	上: 0 1 1 1 1 1 1 0 中: 0 0 1 1 1 1 0 0 下: 0 0 0 1 1 0 0 0 时段: $t_0/4,\ t_4/2,\ t_6/2,\ t_0/4,\ t_0/4,\ t_6/2,\ t_4/2,\ t_0/4$
II 扇区 $\left(\dfrac{\pi}{3} \leqslant \theta < \dfrac{2\pi}{3}\right)$	$0 \to 2 \to 6 \to 7 \to 7 \to 6 \to 2 \to 0$	上: 0 0 1 1 1 1 0 0 中: 0 1 1 1 1 1 1 0 下: 0 0 0 1 1 0 0 0 时段: $t_0/4,\ t_2/2,\ t_6/2,\ t_0/4,\ t_0/4,\ t_6/2,\ t_2/2,\ t_0/4$
III 扇区 $\left(\dfrac{2\pi}{3} \leqslant \theta < \pi\right)$	$0 \to 2 \to 3 \to 7 \to 7 \to 3 \to 2 \to 0$	上: 0 0 0 1 1 0 0 0 中: 0 1 1 1 1 1 1 0 下: 0 0 1 1 1 1 0 0 时段: $t_0/4,\ t_2/2,\ t_3/2,\ t_0/4,\ t_0/4,\ t_3/2,\ t_2/2,\ t_0/4$
IV 扇区 $\left(\pi \leqslant \theta < \dfrac{4\pi}{3}\right)$	$0 \to 1 \to 3 \to 7 \to 7 \to 3 \to 1 \to 0$	上: 0 0 0 1 1 0 0 0 中: 0 0 1 1 1 1 0 0 下: 0 1 1 1 1 1 1 0 时段: $t_0/4,\ t_1/2,\ t_3/2,\ t_0/4,\ t_0/4,\ t_3/2,\ t_1/2,\ t_0/4$
V 扇区 $\left(\dfrac{4\pi}{3} \leqslant \theta < \dfrac{5\pi}{3}\right)$	$0 \to 1 \to 5 \to 7 \to 7 \to 5 \to 1 \to 0$	上: 0 0 1 1 1 1 0 0 中: 0 0 0 1 1 0 0 0 下: 0 1 1 1 1 1 1 0 时段: $t_0/4,\ t_1/2,\ t_5/2,\ t_0/4,\ t_0/4,\ t_5/2,\ t_1/2,\ t_0/4$

u_s 所在扇区	开关切换顺序	驱动信号波形
VI扇区 $\left(\dfrac{5\pi}{3}\leqslant\theta<2\pi\right)$	$0\to4\to5\to7\to7\to5\to4\to0$	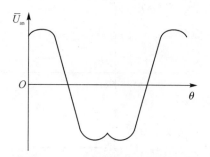

将式(6-70)代入式(6-73),可得

$$\overline{U}_{an}=\frac{\sqrt{2}U_s}{2}\left(\sin\left(\frac{\pi}{3}-\theta\right)+\sin\theta\right)=\frac{\sqrt{2}U_s}{2}\cos\left(\theta-\frac{\pi}{6}\right) \qquad (6-74)$$

采用同样的方法,可以求得其他 5 个扇区逆变器的输出相电压值,并进一步得到一个周期内逆变器的输出相电压基波波形,如图 6-41 所示。SVPWM 调制的输出电压波形为马鞍形,具有三次谐波注入效果,直流电源利用率高,而采用 SPWM 调制的输出电压波形为正弦波,直流电源利用率相对较低。

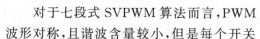

图 6-41　一个周期内逆变器输出相电压基波波形

对于七段式 SVPWM 算法而言,PWM 波形对称,且谐波含量较小,但是每个开关周期有 6 次开关切换,开关损耗较大。为了进一步减少开关次数,可以采用五段式 SVPWM 算法,该算法按照对称原则,将两个基本电压矢量的作用时间平分后,放在调制周期的首端和末端,把零矢量的作用时间放在调制周期的中间,并按照开关次数最少选择零矢量。由此得到各扇区的开关切换顺序及驱动信号波形如表 6-3 所列。

表 6-3　五段式 SVPWM 算法开关切换顺序及驱动信号波形

u_s 所在扇区	开关切换顺序	驱动信号波形
I扇区 $\left(0\leqslant\theta<\dfrac{\pi}{3}\right)$	$4\to6\to7\to7\to6\to4$	

u_s 所在扇区	开关切换顺序	驱动信号波形
II 扇区 $\left(\dfrac{\pi}{3}\leqslant\theta<\dfrac{2\pi}{3}\right)$	$2\rightarrow6\rightarrow7\rightarrow7\rightarrow6\rightarrow2$	行1: 0 1 1 1 1 0；行2: 1 1 1 1 1 1；行3: 0 0 1 1 0 0；时段: $t_2/2$, $t_6/2$, $t_0/2$, $t_0/2$, $t_6/2$, $t_2/2$（总周期 T）
III 扇区 $\left(\dfrac{2\pi}{3}\leqslant\theta<\pi\right)$	$2\rightarrow3\rightarrow7\rightarrow7\rightarrow3\rightarrow2$	行1: 0 0 1 1 0 0；行2: 1 1 1 1 1 1；行3: 0 1 1 1 1 0；时段: $t_2/2$, $t_3/2$, $t_0/2$, $t_0/2$, $t_3/2$, $t_2/2$（总周期 T）
IV 扇区 $\left(\pi\leqslant\theta<\dfrac{4\pi}{3}\right)$	$1\rightarrow3\rightarrow7\rightarrow7\rightarrow3\rightarrow1$	行1: 0 0 1 1 0 0；行2: 0 1 1 1 1 0；行3: 1 1 1 1 1 1；时段: $t_1/2$, $t_3/2$, $t_0/2$, $t_0/2$, $t_3/2$, $t_1/2$（总周期 T）
V 扇区 $\left(\dfrac{4\pi}{3}\leqslant\theta<\dfrac{5\pi}{3}\right)$	$1\rightarrow5\rightarrow7\rightarrow7\rightarrow5\rightarrow1$	行1: 0 1 1 1 1 0；行2: 0 0 1 1 0 0；行3: 1 1 1 1 1 1；时段: $t_1/2$, $t_5/2$, $t_0/2$, $t_0/2$, $t_5/2$, $t_1/2$（总周期 T）
VI 扇区 $\left(\dfrac{5\pi}{3}\leqslant\theta<2\pi\right)$	$4\rightarrow5\rightarrow7\rightarrow7\rightarrow5\rightarrow4$	行1: 1 1 1 1 1 1；行2: 0 0 1 1 0 0；行3: 0 1 1 1 1 0；时段: $t_4/2$, $t_5/2$, $t_0/2$, $t_0/2$, $t_5/2$, $t_4/2$（总周期 T）

五段式 SVPWM 算法在一个调制周期内,有一相的状态保持不变(始终为 1 或 0),从一个基本电压矢量切换到另一个基本电压矢量时只有一相状态发生变化,因而开关次数少,开关损耗小,但同时输出电压谐波含量会增大。

3. 电压空间矢量 PWM 调制算法的实现过程

与 SPWM 调制类似,设图 6 – 37 中 d、q 轴两个电流调节器输出的控制量 U_d^*、U_q^* 所合成的输出电压矢量为 $\boldsymbol{u}_s^* = U_s^* \mathrm{e}^{\mathrm{j}\theta}$,则可得电压空间矢量 PWM 调制算法的实现过程如图 6 – 42 所示。

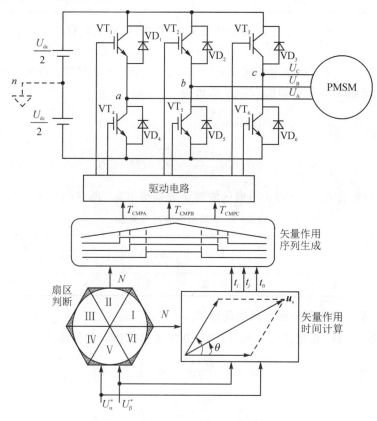

图 6 – 42 SVPWM 算法的实现过程

该算法实现过程主要包括 3 个步骤:首先经过 2r/2s 变换得到 U_α^*、U_β^*,并据其判断矢量 $\boldsymbol{u}_s^*$ 所在的扇区;然后利用所在扇区的相邻两基本电压矢量 $\boldsymbol{u}_i$、$\boldsymbol{u}_j$ 和适当的零矢量 $\boldsymbol{u}_0$、$\boldsymbol{u}_7$ 来合成参考电压矢量(或称确定基本电压矢量和零矢量的作用时间 t_i、t_j 和 t_0);最后利用七段式 SVPWM 算法(或五段式 SVPWM 算法)确定电压矢量的作用顺序,并生成驱动控制信号。

(1) 扇区判断

设电压矢量 $\boldsymbol{u}_s^*$ 在 α、β 轴上的分量幅值为 U_α^*、U_β^*,根据图 6 – 39,可得如表 6 – 4 所列的扇区判断条件。

定义 3 个辅助变量 A、B、C,并设置条件为:

① 若 $U_\beta^* > 0$,则 $A = 1$,否则 $A = 0$。

② 若 $\sqrt{3}U_\alpha^* > |U_\beta^*|$，则 $B=1$，否则 $B=0$。

③ 若 $\sqrt{3}U_\alpha^* < -|U_\beta^*|$，则 $C=1$，否则 $C=0$。

表 6-4 扇区判断条件

扇 区	判断条件	扇 区	判断条件
Ⅰ	$U_\beta^*>0,\sqrt{3}U_\alpha^*>|U_\beta^*|$	Ⅳ	$U_\beta^*<0,\sqrt{3}U_\alpha^*<-|U_\beta^*|$
Ⅱ	$U_\beta^*>0,-|U_\beta^*|<\sqrt{3}U_\alpha^*<|U_\beta^*|$	Ⅴ	$U_\beta^*<0,-|U_\beta^*|<\sqrt{3}U_\alpha^*<|U_\beta^*|$
Ⅲ	$U_\beta^*>0,\sqrt{3}U_\alpha^*<-|U_\beta^*|$	Ⅵ	$U_\beta^*<0,\sqrt{3}U_\alpha^*>|U_\beta^*|$

根据表 6-4 并结合上述辅助变量定义，可将扇区 N 的计算方法表示为

$$N = A(2-B+C) + (1-A)(5+B-C) \tag{6-75}$$

此外，扇区也可以利用电压矢量 $\boldsymbol{u}_s^* = U_s^* e^{j\theta}$ 的角度 θ 来判断。首先，根据电压矢量 $\boldsymbol{u}_s^*$ 在 α、β 轴上的分量幅值 U_α^*、U_β^*，可得

$$\theta = \begin{cases} \arctan\dfrac{U_\beta^*}{U_\alpha^*} & U_\beta^* > 0 \\ \arctan\dfrac{U_\beta^*}{U_\alpha^*} + \pi, & U_\beta^* \leqslant 0 \end{cases} \tag{6-76}$$

然后，根据表 6-5 所列 θ 与扇区的对应关系得出 $\boldsymbol{u}_s^*$ 所在的扇区。

表 6-5 θ 与扇区的对应关系

θ	$\left(0,\dfrac{\pi}{3}\right)$	$\left(\dfrac{\pi}{3},\dfrac{2\pi}{3}\right)$	$\left(\dfrac{2\pi}{3},\pi\right)$	$\left(\pi,\dfrac{4\pi}{3}\right)$	$\left(\dfrac{4\pi}{3},\dfrac{5\pi}{3}\right)$	$\left(\dfrac{5\pi}{3},\dfrac{2\pi}{3}\right)$
扇 区	Ⅰ	Ⅱ	Ⅲ	Ⅳ	Ⅴ	Ⅵ

(2) 非零矢量和零矢量作用时间计算

对于第Ⅰ扇区，根据式(6-70)可求得非零矢量作用时间分别为

$$\begin{cases} t_4 = k_1 T = \dfrac{\sqrt{2}U_s^* T}{U_{dc}}\sin\left(\dfrac{\pi}{3}-\theta\right) \\ t_6 = k_2 T = \dfrac{\sqrt{2}U_s^* T}{U_{dc}}\sin\theta \end{cases} \tag{6-77}$$

则零矢量作用时间 $t_0 = T - t_4 - t_6$。将式(6-77)中 U_s^* 替换为 U_α^*、U_β^*，有

$$\begin{cases} t_4 = \dfrac{\sqrt{2}\,T}{2U_{dc}}(\sqrt{3}U_\alpha^* - U_\beta^*) \\ t_6 = \dfrac{\sqrt{2}\,T}{U_{dc}}U_\beta^* \end{cases} \tag{6-78}$$

同理，可以求得其他扇区各非零矢量的作用时间，如表 6-6 所列。

当 $t_i + t_j > T$ 时，还需进行过调制处理，设处理后的非零矢量作用时间为 t_i^*、t_j^*，则可将过调制处理表达式分别表示为

$$t_i^* = \begin{cases} t_i, & t_i + t_j \leqslant T \\ \dfrac{t_i}{t_i + t_j}T, & t_i + t_j > T \end{cases} \tag{6-79}$$

$$t_j^* = \begin{cases} t_j, & t_i + t_j \leqslant T \\ \dfrac{t_j}{t_i + t_j} T, & t_i + t_j > T \end{cases} \qquad (6-80)$$

表 6 - 6　不同扇区各非零矢量作用时间

扇区	非零矢量作用时间	扇区	非零矢量作用时间
Ⅰ	$\begin{cases} t_i = t_4 = \dfrac{\sqrt{2}\,T}{2U_{dc}}(\sqrt{3}U_\alpha^* - U_\beta^*) \\ t_j = t_6 = \dfrac{\sqrt{2}\,T}{U_{dc}}U_\beta^* \end{cases}$	Ⅳ	$\begin{cases} t_i = t_1 = -\dfrac{\sqrt{2}\,T}{U_{dc}}U_\beta^* \\ t_j = t_3 = \dfrac{\sqrt{2}\,T}{2U_{dc}}(-\sqrt{3}U_\alpha^* + U_\beta^*) \end{cases}$
Ⅱ	$\begin{cases} t_i = t_2 = -\dfrac{\sqrt{2}\,T}{2U_{dc}}(\sqrt{3}U_\alpha^* - U_\beta^*) \\ t_j = t_6 = \dfrac{\sqrt{2}\,T}{2U_{dc}}(\sqrt{3}U_\alpha^* + U_\beta^*) \end{cases}$	Ⅴ	$\begin{cases} t_i = t_1 = \dfrac{\sqrt{2}\,T}{2U_{dc}}(-\sqrt{3}U_\alpha^* - U_\beta^*) \\ t_j = t_5 = \dfrac{\sqrt{2}\,T}{2U_{dc}}(\sqrt{3}U_\alpha^* - U_\beta^*) \end{cases}$
Ⅲ	$\begin{cases} t_i = t_2 = \dfrac{\sqrt{2}\,T}{U_{dc}}U_\beta^* \\ t_j = t_3 = \dfrac{\sqrt{2}\,T}{2U_{dc}}(-\sqrt{3}U_\alpha^* - U_\beta^*) \end{cases}$	Ⅵ	$\begin{cases} t_i = t_4 = \dfrac{\sqrt{2}\,T}{2U_{dc}}(\sqrt{3}U_\alpha^* + U_\beta^*) \\ t_j = t_5 = -\dfrac{\sqrt{2}\,T}{U_{dc}}U_\beta^* \end{cases}$

（3）非零矢量和零矢量作用序列生成

以七段式 SVPWM 算法为例，根据图 6 - 40 容易得到，对于第 Ⅰ 扇区，逆变器的 A、B、C 三相开关管切换时刻 T_{CMPA}、T_{CMPB}、T_{CMPC} 分别为

$$\begin{cases} T_{CMPA} = t_x = (T - t_i^* - t_j^*)/4 \\ T_{CMPB} = t_y = t_x + t_i^*/2 \\ T_{CMPC} = t_z = t_y + t_j^*/2 \end{cases} \qquad (6-81)$$

同样地，可得其他扇区三相开关管切换时刻 T_{CMPA}、T_{CMPB}、T_{CMPC}，如表 6 - 7 所列。

表 6 - 7　各扇区三相开关管切换时刻 T_{CMPA}、T_{CMPB} 与 T_{CMPC}

N	Ⅰ	Ⅱ	Ⅲ	Ⅳ	Ⅴ	Ⅵ
T_{CMPA}	t_x	t_y	t_z	t_z	t_y	t_x
T_{CMPB}	t_y	t_x	t_x	t_y	t_z	t_z
T_{CMPC}	t_z	t_z	t_y	t_x	t_x	t_y

6.4　交流调速控制系统的装备应用

6.4.1　某全电机动平台热管理系统结构组成

某全电机动平台动力舱配置了发动机和大功率发电机组，为平台电力推进和其

他任务载荷提供电力支撑。为保证发动机-发电机组可靠工作,动力舱配置有如图 6-43 所示的热管理控制系统。

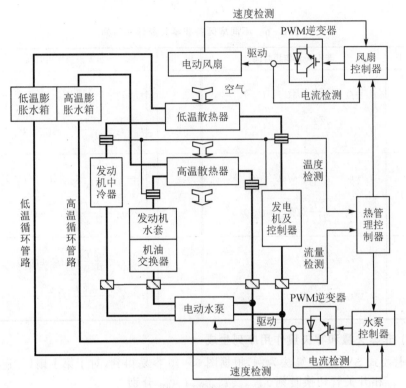

图 6-43 某装甲车辆热管理控制系统结构

系统采用高、低温双循环和多热流并联的冷却结构。其中,低温循环系统主要实现发电机及其控制器的散热;高温循环系统主要进行发动机的散热。高、低温循环水路由一台双路水泵提供动力,低温散热器和高温散热器按风道空间布局,并由一台风扇进行散热,风扇和水泵均采用电驱动方式,驱动电机选用永磁同步电机。

系统采用分层控制模式:上层控制器为热管理控制器,它通过采集散热部件的水路管道进出口温度传感器和流量传感器检测信号,并根据各部件的冷却温度要求,采用多参数自适应控制算法,实时调整电动水泵和电动风扇的设定转速;下层控制器为水泵控制器和风扇控制器,它们根据各自的设定转速,采用转速-电流双闭环结构和空间矢量算法,实现水泵和风扇速度的精确调节。

6.4.2 系统空间矢量算法的 DSP 实现方法

相比于第 5 章中分析的 TMS320LF2407,本节热管理系统中的主控芯片 TMS320F28335 采用了增强型事件管理器构架,以 3 个新的外设模块,即增强型脉宽调制模块(ePWM 模块)、增强型捕获模块(eCAP)、增强型正交编码器脉冲模块(eQEP)取代传统的事件管理器模块(EV 模块)。ePWM 模块是实现空间矢量调制的核心模块,其内部结构如图 6-44 所示。

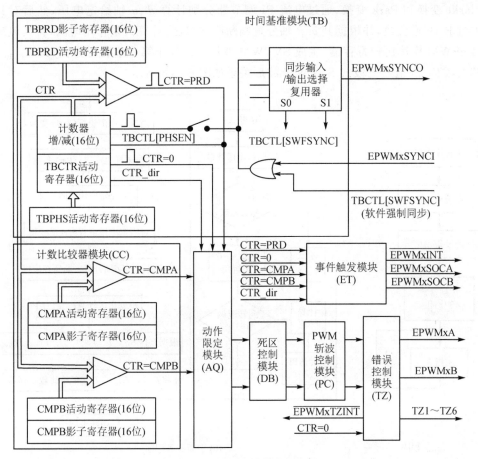

图 6-44 ePWM 模块内部结构

ePWM 模块包含 7 个子模块,其中,时间基准模块(TB 模块)用以产生工作时序,可以设定 PWM 的计数周期、计数方式、同步输入/输出信号等,为了产生对称 PWM 脉冲,一般将其计数方式设定为增/减计数方式。计数比较器模块(CC 模块)的功能是将 TB 模块的输出信号 CTR 和比较寄存器 A、B 中的数值 CMPA、CMPB 比较产生触发事件,输入动作限定模块(AQ 模块)中,生成 PWM 波形。为了防止同一桥臂两个开关管出现"直通"现象,通常还配置了死区控制模块(DB 模块)。此外,ePWM 模块中还设置有斩波控制模块(PC 模块)、错误控制模块(TZ 模块)和事件触发模块(ET 模块)。

在电机矢量控制程序设计时,先需要对 ePWM 模块等外设进行初始化,这部分程序通常放在主程序中,其程序流程如图 6-45(a)所示。当完成所有初始化后,主程序进入空指令循环,等待中断产生。中断服务程序用来实现电机空间矢量控制算法,根据图 6-42 可给出其流程如图 6-45(b)所示。

进入中断后,首先读取电流、电压等系统状态变量,然后判断电机转子位置初始标定是否完成,若未完成则根据 6.2.5 节所述方法完成标定并退出中断,若已完成则读取转子位置角并判断是否到达转速调节时刻,若到达则通过转速 PI 调节器计算获取电流给定,若未到达则电流给定值仍采用前一时刻给定。接下来进行采样电流的

Clarke 变换和 Park 变换，通过电流 PI 调节器分别计算 d、q 轴给定电压，然后对其进行 Park 逆变换，并根据其 α、β 轴分量判断所在扇区，计算矢量作用时间，将其值赋给 ePWM 模块比较寄存器，生成 SVPWM 波形。以处于第 I 扇区时为例，其 T_{CMPA}、T_{CMPB}、T_{CMPC} 值与七段式 SVPWM 波形关系如图 6-46 所示。

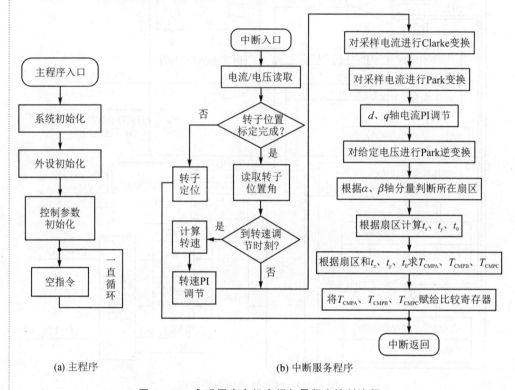

(a) 主程序   (b) 中断服务程序

图 6-45　永磁同步电机空间矢量程序控制流程

SVPWM 算法的
C 语言程序

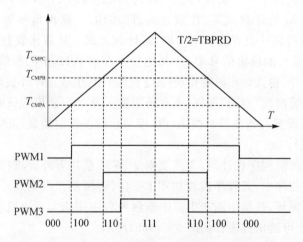

图 6-46　七段式 SVPWM 脉冲波形(处于第 I 扇区时)

本章习题

6.1 永磁同步电机定子绕组中通有三相对称电流,其瞬时值为 $i_A = -1A$,$i_B = 2$ A,请在 A-B-C 坐标系中标出其对应的电流矢量 i_A、i_B、i_C 以及合成电流矢量 i_s,并计算 i_s 的幅值和相位角。

习题 6.1 解析

6.2 为什么说矢量控制是一种自控式控制方式?矢量控制会不会发生失步现象,为什么?

6.3 面装式永磁同步电机是如何变换为一台等效的直流电机的?

6.4 现有三相对称正弦电流 $i_A = i_m \cos(\omega t)$,$i_B = i_m \cos\left(\omega t - \dfrac{2}{3}\pi\right)$,$i_C = i_m \cos\left(\omega t + \dfrac{2}{3}\pi\right)$,根据坐标变换理论将其转换为两相静止坐标系下的 i_α、i_β,并分析两相电流的基本特征与三相电流之间的关系。

习题 6.4 解析

6.5 交流调速控制系统中的 PWM 逆变器调制方法有几种?基本原理是什么?

6.6 为什么 SVPWM 调制比 SPWM 调制直流母线电压利用率更高,请说明原因。

6.7 不同坐标系之间相互变换必须满足的条件有哪些?

6.8 七段式 SVPWM 算法和五段式 SVPWM 算法各有什么优缺点?

6.9 对于如图 6-47 所示的面装式永磁同步电机,采用 $i_d = 0$ 的矢量控制,请在图中标注出定子电流矢量 i_s 的空间位置。若该定子电流矢量的幅值为 $\sqrt{6}$ A,请求取 $\theta = 30°$ 时定子电流 i_A、i_B、i_C 的瞬时值。

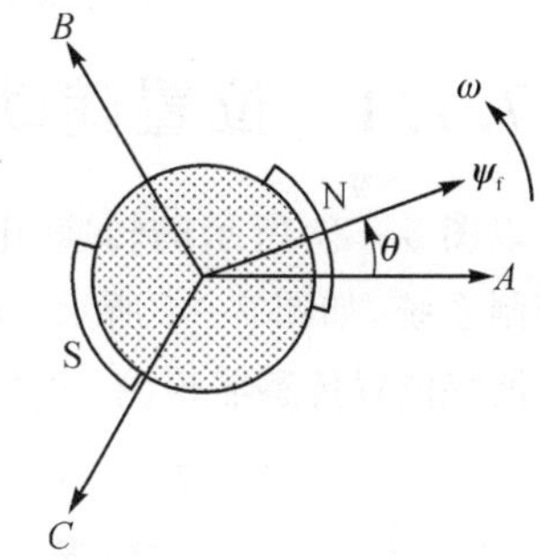

习题 6.9 解析

图 6-47 习题 6.9 图

6.10 在某永磁同步电机控制系统中,三相逆变器直流侧电压为 800 V,调制周期为 2 000 Hz。需调制的空间电压矢量 u_s 的幅值为 350 V,角度为 30°。

习题 6.10 解析

(1) 计算当采用七段式 SVPWM 调制时,逆变器三相桥臂 S_A、S_B、S_C 的开关时间,并绘制开关状态序列图。

(2) 如果空间电压矢量 u_s 的幅值增大为 600 V,重新按(1)进行计算,并说明发生保护对系统控制性能的影响。

第7章 位置随动控制系统

本章导学

第5、6章分析的直流调速控制系统和交流调速控制系统均是以调节电动机转速为控制目标的。在实际工业生产和国防装备领域,还大量存在位置随动控制的情形,如机械臂需要抓取物体放到某个固定位置,坦克火炮需要实时跟踪目标位置变化等。位置随动控制系统可采用调速控制系统外加位置闭环构成,根据系统实际需要可选取直流电机,也可选取交流电机。由第6章分析可知,当采用 $i_d = 0$ 控制时,永磁同步电机简化模型与直流电动机模型基本一致,其分析控制方法也与直流调速系统控制方法类似。为了方便理解并兼顾一般性,本章在分析位置随动控制系统的建模及其控制方法时,采用直流控制系统为对象;在介绍位置随动控制系统装备应用时,采用交流控制系统为对象。当然,这两种结构形式控制系统的分析设计方法是可以相互类推的。

7.1 位置随动控制系统基本结构与工作原理

7.1.1 位置随动控制系统结构组成

以图 5-27 所示的转速-电流双闭环控制系统为例,增加位置闭环可构成位置随动控制系统,如图 7-1 所示。图中,APR 为位置环控制器,其位置反馈信号可以在系统中加装位置传感器检测,也可以利用原有转速传感器检测信号通过积分运算得到。

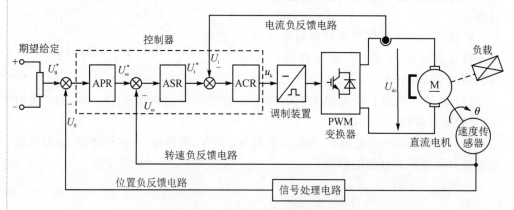

图 7-1 位置随动控制系统结构组成

需要说明的是,图 7-1 中的调节量是电机的转角位置。当位置随动系统所在的载体平台固定在地面,或与惯性参考系相对静止时,若不考虑传动机构间隙等影响,负载位置与电动机的转角成比例关系,可通过其计算得到,此时采用电机转角作为反馈量与采用负载位置作为反馈量不影响控制效果。但是,如果载体平台本身也处于运动状态,要控制负载在惯性空间稳定,其位置就不再是驱动电机转速的积分函数,而是负载在惯性空间运动角速度的积分,与载体平台运动姿态等多个因素紧密相关,也就不能再采用图7-1所示的控制结构。

坦克炮控系统就是一个典型的载体平台运动条件下的系统空间位置跟随系统。为了充分发挥坦克武器威力,同时提高自身的战场生存能力,一般要求坦克具备行进间的精确瞄准和射击能力,也就是说坦克炮控系统必须具备空间稳定功能,在坦克机动过程中保持火炮射角和射向不变,其空间稳定原理如图7-2所示。

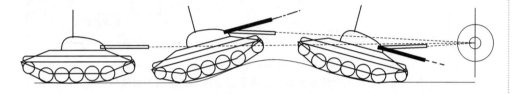

(a) 高低向稳定原理

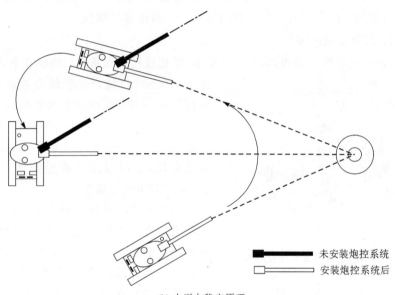

未安装炮控系统

安装炮控系统后

(b) 水平向稳定原理

图7-2 坦克行进间炮控系统空间稳定原理

以高低向为例,对于未安装炮控系统的坦克,当其在起伏路面机动时,火炮射角会随车体俯仰而不断变化,无法始终保持在初始射角上,因此难以在行进间实现精确瞄准射击。在安装炮控系统后,当火炮偏离初始位置时,系统就可以根据传感器检测信号实时产生控制量,并通过驱动机构控制火炮回到初始位置,从而实现火炮的空间位置稳定。对于静止目标来说,实现火炮的空间位置稳定就可以保证其始终对准目标,进行高精度射击。如果目标本身处于运动状态,则要求火炮不仅能保持空间位置稳定,还要能够跟踪目标位置的变化,前者与系统的抗扰性能密切相关,后者还取决于系统的跟随性能。

将图7-1中的位置反馈环节进行改进,可构建适用于载体平台运动条件下的空间位置跟随系统,如图7-3所示。与前述电机转角和转速的检测不同,此时负载位置和角速度信号是相对于惯性空间的,因此需要采用惯性测量元件,坦克炮控系统中常采用的惯性测量元件是陀螺仪。

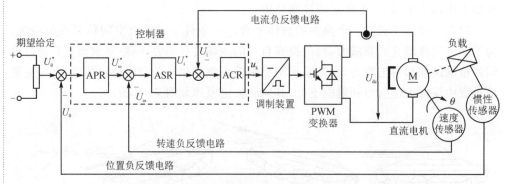

图7-3 适用于载体平台运动条件下的空间位置跟随系统结构组成

一个围绕自身轴线作高速旋转的刚体称之为陀螺,具有稳定支撑的陀螺被称为陀螺仪,常用的陀螺仪有三自由度陀螺仪和二自由度陀螺仪。

（1）三自由度陀螺仪

三自由度陀螺仪结构如图7-4所示,陀螺仪转子支承在轴线相互垂直的两个框架上,转子可以绕自身轴线高速旋转,转子和内框架在一起可以绕内框架轴转动,它们与外框架在一起又可以绕外框架轴转动。由于转子可以绕相互垂直的三个轴转动,故称三自由度陀螺仪,它可以用来测量物体角度位置变化,又称为角度陀螺仪。

三自由度
陀螺仪特性

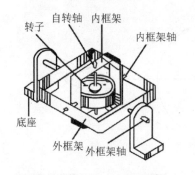

图7-4 三自由度陀螺仪结构

三自由度陀螺仪有两个基本特性,即定轴性和进动性。当陀螺仪转子未转动时,与支承在普通支架上的物体相同,受到外力时转子轴就会沿作用力方向转动;但当陀螺仪转子高速旋转时,不管底座向何方转动,转子轴都不随底座转动,而在惯性空间保持固定方向不变,这种特性称为陀螺仪的定轴性。当陀螺仪转子高速旋转时,若绕外框架轴给外框架施加一定大小的力矩,外框架平面保持不动,内框架却绕内框架轴产生转动;若绕内框架轴给内框架施加力矩,内框架平面保持不动,外框架却绕外框架轴产生转动。即是说,陀螺仪转动方向与外力矩的作用方向并不一致,而是与之垂直,这种特性称为陀螺仪的进动性。

实际应用中的三自由度陀螺仪,由于内、外框架轴承的摩擦力矩、不平衡力矩以及剩磁力矩等作用影响,转子轴在惯性空间的方位不能完全保持不变,而会偏离初始位置,这种现象称之为漂移。陀螺仪漂移速度的快慢是衡量陀螺仪精度的一项重要指标,漂移速度越小,转子轴相对惯性空间的方位稳定精度越高。

（2）二自由度陀螺仪

二自由度陀螺仪结构如图7-5所示,其只有两个转动轴,由于缺少了一个自由

度,因而不具备三自由度陀螺仪的定轴性。当其框架轴受到外力矩作用时,陀螺仪转子将像一般刚体那样沿着力矩方向绕框架轴旋转起来。但是,也正是由于缺少了一个自由度,使得二自由度陀螺仪具有感知绕缺少自由度的那个轴转动的特性。当强迫陀螺仪底座绕该轴转动时,陀螺仪转子将产生陀螺力矩,该力矩与转动角速度成正比,并使陀螺仪框架转动,使转子轴倒向缺少自由度的那个轴向。由于二自由度陀螺仪具有感知角速度的特性,因此又被称为速度陀螺仪。

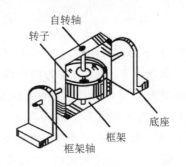

图 7 - 5　二自由度陀螺仪结构

二自由度
陀螺仪特性

较之二自由度陀螺仪,三自由度陀螺仪结构较为复杂,工作可靠性较低。因此,在一些炮控系统中不使用其测量火炮在惯性空间的角度,而是根据二自由度陀螺仪测得的角速度信号通过硬件积分电路获得。

7.1.2　位置随动控制系统的误差分析方法

1. 位置随动控制系统的类型与误差表达式

作为基础,本节首先以图 7-6 所示的系统为例讨论一般位置随动控制系统的跟随误差和扰动误差分析方法。

图 7-6 中,U_θ^* 和 U_θ 系统的位置给定和反馈,$e = \Delta U_\theta - U_\theta$ 是系统误差,T_L 为扰动,$G_1(s)$ 和 $G_2(s)$ 是扰动作用点前、后环节的传递函数,$H(s)$ 是反馈环节传递函数。容易求得系统在给定 U_θ^* 和扰动 T_L 的共同作用下的输出为

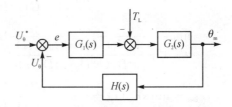

图 7 - 6　位置随动控制系统一般动态结构

$$\theta_m(s) = \frac{G_1(s)G_2(s)}{1+G_1(s)G_2(s)H(s)}U_\theta^*(s) - \frac{G_2(s)}{1+G_1(s)G_2(s)H(s)}T_L(s)$$

$$= \frac{G(s)}{1+G(s)H(s)}U_\theta^*(s) - \frac{G_2(s)}{1+G(s)H(s)}T_L(s) \qquad (7-1)$$

式中,$G(s) = G_1(s)G_2(s)$。

系统误差为

$$E(s) = U_\theta^* - U_\theta(s)$$

$$= \frac{1}{1+G(s)H(s)}U_\theta^*(s) + \frac{G_2(s)H(s)}{1+G(s)H(s)}T_L(s)$$

$$= E_r(s) + E_d(s) \qquad (7-2)$$

进一步,将各环节传递函数表示为尾一标准型,即有

$$G_1(s) = \frac{K_1 N_1(s)}{s^p D_1(s)}, \quad G_2(s) = \frac{K_2 N_2(s)}{s^q D_2(s)}, \quad H(s) = \frac{K_3 N_3(s)}{D_3(s)} \quad (7-3)$$

式中，p、q 分别表示 $G_1(s_1)$ 和 $G_2(s)$ 中所含积分环节的个数；反馈环节 $H(s)$ 一般不含有积分环节，$v=p+q$ 为前向通道积分环节总个数，即为系统的"型"，当 $v=0$、1、2 时分别为 0 型系统、Ⅰ 型系统和 Ⅱ 型系统；$N_1(s)$、$N_2(s)$、$N_3(s)$、$D_1(s)$、$D_2(s)$、$D_3(s)$ 均为常数项为 1 的多项式；K_1、K_2、K_3 为 $G_1(s)$、$G_2(s)$、$H(s)$ 的增益，$K=K_1 K_2 K_3$ 为系统放大倍数，也称系统的开环增益。

将式(7-3)代入式(7-2)，可得

$$\begin{cases} E_r(s) = \dfrac{1}{1+G(s)H(s)} U_\theta^*(s) = \dfrac{1}{1+\dfrac{KN_1(s)N_2(s)N_3(s)}{s^v D_1(s)D_2(s)D_3(s)}} U_\theta^*(s) \\[4mm] E_d(s) = \dfrac{G_2(s)H(s)}{1+G(s)H(s)} T_L(s) = \dfrac{\dfrac{K_2 K_3 N_2(s)N_3(s)}{s^q D_2(s)D_3(s)}}{1+\dfrac{KN_1(s)N_2(s)N_3(s)}{s^v D_1(s)D_2(s)D_3(s)}} T_L(s) \end{cases} \quad (7-4)$$

由式(7-4)可以看出，系统误差由跟随误差 $E_r(s)$ 和扰动误差 $E_d(s)$ 两部分组成，它们分别取决于给定信号和扰动信号的特性，也与系统本身的结构和参数有关。当 $sE_r(s)$、$sE_d(s)$ 的全部极点都位于 s 平面虚轴左侧时，根据 Laplace 变换的终值定理，可以求出跟随误差和扰动误差的稳态值为

$$e_{rss} = \lim_{s \to 0} sE_r(s) - \lim_{n \to \infty} \frac{s}{1+G(s)H(s)} U_\theta^*(s)$$

$$= \lim_{s \to 0} \frac{s}{1+\dfrac{KN_1(s)N_2(s)N_3(s)}{s^v D_1(s)D_2(s)D_3(s)}} U_\theta^*(s) = \lim_{n \to \infty} \frac{s}{1+K/s^v} U_\theta^*(s) \quad (7-5)$$

$$e_{dss} = \lim_{s \to 0} sE_d(s) = \lim_{s \to 0} \frac{sG_2(s)H(s)}{1+G(s)H(s)} T_L(s)$$

$$= \lim_{s \to 0} \frac{\dfrac{K_2 K_3 N_2(s)N_3(s)}{s^{q-1} D_2(s)D_3(s)}}{1+\dfrac{KN_1(s)N_2(s)N_3(s)}{s^v D_1(s)D_2(s)D_3(s)}} T_L(s) = \lim_{s \to 0} \frac{K_2 K_3/s^{q-1}}{1+K/s^v} T_L(s) \quad (7-6)$$

下面根据式(7-5)和式(7-6)分别分析系统的跟随误差和扰动误差。

2. 系统跟随误差与静态位置误差系数

位置随动控制系统的典型给定输入信号通常有阶跃输入 $U_\theta^*(t) = \theta_m^* \times 1(t)$、斜坡输入 $U_\theta^*(t) = \theta_m^* t \times 1(t)$ 和抛物线输入 $U_\theta^*(t) = \frac{1}{2}\theta_m^* t^2 \times 1(t)$ 3 种。对于坦克炮控系统来说，3 种输入分别对应于对静止目标、匀速运动目标和匀加速目标瞄准跟踪的情形。下面分别对其跟随误差进行分析。

(1) 阶跃输入

对于阶跃输入，其 Laplace 变换式为 $U_\theta^*(s) = \theta_m^*/s$，由式(7-5)可得

$$e_{rss} = \lim_{s \to 0} \frac{\theta_m^*}{1 + G(s)H(s)} = \lim_{s \to 0} \frac{\theta_m^*}{1 + K/s^v} \qquad (7-7)$$

定义静态位置误差系数

$$K_p = \lim_{s \to 0} G(s)H(s) = \lim_{s \to 0} K/s^v \qquad (7-8)$$

则有

$$e_{rss} = \frac{\theta_m^*}{1 + K_p} \qquad (7-9)$$

由此可得不同型别系统的阶跃跟踪稳态误差如表7-1所列。

表7-1 不同型别系统的阶跃跟踪稳态误差

系统的型别	$v=0$	$v=1$	$v \geqslant 2$
阶跃跟踪稳态误差	$\theta_m^*/(1+K)$	0	0

不同型别系统的阶跃响应曲线如图7-7所示,仅0型系统有阶跃跟踪稳态误差,其大小与阶跃输入的幅值成正比,与系统的开环增益 K 近似成反比。对于 I 型及 I 型以上系统来说,其阶跃跟踪稳态误差为零。

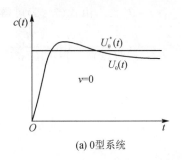
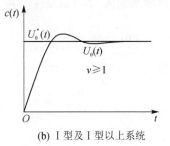

各型系统阶跃
跟踪模型

(a) 0型系统　　　　　　　　(b) I 型及 I 型以上系统

图7-7 不同型别系统的阶跃响应曲线

（2）斜坡输入

对于斜坡输入,其 Laplace 变换式为 $U_\theta^* = \theta_m^*/s^2$,由式(7-5)可得

$$e_{rss} = \lim_{s \to 0} \frac{s}{1 + G(s)H(s)} \frac{\theta_m^*}{s^2} = \lim_{s \to 0} \frac{\theta_m^*}{sG(s)H(s)} = \lim_{s \to 0} \frac{\theta_m^*}{K/s^{v-1}} \qquad (7-10)$$

定义静态速度误差系数

$$K_v = \lim_{s \to 0} sG(s)H(s) = \lim_{s \to 0} K/s^{v-1} \qquad (7-11)$$

则有

$$e_{rss} = \frac{\theta_m^*}{K_v} \qquad (7-12)$$

由此可得不同型别的系统的斜坡跟踪稳态误差如表7-2所列。

表7-2 不同型别系统的斜坡跟踪稳态误差

系统的型别	$v=0$	$v=1$	$v \geqslant 2$
斜坡跟踪稳态误差	∞	θ_m^*/K	0

不同型别系统的斜坡响应曲线如图 7-8 所示，0 型系统由于其输出量的变化速度小于输入量的变化速度，因此输出量不能跟踪输入量的变化，斜坡跟踪稳态误差趋于无穷大。Ⅰ型系统稳态时的输出量与输入量虽以相同的速度变化，但前者与后者在位置上相差一个常量，即是斜坡跟踪稳态误差。Ⅱ型及Ⅱ型以上系统稳态情况下的输出量与输入量不仅速度相等，而且位置相同，其斜坡跟踪稳定误差为零。

各型系统斜坡
跟踪模型

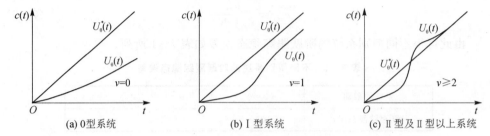

图 7-8　不同型别系统的斜坡响应曲线

(3)抛物线输入

对于抛物线输入，其 Laplace 变换式为 $U_\theta^*(s)=\theta_m^*/s^3$，由式(7-5)可得

$$e_{rss}=\lim_{s\to0}\frac{s}{1+G(s)H(s)}\frac{\theta_m^*}{s^3}=\lim_{s\to0}\frac{\theta_m^*}{s^2G(s)H(s)}=\lim_{s\to0}\frac{\theta_m^*}{K/s^{v-2}}\qquad(7-13)$$

定义静态加速度误差系数

$$K_a=\lim_{s\to0}s^2G(s)H(s)=\lim_{s\to0}K/s^{v-2}\qquad(7-14)$$

则有

$$e_{rss}=\frac{\theta_m^*}{K_a}\qquad(7-15)$$

由此可得不同型别系统的抛物线跟踪稳态误差如表 7-3 所列。

表 7-3　不同型别系统的抛物线跟踪稳态误差

系统的型别	$v\leqslant1$	$v=2$	$v\geqslant3$
抛物线跟踪稳态误差	∞	θ_m^*/K	0

不同型别系统的抛物线响应曲线如图 7-9 所示，0 型和Ⅰ型系统都不能跟踪抛物线输入信号，其抛物线跟踪稳态误差趋于无穷大。Ⅱ型系统能跟踪，但存在抛物线跟踪稳态误差。Ⅲ型及Ⅲ型以上系统的输出量与输入量不仅速度和加速度相同，而且位置也相同，其抛物线跟踪稳态误差为零。

综合上述分析，输入信号的阶次越低，系统越容易实现无静差跟踪。另外，增加系统开环传递函数中的积分环节个数(即提高系统的型别)可提高系统的跟踪能力。v 型及以上型别的系统，可做到对 v 阶及以下阶次输入信号的无静差跟踪。

对于位置随动控制系统来说，由于角位移是角速度在时间上的积分，控制对象中一般都含有积分环节，因此 $v\geqslant1$，不可能出现 0 型系统；而Ⅲ型和Ⅲ型以上的系统是很难稳定的，因此，通常多为Ⅰ型和Ⅱ型系统。

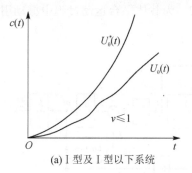

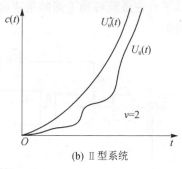

各型系统抛物线
跟踪模型

(a) Ⅰ型及Ⅰ型以下系统   (b) Ⅱ型系统

图 7-9 不同型别系统的抛物线响应曲线

3. 系统扰动误差

与跟随误差分析方法类似,可以求取不同扰动形式作用下各型系统产生的扰动误差,此处以单位阶跃扰动为例进行分析。

对于单位阶跃扰动 $T_L(s)=1/s$,代入式(7-6),并考虑到位置随动控制系统中 $v \geqslant 1$,可得

$$e_{dss} = \lim_{s \to 0} \frac{G_2(s)H(s)}{1+G(s)H(s)} = \lim_{s \to 0} \frac{K_2K_3/s^q}{1+K/s^v} = \lim_{s \to 0} \frac{s^p}{K_1} \qquad (7-16)$$

根据式(7-16)可知,扰动误差 e_{dss} 与扰动信号的形式、扰动作用点以前部分的增益 K_1 和积分环节个数 p 有关。

当位置随动控制系统为Ⅰ型系统时,考虑到控制对象中的最后一个环节通常是将角速度积分得到角位移,为积分环节,也即是,如果扰动力矩不包含在除位置环外的其他闭环中时,$G_2(s)$ 中通常包含一个积分环节,$G_1(s)$ 中不包含积分环节,则有 $p=0$、$q=1$,因此,$e_{dss}=1/K_1$。

当位置随动控制系统为Ⅱ型系统时,仍考虑 $G_2(s)$ 中包含一个积分环节,$G_1(s)$ 中也包含一个积分环节(一般是由于系统控制器中采用积分环节形成的),则有 $p=1$、$q=1$,因此,$e_{dss}=0$。

综合比较位置随动控制系统对各种给定信号的跟踪误差和对阶跃扰动的误差,Ⅱ型系统比Ⅰ型系统更好一些。

7.2 位置随动控制系统建模与多闭环控制

7.2.1 位置随动控制系统的数学建模

为了分析方便,首先分析载体平台处于静止状态的数学模型。此时,负载的角位移可由电机角速度积分,并乘以传动装置的减速系数得到,结合图 7-1,可建立位置随动控制系统的开环数学模型,如图 7-10 所示。图中,K_J 为动力传动装置的减速比,T_f 为摩擦力矩。

进一步,当考虑载体平台运动影响时,其数学模型可转化为图 7-11。图中,ω_p

为载体平台在负载转动平面的角速度折算值，T_d 为载体平台运动过程中振动引起的扰动力矩。

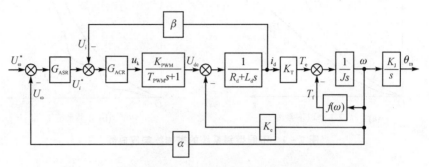

图 7-10　载体平台静止时位置随动控制系统开环数学模型

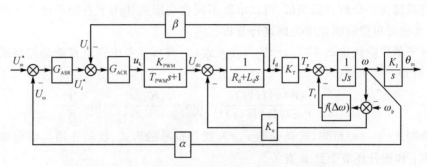

图 7-11　载体平台运动时位置随动控制系统开环数学模型

进一步，将摩擦力矩 T_f 与振动引起的扰动力矩 T_d 简化为总的负载扰动 T_L，可得位置随动控制系统的简化模型如图 7-12 所示。

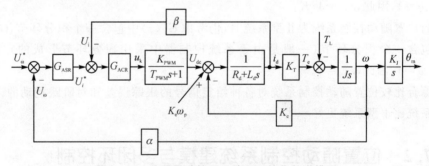

图 7-12　位置随动控制系统开环简化数学模型

7.2.2　电流-转速-位置三闭环控制

如图 7-3 所示，对于位置随动控制系统来说，可以在转速-电流双闭环调速控制系统的基础上，再增设一个位置环，构成电流-转速-位置三闭环控制系统，如图 7-13 所示。图中，γ 为位置反馈系数。

为了简化分析，设 $\gamma=1$。同时考虑到系统工程设计时，一般将转速闭环校正为典型 II 型系统（具体设计方法将在第 9 章进行阐述），其开环传递函数描述为

$$G_{\text{op},n}(s) = \frac{K_{\text{op},n}(\tau_n s + 1)}{s^2(T_{\Sigma n}s + 1)} \qquad (7-17)$$

则图 7 - 13 可转化为如图 7 - 14 所示。

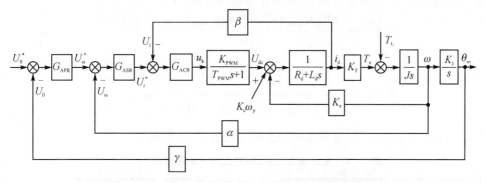

图 7 - 13　电流-转速-位置三闭环控制系统数学模型

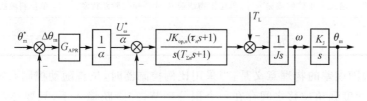

图 7 - 14　转速环校正为典型 Ⅱ 型系统时的系统数学模型

进一步化简可得如图 7 - 15 所示的系统位置环控制数学模型。

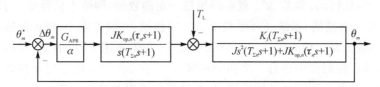

图 7 - 15　系统位置环控制数学模型

如果位置环控制器采用比例控制器,即 $G_{\text{APR}}(s) = K_{\text{p}}$ 时,可求得系统闭环传递函数为

$$\theta_{\text{m}}(s) = \frac{K_{\text{p}}K_{\text{op},n}K_{\text{J}}(\tau_n s + 1)/\alpha}{s^3(T_{\Sigma n}s + 1) + K_{\text{op},n}s(\tau_n s + 1) + K_{\text{p}}K_{\text{op},n}K_{\text{J}}(\tau_n s + 1)/\alpha}\theta_{\text{m}}^*(s) -$$

$$\frac{K_{\text{J}}s(T_{\Sigma n}s + 1)/J}{s^3(T_{\Sigma n}s + 1) + K_{\text{op},n}s(\tau_n s + 1) + K_{\text{p}}K_{\text{op},n}K_{\text{J}}(\tau_n s + 1)/\alpha}T_{\text{L}}(s)$$

$$(7-18)$$

其特征方程式为

$$T_{\Sigma n}s^4 + s^3 + K_{\text{op},n}\tau_n s^2 + K_{\text{op},n}(1 + K_{\text{p}}K_{\text{J}}\tau_n/\alpha)s + K_{\text{p}}K_{\text{op},n}K_{\text{J}}/\alpha = 0$$

$$(7-19)$$

根据 Routh 稳定判据,可求得系统的稳定条件为

$$\begin{cases} \tau_n - T_{\Sigma n} - K_p \tau_n K_J T_{\Sigma n}/\alpha > 0 \\ K_{\text{op},n}\tau_n(1 + K_p K_J \tau_n/\alpha) - K_{\text{op},n}T_{\Sigma n}(1 + K_p K_J \tau_n/\alpha)^2 - K_p K_J/\alpha > 0 \end{cases}$$

$$(7-20)$$

进一步,将图 7-15 描述为图 7-6 的典型结构时,有

$$\begin{cases} G_1(s) = \dfrac{JK_p K_{\text{op},n}(\tau_n s + 1)/\alpha}{s(T_{\Sigma n}s + 1)} \\ \\ G_2(s) = \dfrac{K_J(T_{\Sigma n}s + 1)}{Js^2(T_{\Sigma n}s + 1) + JK_{\text{op},n}(\tau_n s + 1)} \end{cases}$$

$$(7-21)$$

根据 7.1.2 节分析结果,可得系统稳态误差如表 7-4 所列。

表 7-4　系统稳态误差(采用比例控制器时)

跟随误差			扰动误差	
单位阶跃输入	单位斜坡输入	单位抛物线输入	单位阶跃扰动	单位斜坡扰动
0	$\dfrac{\alpha}{K_p K_J}$	∞	0	$\dfrac{\alpha}{JK_p K_{\text{op},n}}$

系统跟随误差的物理意义是:当采用比例控制器时,位置随动控制系统为 I 型系统,只有角速度到角位移之间存在一个积分环节,在阶跃输入下,只要 $\Delta\theta_m \neq 0$,电动机就要转动,当不考虑扰动作用时,电动机将一直转到角位移偏差等于零时为止,因此稳态时跟随误差为零;如果是斜坡输入,给定位置信号 θ_m^* 不断增长,要实现跟踪必须保持电动机转动,偏差 $\Delta\theta_m$ 就必须维持一定的数值,即输入信号 θ_m^* 与输出信号 θ_m 之间一定是有差的,系统开环增益 $K_p K_J/\alpha$ 值越大,误差越小,因此跟随误差是开环增益的倒数。要实现对斜坡输入的无差跟踪,必须采用 PI 控制器,使得系统变成 II 型系统,即在控制器中还有一个积分环节,可以在 $\Delta\theta_m = 0$ 的情况下保持一定的控制电压,以满足电机不断转动的需要,从而使得跟随误差最终为零。

位置环采用
PI 控制的系
统仿真模型

采用电流-转速-位置三闭环控制结构时,位置环的截止频率往往被限制的很低,截止频率表征了系统响应的快速性,截止频率低意味着系统响应的快速性较差。因此,这类三环控制系统通常适用于对快速跟踪性能要求不高的场合。对于炮控系统来说,如果系统响应速度过慢,容易造成"牵移"现象,其产生原因是:坦克在行进间转向时,由于摩擦力矩等牵连影响,会致使炮塔随车体转向。当炮控系统采用位置反馈控制时,控制器可以产生相应的反向力矩,阻止其运动,保持稳定状态,此时系统的受力如图 7-16 所示。显然,抑制"牵移"的控制力矩要产生的非常及时,即控制系统的动态响应

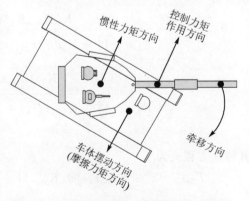

图 7-16　炮控系统"牵移"现象受力示意图

速度要非常快,才能保证射角基本不变。如果系统的响应速度过慢,则无法保持射角不变,导致目标丢失,影响高精度射击能力。

7.2.3 电流-位置双闭环控制

既然造成系统响应速度过慢的原因是采用多闭环结构,限制了位置环的截止频率,那么可考虑舍去多环结构,如将三环结构变成两环结构,从而提高系统的快速性。电流闭环控制可以控制启、制动电流,加速电流的响应过程。对于交流电机,电流闭环还具有改造对象的作用,实现励磁分量和转矩分量的解耦,得到等效的直流电机模型,应该保留。位置环控制器是实现位置跟随的必要基础,也不能舍去。因此,可考虑去掉转速调节器,构成电流-位置双闭环控制系统,如图 7-17 所示。

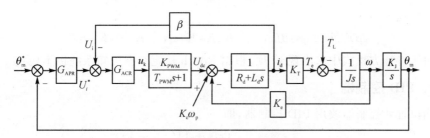

图 7-17 电流-位置双闭环控制系统数学模型

如果将电流环校正为典型 I 型系统(具体设计方法将在第 9 章进行阐述),其闭环传递函数描述为

$$G_{\mathrm{cl},i}(s) = \frac{1/\beta}{2T_{\Sigma i}s+1} \tag{7-22}$$

则根据第 9 章中的化简方法可将系统数学模型转化为如图 7-18 所示。

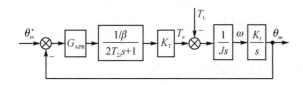

图 7-18 电流环校正为典型 I 型系统时的系统数学模型

下面分析位置环控制器的设计。

1. 比例控制器

当位置环控制器采用比例控制器,即 $G_{\mathrm{APR}}(s)=K_{\mathrm{p}}$ 时,可求得系统闭环传递函数为

$$\theta_{\mathrm{m}}(s) = \frac{K_{\mathrm{p}}K_{\mathrm{T}}K_{\mathrm{J}}}{\beta J s^2(2T_{\Sigma i}s+1)+K_{\mathrm{p}}K_{\mathrm{T}}K_{\mathrm{J}}}\theta_{\mathrm{m}}^*(s) - \frac{K_{\mathrm{J}}\beta(2T_{\Sigma i}s+1)}{\beta J s^2(2T_{\Sigma i}s+1)+K_{\mathrm{p}}K_{\mathrm{T}}K_{\mathrm{J}}}T_{\mathrm{L}}(s)$$

$$\tag{7-23}$$

其特征方程式为

比例控制位置
随动系统
仿真模型

$$2T_{\Sigma i}\beta J s^3 + \beta J s^2 + K_p K_T K_J = 0 \tag{7-24}$$

由于特征方程式中未出现 s 项,根据 Routh 稳定判据易知系统不稳定。

2. PI 控制器

当位置环控制器采用 PI 控制器,即

$$G_{APR}(s) = K_p \frac{\tau_I s + 1}{\tau_I s} \tag{7-25}$$

时,可求得系统闭环传递函数为

$$\theta_m(s) = \frac{K_p K_T K_J (\tau_I s + 1)\theta_m^*(s) - \beta K_J \tau_I s (2T_{\Sigma i} s + 1) T_L(s)}{\beta J \tau_I s^3 (2T_{\Sigma i} s + 1) + K_p K_T K_J (\tau_I s + 1)} \tag{7-26}$$

其特征方程式为

$$2\beta T_{\Sigma i} J \tau_I s^4 + \beta J \tau_I s^3 + K_p K_T K_J \tau_I s + K_p K_T K_J = 0 \tag{7-27}$$

由于特征方程式中未出现 s^2 项,根据 Routh 稳定判据可知系统仍不稳定。

3. PID 控制器

当位置环控制器改用 PID 控制器,即

$$G_{APR}(s) = K_p \frac{(\tau_I s + 1)(\tau_d s + 1)}{\tau_I s} \tag{7-28}$$

时,可求得系统闭环传递函数为

$$\theta_m(s) = \frac{K_p K_T K_J (\tau_I s + 1)(\tau_d s + 1)\theta_m^*(s) - \beta K_J \tau_I s (2T_{\Sigma i} s + 1) T_L(s)}{\beta J \tau_I s^3 (2T_{\Sigma i} s + 1) + K_p K_T K_J (\tau_I s + 1)(\tau_d s + 1)}$$

$$\tag{7-29}$$

其特征方程式为

$$2\beta T_{\Sigma i} J \tau_I s^4 + \beta J \tau_I s^3 + K_p K_T K_J \tau_I \tau_d s^2 + K_p K_T K_J (\tau_I + \tau_d) s + K_p K_T K_J = 0$$

$$\tag{7-30}$$

根据 Routh 稳定判据,可求得系统的稳定条件为

$$\begin{cases} \tau_I \tau_d > 2T_{\Sigma i}(\tau_I + \tau_d) \\ K_p K_T K_J (\tau_I + \tau_d)(\tau_I \tau_d - 2T_{\Sigma i}(\tau_I + \tau_d)) - \beta J \tau_I > 0 \end{cases} \tag{7-31}$$

7.2.4 微分负反馈控制

除了将 PI 控制器改进为 PID 控制器使得系统稳定外,还可以通过微分负反馈改善系统的稳定性,即位置环控制器仍采用 PI 控制器,同时引入位置的微分负反馈,构成转速局部负反馈,此时系统数学模型如图 7-19 所示,并由此求得系统闭环传递函数为

$$\theta_m(s) = \frac{K_p K_T K_J (\tau_I s + 1)\theta_m^*(s) - \beta K_J \tau_I s (2T_{\Sigma i} s + 1) T_L(s)}{\beta J \tau_I s^3 (2T_{\Sigma i} s + 1) + K_p K_T K_J (\tau_I s + 1)(\tau_d s + 1)} \tag{7-32}$$

**PI 控制位置
随动系统
仿真模型**

**PID 控制位置
随动系统
仿真模型**

**微分负反馈
位置随动系统
仿真模型**

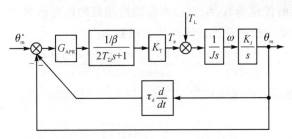

图 7-19 引入微分负反馈时的系统数学模型

对比式(7-32)与式(7-29)可知,采用微分负反馈与采用 PID 控制时系统的特征方程式相同,即系统的稳定性相同。同时,对扰动信号的传递函数相同,即系统的抗扰性能也是一致的,只是其输入信号跟踪项少了一个零点,因此在跟随动态性能上略有差别。

需要说明的是,当采用电流-位置双闭环控制结构时,系统的稳定性和某些动态性能会受到影响,如对于电流-转速-位置三闭环控制系统,采用比例控制、PI 控制均可以保证系统稳定,但是对于电流-位置双闭环控制系统则必须采用 PID 控制或 PI 控制与微分负反馈相结合才能实现系统稳定。对于采用 PID 控制的电流-位置双闭环系统,将其描述为图 7-6 的典型结构时,有

$$\begin{cases} G_1(s) = \dfrac{K_{\mathrm{p}} K_{\mathrm{T}} (\tau_{\mathrm{I}} s + 1)(\tau_{\mathrm{d}} s + 1)}{\beta \tau_{\mathrm{I}} s \left(2 T_{\Sigma i} s + 1 \right)} \\[4mm] G_2(s) = \dfrac{K_{\mathrm{J}}}{J s^2} \end{cases} \tag{7-33}$$

即系统为Ⅲ型系统,型别过高会影响系统的稳定性,并降低系统动态性能,其控制难度也会大大增加。

7.3 基于前馈补偿的位置随动控制系统复合控制

7.3.1 按输入补偿的复合控制

前述分析的位置随动系统,无论是采用三闭环控制结构还是双闭环控制结构,都是通过位置调节器来实现反馈控制的,给定信号的变化要经过位置调节器才能起作用。在设计位置调节器时,为了保证整个系统的稳定性,其快速性往往不太好,因此系统跟随性能也会受到影响。为了进一步提高系统跟随性能,可以从给定信号直接引出开环前馈控制,与闭环反馈控制一起构成复合控制系统,这种复合控制一般被称为按输入补偿的复合控制,该系统结构原理如图 7-20 所示。图中,$G_3(s)$ 为反馈控制器的传递函数,

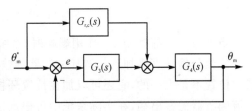

图 7-20 按输入补偿的复合控制系统结构

$G_4(s)$ 为控制对象的传递函数，$G_{r,c}(s)$ 为前馈控制器的传递函数。

可以求得，该复合控制系统的闭环传递函数为

$$\frac{\theta_m(s)}{\theta_m^*(s)} = \frac{G_3(s)G_4(s) + G_{r,c}(s)G_4(s)}{1 + G_3(s)G_4(s)} \qquad (7-34)$$

选取前馈控制器的传递函数为

$$G_{r,c}(s) = \frac{1}{G_4(s)} \qquad (7-35)$$

并代入式(7-34)，可得

$$\frac{\theta_m(s)}{\theta_m^*(s)} = 1 \qquad (7-36)$$

即当前馈控制器设计满足式(7-35)时，系统输出量能够完全复现给定输入量，则其稳态和动态跟随误差都为零，也就是说，对系统给定输入实现了"完全不变性"。

对于图7-20所示的系统，当不采用前馈控制器时，其闭环传递函数为

$$\frac{\theta_m(s)}{\theta_m^*(s)} = \frac{G_3(s)G_4(s)}{1 + G_3(s)G_4(s)} \qquad (7-37)$$

比较式(7-37)与式(7-34)可以发现，增加前馈控制器前后系统闭环传递函数特征方程式完全相同，因此系统具有相同的闭环极点，也就是说，增加前馈控制器不会影响原系统稳定性。在实际位置随动控制系统中，其控制对象传递函数可描述为

$$G_4(s) = \frac{K_4 N_4(s)}{s^q D_4(s)} \qquad (7-38)$$

一般地，$G_4(s)$ 中至少含有一个积分环节，即 $q \geqslant 1$，且 $D_4(s)$ 的阶次高于 $N_4(s)$，因此根据式(7-35)，前馈控制器的传递函数应设计为

$$G_{r,c}(s) = \frac{1}{G_4(s)} = \frac{s^q D_4(s)}{K_4 N_4(s)} \qquad (7-39)$$

由此可知，要实现给定输入的"完全不变性"，需要引入输入信号的各阶导数作为前馈控制信号。在实际系统中，理想的高阶微分器很难实现，即使实现了，也会同时引入高频干扰信号而影响系统控制性能，严重时还会导致系统失稳，因此实际系统中一般只引入输入信号的低阶微分信号近似地实现"完全不变性"。

以前面分析的电流-转速-位置三闭环控制系统为例，对于图7-15所示的系统，假设位置环仍采用比例控制器(即 $G_{APR}(s) = K_p$)，同时取输入信号的一阶微分信号作为前馈补偿信号(即 $G_{r,c}(s) = \lambda_1 s$)，考虑到微分信号的滤波，取

$$G_{r,c}(s) = \frac{\lambda_1 s}{T_F s + 1} \qquad (7-40)$$

当不考虑外部扰动 T_L 作用影响时，系统数学模型如图7-21所示。图中，给定信号的微分信号直接加到位置环控制器的输出端，实现前馈补偿。当然，这个前馈补偿的位置不是唯一的，它还可以加在位置环控制器的输入端，也可以是转速调节器或电流调节器的输出端，在实际系统中可根据设计需要进行选择。

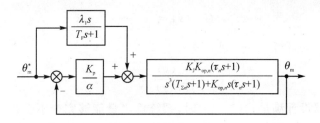

图 7-21 采用输入前馈补偿的系统数学模型

根据图 7-21,可求得系统闭环传递函数为

$$G_{\text{cl}}(s) = \frac{K_{\text{J}} K_{\text{op},n}(\tau_n s + 1)(K_{\text{p}}(T_{\text{F}}s + 1)/\alpha + \lambda_1 s)}{(T_{\text{F}}s + 1)\left[s^3\left(T_{\Sigma n}s + 1\right) + K_{\text{op},n}(\tau_n s + 1)(s + K_{\text{p}}K_{\text{J}}/\alpha) \right]}$$

(7-41)

前馈补偿位置
随动系统
仿真模型

可求得其等效的单位反馈开环传递函数为

$$G_{\text{op}}(s) = \frac{K_{\text{J}} K_{\text{op},n}(\tau_n s + 1)(K_{\text{p}}(T_{\text{F}}s + 1)/\alpha + \lambda_1 s)}{T_{\text{F}}s^2\left[s^2\left(T_{\Sigma n}s + 1\right) + K_{\text{op},n}(\tau_n s + 1) \right] + \left[s^2\left(T_{\Sigma n}s + 1\right) + K_{\text{op},n}(\tau_n s + 1)(1 - K_{\text{J}}\lambda_1) \right]s}$$

(7-42)

取 $\lambda_1 = 1/K_{\text{J}}$,则有

$$G_{\text{op}}(s) = \frac{K_{\text{op},n}(\tau_n s + 1)(K_{\text{J}}K_{\text{p}}(T_{\text{F}}s + 1)/\alpha + s)}{s^2\left[s\left(T_{\Sigma n}s + 1\right)(T_{\text{F}}s + 1) + K_{\text{op},n}T_{\text{F}}(\tau_n s + 1) \right]}$$

(7-43)

当未引入前馈控制时,原系统为Ⅰ型系统。当引入前馈控制式(7-40),且取 $\lambda_1 = 1/K_{\text{J}}$ 时,可以使系统由Ⅰ型系统转变为Ⅱ型系统,从而使得系统对斜坡输入的跟随误差为 0,也就是说,采用复合控制可提高系统对给定信号的跟踪能力,同时不影响稳定性。这样就很好地解决了一般反馈控制系统在提高稳定精度和保证系统稳定性之间的矛盾。

7.3.2 按扰动补偿的复合控制

除了采用按输入补偿的复合控制来提高系统的跟随性能外,也可以设计按扰动补偿的复合控制来提高系统的抗扰性能,其结构原理如图 7-22 所示。图中,$G_{\text{d,c}}(s)$ 为扰动前馈补偿装置传递函数。

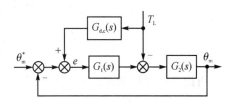

图 7-22 按扰动补偿的复合控制系统结构

根据图 7-22,设 $\theta_{\text{m}}^* = 0$,可求得扰动作用下系统的输出为

$$\theta_{\text{m}}(s) = -\frac{G_2(s)(1 - G_{\text{d,c}}(s)G_1(s))}{1 + G_1(s)G_2(s)} T_{\text{L}}(s)$$

(7-44)

选取前馈控制器的传递函数为

$$G_{\text{d,c}}(s) = \frac{1}{G_1(s)} \tag{7-45}$$

并代入式(7-44),可得

$$\frac{\theta_{\text{m}}(s)}{T_{\text{L}}(s)} = 0 \tag{7-46}$$

即当前馈控制器设计满足式(7-45)时,系统输出量能够完全不受扰动影响,也就是对扰动实现了"完全补偿"。与按输入补偿的复合控制类似,按扰动补偿的复合控制也不会改变系统的特征方程式,因此不会影响系统的稳定性;同样地,由于高阶微分器很难实现,因此实际系统中一般也只引入扰动信号的低阶微分信号近似地实现"完全补偿"。

仍以图7-15所示的系统为例,位置环控制器采用比例控制器(即 $G_{\text{APR}}(s) = K_{\text{p}}$,同时取扰动信号的一阶微分信号作为前馈补偿信号(即 $G_{\text{d,c}}(s) = \lambda_2 s$),暂不考虑其滤波时,系统数学模型图7-23所示。

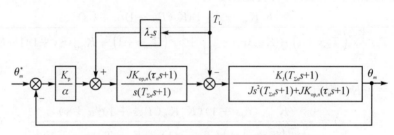

图 7-23 采用扰动前馈补偿的系统数学模型

扰动补偿位置
随动系统
仿真模型

根据式(7-44),可求得系统输出为

$$\theta_{\text{m}}(s) = -\frac{K_{\text{J}}s\left(T_{\Sigma n}s+1\right)/J - \lambda_2 K_{\text{op},n}K_{\text{J}}(\tau_n s+1)}{s^3\left(T_{\Sigma n}s+1\right) + K_{\text{op},n}s(\tau_n s+1) + K_{\text{p}}K_{\text{op},n}K_{\text{J}}(\tau_n s+1)/\alpha} T_{\text{L}}(s) \tag{7-47}$$

取 $\lambda_2 = 1/(JK_{\text{op},n})$,则有

$$\theta_{\text{m}}(s) = -\frac{K_{\text{J}}\left(T_{\Sigma n} - \tau_n\right)s^2/J}{s^3\left(T_{\Sigma n}s+1\right) + K_{\text{op},n}s(\tau_n s+1) + K_{\text{p}}K_{\text{op},n}K_{\text{J}}(\tau_n s+1)/\alpha} T_{\text{L}}(s) \tag{7-48}$$

当扰动信号取为单位斜坡扰动 $T_{\text{L}}(s) = 1/s^2$ 时,可得系统的输出

$$\theta_{\text{m}}(\infty) = 0 \tag{7-49}$$

对比表7-4可知,原系统对斜坡扰动存在稳态误差 $\alpha/(JK_{\text{p}}K_{\text{op},n})$,采用按扰动补偿的前馈控制可使其稳态误差减小为零,也即是说采用复合控制可提高系统对扰动信号的抑制能力,同时不影响系统的稳定性。但是需要说明的是,在实际系统中,采用扰动前馈补偿首先要求扰动信号可以测量,同时前馈装置还必须可以物理实现,并力求简单。此外,由于前馈控制本质上是一种开环控制,因此要求构成前馈装置的元部件具有较高的参数稳定性,否则将会削弱补偿效果,并给系统带来新的控制误差。

7.4 位置随动控制系统的装备应用

7.4.1 某数字式交流全电炮控系统的结构组成

某数字式交流全电炮控系统主要部件安装位置如图7-24所示。炮长操纵台安装在炮长前方的高低机支臂上;炮控箱和水平向电机驱动箱安装在炮长座位左前方的炮塔座圈上方;水平向电机固定在方向机上;高低向电机驱动箱安装在火炮下方的摇架上;高低向电机固定在丝杠上,位于火炮右侧,丝杠通过吊环一端固定在炮塔上,另一端与火炮摇架连接。为了保留手动调炮功能,系统仍安装有高低机,固定于炮长右前方火炮摇架支架上。该系统采用基于前馈补偿的复合控制结构,反馈控制采用陀螺仪组,检测火炮相对于惯性空间的角速度,陀螺仪组位于火炮摇架的下部。前馈控制采用车体陀螺和炮塔陀螺,检测坦克机动过程中底盘-火炮耦合振动引起的扰动。驱动电机内部安装有旋转变压器,检测电机的角速度和角位移。

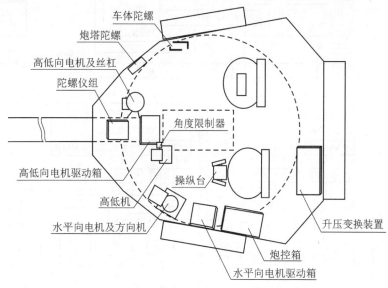

图7-24 某数字式交流全电炮控系统组成与安装位置

较之第5章的直流PWM驱动控制的炮控系统,本节涉及的炮控系统驱动火炮口径大,且要求实现高机动条件下射击,因此系统需求功率高,如果仍直接用坦克车载28 V电源为系统供电,会增大电机及其驱动装置的设计制造与安装难度。为此,系统采用了270 V供电模式,通过升压变换装置将车载28 V低压电源转换为系统所需的270 V直流电,供电机驱动使用,升压变换装置安装在炮塔尾舱内。

7.4.2 基于总线的系统网络化控制结构设计

由图7-24不难发现,该系统部件多,且各部件之间信号传递关系复杂。采用传统的设计方法往往会造成电气线缆布线繁杂、可靠性低、电磁干扰严重等问题,尤其是对于控制信号(如陀螺仪采集的火炮转速信号、操纵台的给定信号等),噪声干扰往往会导致系统控制性能下降甚至失稳。

　　为此,系统设计时采用 TMS320F28335 作为主控芯片,在实现炮控箱、操纵台、陀螺仪、升压变换装置、逆变器等系统主要控制部件数字化的基础上,构建了基于双 CAN 总线的网络控制结构,如图 7-25 所示。其中,CANA 总线实现炮控箱与车电系统的连接,完成炮控系统与外部其他系统的信息交互;CANB 总线实现炮控系统内部信息交互,除动力线(功率回路线缆)和必要的逻辑控制线路(如系统上电控制、PWM 驱动线路和保护线路)外,设计时将系统内部信息全部挂接到 CANB 总线上,从而实现网络化控制。基于总线的系统网络化控制结构,在优化电气线路、降低电磁干扰的同时,系统设计的灵活性显著提高。通过总线信息流配置和软件算法切换,可使得系统工作在稳定工况、稳像工况和电传工况等多种模式,并实现各种模式的在线切换。

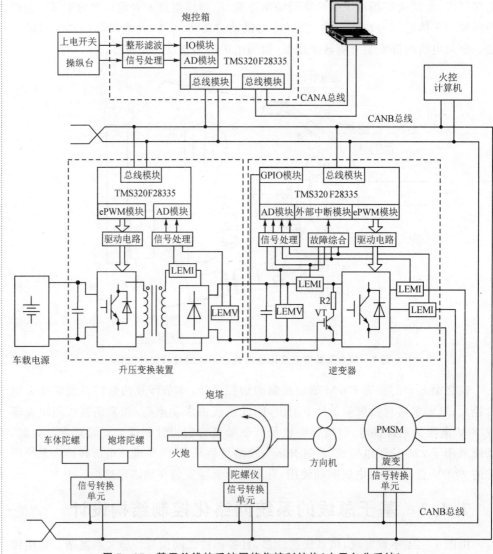

图 7-25　基于总线的系统网络化控制结构(水平向分系统)

稳定工况是本章讨论的主要工作模式,炮长通过瞄准镜观测目标,控制操纵台驱动火炮运动,此时炮控系统可看作是独立控制系统,系统给定为操纵台,采用陀螺仪等检测装置构成闭环控制结构。但是,这种工作模式下瞄准镜中的图像往往会出现高频颤抖现象,制约了炮长搜索和跟踪目标的能力,因此在实际应用中炮控系统通常都工作在稳像工况。

稳像工况是在炮控系统的前端增加了瞄准线稳定系统的工作模式,炮长通过操纵台控制瞄准镜运动,使瞄准线始终对准目标,此时炮控系统不再直接受操纵台的控制,而是随动于瞄准线,跟随火控计算机通过射击诸元解算出的火炮射角(即位置信号)运动。

除了上述两种工况外,炮控系统还存在降级作为电力传动系统使用的情况。此时,炮控系统仍受操纵台控制,但给定为电机转速信号(不再是火炮速度或位置),且只采用测速装置构成电机调速控制系统,陀螺仪反馈电路被切断,因此系统不再具有空间稳定功能。但是,由于该结构将齿隙、摩擦等非线性因素排除在控制闭环以外,可使低速运动情况下调速系统闭环控制具有较好的稳定性,因此这种结构还被应用于某些炮控系统的低速跟踪段控制中。

7.4.3　系统算法的软件实现

在图7-25中,系统的位置稳定控制与前馈补偿等算法在炮控箱中实现,永磁同步电机的空间矢量控制算法在逆变器中实现,这些算法的软件实现在前述章节已经进行了分析。除了这些软件算法外,由于交流全电炮控系统采样信号多,各种采样信号本身带有噪声,因此需要采用合适的软件滤波算法,其滤波效果直接影响系统控制性能,为此,本节重点对信号滤波算法进行分析。

较之采用模拟电路实现滤波,数字滤波具有无需增加硬件设备、可靠性高、可多通道复用、修改参数方便等优点。一阶惯性环节就是一种典型的低通数字滤波方法,除此之外,数字控制系统中常用的滤波算法还有程序判断滤波、中值滤波、平均值滤波(如算术平均滤波、加权平均滤波和滑动平均滤波)等。

1. 程序判断滤波

一般地,物理量的变化都需要一定的时间,相邻两次采样值之间的变化也具有一定的限度。由此,可以根据物理量变化规律确定两次采样信号可能出现的最大偏差,如果在允许偏差之内,可将新的采样值作为样本值,如果超过允许范围,则需要对其进行处理,根据处理方法的不同,可分为限幅滤波和限速滤波两种。

限幅滤波的规则是:

① 根据实际物理量的变化规律,设定限幅阈值 Δy_{max}。

② 当前采样值 $y(k)$ 与前次样本值 $x(k-1)$ 差值 $|y(k)-x(k-1)| \leqslant \Delta v_{max}$ 时,采用当前采样值 $y(k)$ 更新样本值 $x(k)$,即 $x(k)=y(k)$。

③ 当 $|y(k)-x(k-1)| > \Delta y_{max}$ 时,样本值 $x(k)$ 不更新,即 $x(k)=x(k-1)$。

当数字控制器采样频率不能达到足够高时,这种滤波方法主要适用于变化比较缓慢的变量,如温度或者大惯性对象的速度、位置等物理量。影响限幅滤波效果的关键是限幅阈值设定,如果阈值设定过大,难以有效的滤除噪声信号;如果阈值设置过小又会使得有效信号被屏蔽,这就变相地降低了系统的采样频率。

为了克服上述问题,限速滤波采用 3 次采样值来决定采样结果。其规则是:

① 根据实际物理量的变化规律,设定限幅阈值 Δy_{max}。

② 当前采样值 $y(k)$ 与前次样本值 $x(k-1)$ 差值 $|y(k)-x(k-1)| \leqslant \Delta y_{max}$ 时,采用当前采样值 $y(k)$ 更新样本值 $x(k)$,即 $x(k)=y(k)$。

③ 当 $|y(k)-x(k-1)| > \Delta y_{mzx}$ 时,继续采样 $y(k+1)$,如果 $|y(k+1)-y(k)| \leqslant \Delta y_{max}$ 时,采用最新采样值 $y(k+1)$ 更新样本值 $x(k)$,即 $x(k)=y(k+1)$;如果 $|y(k+1)-y(k)| > \Delta y_{max}$ 时,采用 $[y(k+1)+y(k)]/2$ 更新样本值 $x(k)$,即 $x(k)=[y(k+1)+y(k)]/2$。

限速滤波采用折衷处理,既在一定程度上保持了采样的实时性,又兼顾了被测量变化的连续性。但是也存在明显的缺点,例如,这种方式得到的样本值一般都不是等时间间隔序列。同时,限幅阈值 Δy_{max} 的确定必须根据现场情况不断更新。在实际使用中,可将 Δy_{max} 设定为 $[|y(k+1)-y(k)|+|y(k)-y(k-1)|]/2$。

2. 中值滤波

中值滤波的基本规则是:对某一变量连续采样 N(一般为奇数)次,然后按大小排序,取中间值作为样本值。这种方法对去掉由于偶然因素引起的波动或采样器不稳定而造成的误差干扰比较有效,但是其相当于人为的将采样频率降低到了原采样频率的 $1/N$,当数字控制器采样频率不能达到足够高时,这种方法只适用于变化比较缓慢的变量。

3. 平均值滤波

平均值滤波的基本规则是:求取连续 N 次采样值的平均值作为样本值,根据平均值的计算方法和采样值选取方法的不同,一般可分为算术平均滤波、加权平均滤波和滑动平均滤波。

算术平均滤波对某一变量连续采样 N 次,并采用 $\frac{1}{N}\sum_{i=1}^{n} y(i)$ 作为样本值。这种方法适用于对周期脉动信号进行滤波,但是对脉冲性干扰滤波效果有限。

区别于算术平均滤波,加权平均滤波在算术平均滤波的基础上给采样值赋以权重,即采用 $\sum_{i}^{N} c_i y(i)$ 作为样本值(权重系数 c_i 满足 $\sum_{i}^{N} c_i = 1$)。

上述两种平均值滤波算法都需要连续采样 N 次,同样存在人为降低采样频率的问题。为此,可采用滑动平均滤波算法,即每采样一次,就将原来 N 个采样数据中最早的那个数据去掉,然后求取包括新采样数据在内的 N 个采样数据的算术平均值或加权平均值。

4. 低通数字滤波(一阶惯性环节)

根据前述分析,直接将一阶惯性环节 $1/(T_F s+1)$ 离散化,可得

$$x(k)=\alpha x(k-1)+(1-\alpha)y(k) \tag{7-50}$$

式中,α 为滤波平滑系数,且有 $\alpha=T_F/(T+T_F)$。

低通数字滤波的
C 语言程序

为了提高滤波效果,在实际系统中,也可以将两种或两种以上的不同滤波功能的数字滤波器组合起来,构成复合数字滤波器,有时也称多级数字滤波器。此外,还经常用到其他非线性微分与滤波算法,本节不再赘述。

典型非线性微分跟踪器

本章习题

7.1 简述位置随动控制系统的型别与跟踪能力之间的关系。

7.2 比较电流-转速-位置三闭环控制与电流-位置双闭环控制的优缺点,并说明微分负反馈的作用。

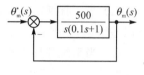

图 7-26 习题 7.3 图

本章重难点释疑

7.3 某位置随动控制系统的结构如图 7-26 所示。试计算以下 3 种输入作用下系统的给定误差。

(1) $\theta_m^*(s) = \dfrac{1}{2} \cdot 1(t)$。

(2) $\theta_m^*(s) = \dfrac{t}{2} \cdot 1(t)$。

(3) $\theta_m^*(s) = (1 + t + t^2) \cdot 1(t)$。

习题 7.3 解析

7.4 采用电流-转速-位置三闭环控制的位置随动控制系统,转速闭环等效传递函数为

$$G_{cl,n}(s) = \frac{K_{op,n}(\tau_n s + 1)}{s^2(T_{\Sigma n} s + 1) + K_{op,n}(\tau_n s + 1)}$$

且 $T_{\Sigma n} = 0.02\ s$,$\tau_n = 0.1\ s$,$K_{op,n} = \dfrac{h+1}{2h^2 T_{\Sigma n}^2} = 300$,机械传动机构的减速比 $K_J = 0.1$。

设计位置调节器,使得系统可实现对阶跃信号无静差跟踪,同时对斜坡信号跟踪误差有界。求取保证系统稳定运行的调节器参数选取范围。

习题 7.4 解析

7.5 在位置随动控制系统中,如果检测装置只能检测出位置偏差的大小,但是不能确定偏差的正负,系统能否正常工作?为什么?

7.6 如图 7-27 所示的某复合控制系统,其前馈环节传递函数为

$$G_{r,c} = \frac{as^2 + bs}{T_2 s + 1}$$

当输入信号为单位加速度信号时,为使系统稳态误差为零,试确定前馈环节参数 a 和 b。

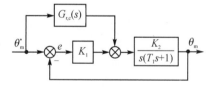

图 7-27 习题 7.6 图

习题 7.6 解析

7.7 某天线阵列系统的简化结构如图 7-28 所示。其中,K_1、$K_2 > 0$,$\beta \geq 0$。试分析:

(1) β 值变化对系统稳定性影响。

(2) β 值变化对系统动态性能($\sigma\%$,t_s)的影响。

(3) β 值变化对 $r(t) = at$ 作用下稳态误差的影响。

习题 7.7 解析

7.8 请解释为何前馈控制不会影响系统的稳定性。

7.9 某雷达随动控制系统结构如图 7-29 所示。其中,$\zeta = 0.707$,$\omega_n = 15$,

习题 7.9 解析

$\tau = 0.15$。

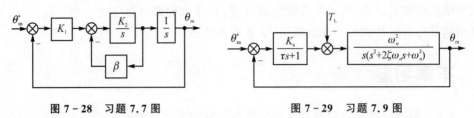

图 7-28　习题 7.7 图　　　　　　图 7-29　习题 7.9 图

(1) 当干扰 $T_L = 10 \times 1(t)$,输入 $\theta_m^*(t) = 0$ 时,能否调整 K_a 的值使得系统的稳态误差小于 $0.01°$?

(2) 当系统开环工作,且输入 $\theta_m^* = 0$ 时,由干扰 $T_L = 10 \times 1(t)$ 引起的稳态误差多大?

*第8章 其他典型电气自动化系统

本章导学

如第 1 章所述,按照电能的产生、变换与运用链路,电气自动化系统包括发电控制系统、电力变换系统、电力传动控制系统等。第 5~7 章主要围绕电能运用环节介绍了直流调速控制系统、交流调速控制系统和位置随动控制系统等电力传动控制系统,本章对武器装备领域中的典型发电控制系统、电力变换系统进行介绍,其中,发电控制系统选取电励磁发电控制系统和永磁同步发电机及其 PWM 整流控制系统两类,前者适用于中小功率车载供电系统,后者主要用于大功率车载综合电力系统。车载电力变换系统主要包括整流、逆变、直流斩波变换等类型,考虑到整流变换在发电控制系统中已经涉及,直流斩波变换系统分析常用到小信号建模等基础理论,超出本书分析范畴,因此本章主要选取逆变装置进行剖析。上述对象建模与控制基本原理与前述章节类似,但由于其控制对象特性差异和系统性能要求的特殊性,各个系统的具体控制方法又与前述章节中重点分析的 PID 控制方法存在明显区别,如在发电控制系统中采用的伪微分控制(PDF)、逆变装置中采用的比例谐振控制(PR)等,从本质上看,它们又可以看作是 PID 控制的应用拓展。

本章最后介绍一种多源/载耦合的车载微电网系统,其中包含发电控制子系统、电力变换子系统和电力传动子系统,重点讨论在前述各类子系统分析控制的基础上如何进行整系统的匹配协调与功率流控制,该内容可看作是对全书中各种电气自动化系统的综合运用与拓展延伸。

8.1 电励磁发电机及其调压控制系统

电励磁发电机广泛地应用于坦克装甲车辆中,它通常通过弹性连接器、液力耦合器等装置与车辆发动机相连,在发动机运转时为车载设备供电。在实际工作过程中,发动机转速通常根据车辆行驶速度要求不断变化,导致发电机输出电压随之波动,此外,车载各种用电装置功率变化也会引起电压冲击,因此通常还需配以相应的调压控制装置,实现稳压供电。

8.1.1 系统基本结构与工作原理

在坦克装甲车辆中,常用的发电机有直流发电机和交流发电机两类,其结构组成与工作原理如图 8-1 所示。

如图 8-1(a)所示,车载直流发电与励磁调压系统由调压控制器、励磁驱动电路、直流发电机、蓄电池,以及各种任务载荷组成。直流发电机与蓄电池并联向任务载荷供电,调压控制器根据给定电压 U_{dc}^* 和电压传感器检测到的直流母线电压 U_{dc},采用适当控制策略运算得到控制量 u_k,励磁驱动电路根据控制量实时调节励磁电流

i_f,从而实现对发电机输出电压的调节。

　　车载交流发电与励磁调压系统的工作原理与之类似,其区别在于交流发电机的励磁绕组安装在转子上,同时由于其输出为交流电,在系统中增加了三相不控整流器将其转换为直流电,如图 8 - 1(b)所示。

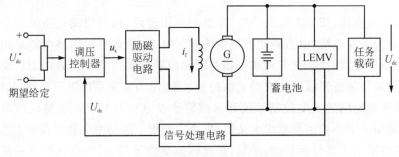

(a) 车载直流发电与励磁调压系统

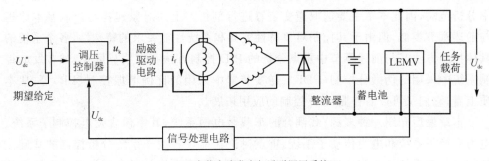

(b) 车载交流发电与励磁调压系统

图 8 - 1　系统结构组成与工作原理图

　　励磁驱动电路通常采用 BUCK 斩波电路,其工作原理如图 8 - 2(a)所示。当 VT 导通时,励磁绕组电流增大;当 VT 关断时,励磁回路通过二极管 VD 续流,改变 VT 导通占空比就可以调节励磁电流 i_f。为了实现故障状态下的快速灭磁保护,也可采用图 8 - 2(b)所示的半控桥式斩波电路。与 BUCK 斩波电流类似,当正常工作时,VT_1、VT_2 同步导通或关断,通过调节其导通占空比实现对励磁电流 i_f 的控制;当发电机发生故障时,VT_1、VT_2 立即关断,励磁电流经过 VD_1、VD_2 续流,此时相当于在励磁绕组两端接入反向电压,实现快速灭磁。

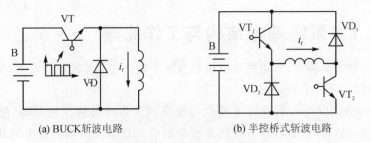

(a) BUCK斩波电路　　　　　　　　　　(b) 半控桥式斩波电路

图 8 - 2 励磁驱动电路原理

8.1.2 系统建模与特性分析

为了分析方便,本节以车载直流发电与励磁调压系统为例进行建模,交流发电系统与之类似,有兴趣的读者可根据本书所列参考文献自行推导。根据图8-1(a),采用5.2节类似的方法,可将车载直流发电与励磁调压系统等效为如图8-3所示的电枢回路和励磁回路两个独立电路。

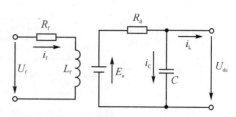

图8-3 车载直流发电与励磁调压系统的等效电路

在图8-3中,U_f为励磁电压,i_f为励磁电流,R_f、L_f分别为励磁绕组的电阻和电感,U_{dc}为直流母线电压,R_d为电枢电阻,C为车载蓄电池等效电容,i_C、i_L分别为蓄电池电流和负载电流。

对于励磁回路,有

$$U_f = R_f i_f + L_f \frac{\mathrm{d}i_f}{\mathrm{d}t} \tag{8-1}$$

其中,当将励磁驱动电路等效为比例放大环节时,有$U_f = K_{PWM} u_k$,K_{PWM}为放大系数。

对于电枢回路,不难求得

$$U_{dc} = E_a - \left(C \frac{\mathrm{d}U_{dc}}{\mathrm{d}t} + i_L \right) R_d \tag{8-2}$$

其中,E_a为直流发电机感应电势,当假定励磁电流与所产生磁通近似成线性关系时,有

$$E_a = C_e \Phi n = \frac{30}{\pi} C_e k_f i_f \omega \tag{8-3}$$

设备变量初始值均为零,对式(8-1)~式(8-3)进行Laplace变换,可得

$$\begin{cases} i_f = \dfrac{K_{PWM}}{R_f + L_f s} u_k \\[2mm] E_a = \dfrac{30}{\pi} C_e k_f i_f \omega \\[2mm] U_{dc} = \dfrac{E_a - i_L R_d}{1 + R_d C s} \end{cases} \tag{8-4}$$

由此,可得系统动态结构图如图8-4所示。

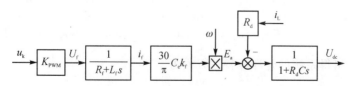

图8-4 车载直流发电与励磁调压系统动态结构图

如前所述,在实际系统运行过程中,发动机转速通常根据车辆行驶速度要求不断

变化,导致系统输出电压产生大幅波动。为此,可以在系统中安装转速传感器,实时检测发电机转速,并实现对控制量的修正,其原理如图 8-5 所示。

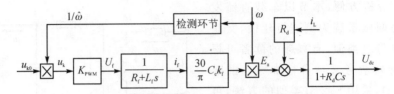

图 8-5　发电机转速检测与控制量修正原理

当不考虑检测误差,即认为 $\hat{\omega}=\omega$ 时,可求得系统的传递函数为

$$U_{dc}(s)=\frac{\frac{30}{\pi}C_e k_f K_{PWM}}{(R_f+L_f s)(1+R_d C s)}u_{k0}(s)-\frac{R_d}{1+R_d C s}i_L(s)\qquad(8-5)$$

令 $s=0$,可得系统的开环静特性方程为

$$U_{dc}=\frac{30C_e k_f K_{PWM}}{\pi R_f}u_{k0}-R_d i_L\qquad(8-6)$$

由此可见,采用上述修正,可使得系统消除发动机转速波动带来的影响,但是负载电流影响仍未得到有效抑制。

8.1.3　系统的励磁调节控制方法

与第 5 章类似,为实现对负载电流扰动抑制,可采用基于 PI 控制的电压负反馈,构成如图 8-6 所示的系统控制数学模型。

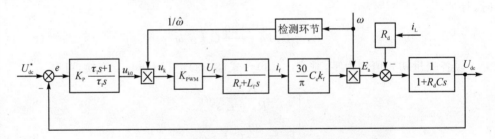

图 8-6　基于 PI 控制的电压负反馈的系统控制数学模型

不难求得,此时系统的的传递函数为

$$U_{dc}(s)=\frac{\frac{30}{\pi}K_P C_e k_f K_{PWM}(\tau_I s+1)U_{dc}^*(s)-\tau_I s(R_f+L_f s)R_d i_L(s)}{\tau_I s(R_f+L_f s)(1+R_d C s)+\frac{30}{\pi}K_P C_e k_f K_{PWM}(\tau_I s+1)}\qquad(8-7)$$

令 $s=0$,可得系统的开环静特性方程为

$$U_{dc}=U_{dc}^*\qquad(8-8)$$

即采用电压闭环 PI 控制,可以很好地抑制系统参数变化以及负载电流扰动影响,实现对输出电压的无静差控制。

当不考虑负载电流扰动时,式(8-7)可进一步简化为

$$U_{dc}(s) = \cfrac{\frac{30}{\pi}K_P C_e k_f K_{PWM}(\tau_1 s+1)}{\tau_1 s(R_f+L_f s)(1+R_d Cs)+\frac{30}{\pi}K_P C_e k_f K_{PWM}(\tau_1 s+1)}U_{dc}^*(s)$$

$$(8-9)$$

不难发现,传递函数的分子中存在微分环节,也即是说,在动态调节过程中,输出电压 U_{dc} 不仅要跟踪给定信号 U_{dc}^*,还要跟踪 dU_{dc}^*/dt。当给定信号 U_{dc}^* 为阶跃信号时,跟踪 dU_{dc}^*/dt 会引起较大的电压超调,造成带载建压时的过压危害,同时带来的励磁回路电流冲击还可能损坏回路中的器件。

为解决上述问题,可引入伪微分控制(PDF),其结构原理如图8-7所示。该控制方法可看作是 PID 控制(见图8-8)的变形,即将 PID 控制中的比例和微分环节由前向通道移至反馈通道,从而避免了传递函数中出现额外的零点问题,其具有响应速度更快、超调量更小等优点。

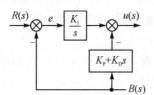

图8-7 PDF控制结构原理

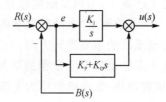

图8-8 PID控制结构原理

根据上述原理,基于 PDF 控制的电压负反馈系统控制数学模型如图8-9所示。

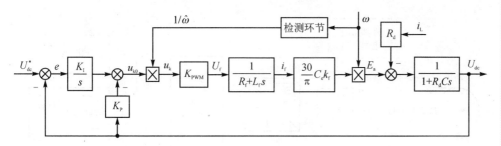

图8-9 基于PDF控制的电压负反馈的系统控制数学模型

不难求得,此时系统的的传递函数为

$$U_{dc}(s) = \cfrac{\frac{30}{\pi}K_P C_e k_f K_{PWM}U_{dc}^*(s)-\tau_1 s(R_f+L_f s)R_d i_L(s)}{\tau_1 s(R_f+L_f s)(1+R_d Cs)+\frac{30}{\pi}K_P C_e k_f K_{PWM}(\tau_1 s+1)} \quad (8-10)$$

式中,$\tau_1 = K_P/K_I$。

对比式(8-7)与式(8-10)可知,采用 PDF 控制时,系统传递函数分子中少了 $\frac{30}{\pi}K_P C_e k_f K_{PWM}\tau_1 s U_{dc}^*(s)$ 项,即不需要再跟踪 dU_{dc}^*/dt,因此可有效避免给定电压阶跃变化时带来的超调和励磁电流冲击。此外,二者对负载电流扰动的传递函数相

PDF 控制励磁
发电系统
仿真模型

同,即具有相同的抗扰特性。

令式(8-10)中 $s=0$,可得系统的开环静特性方程为

$$U_{dc}=U_{dc}^{*} \qquad (8-11)$$

与式(8-8)相同,即 PDF 控制也可实现输出电压无静差控制。

8.2 永磁同步发电机及其 PWM 整流控制

8.2.1 系统基本结构与工作原理

上述由电励磁发电机和蓄电池组成的车辆电源系统供电功率一般为几千瓦至十几千瓦,主要为车载电气电子设备供电。随着军事技术变革的持续推进,以电驱动、电武器、电防护为主要特征的全电化陆战平台成为战斗车辆的重要发展方向,支撑各任务系统的电能需求由传统车辆的几千瓦或者几十千瓦增加到几百千瓦甚至上兆瓦。为满足上述需求,采用多能量源复合式的大功率/大容量车载综合电力系统将取代如图 8-1 所示的基于"电励磁发电机+蓄电池"的小功率车辆电源系统,成为坦克装甲车辆供电系统的重要发展方向。

一种基于多驱动特性能量源的陆战平台综合电力系统拓扑结构如图 8-10 所示,系统采用发动机-发电机组作为主能量源,提供各任务系统运行所需的平均功率;辅助能量源采用动力电池与超级电容复合储能结构,动力电池通过双向 DC/DC 变换器与超级电容并联到直流网络;此外,为了吸收直流供电网络的剩余能量,抑制泵升电压,系统还设计有释能单元。

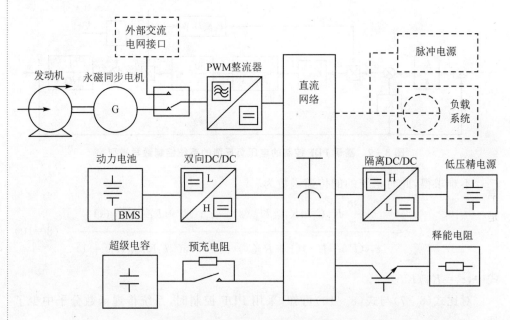

图 8-10 一种基于多驱动特性能量源的陆战平台综合电力系统拓扑结构

区别于传统装甲车辆中广泛采用的电励磁发电机,车载综合电力系统选用永磁

同步电机,通过 PWM 整流器挂接在直流供电网络上。PWM 整流器可实现双向能量流动,当其工作在可控整流模式时,永磁同步电机处于发电状态,向直流网络输出能量(为了分析方便,本节暂不考虑带载运行时发电机阻转矩对发动机转速的影响,该影响将在 8.4 节中进行分析);当 PWM 整流器处于有源逆变状态时,可由直流网络供电,驱动永磁同步电机处于电动状态,实现发动机启动。由于系统具有启动与发电两种工作模式,因此通常也称之为启动发电一体机(ISG)。

8.2.2 系统建模方法与运行特性分析

与第 6 章类似,可建立永磁同步电机与 PWM 整流器的等效电路拓扑,如图 8-11 所示。图中,E_A、E_B、E_C 为永磁同步电机 A、B、C 三相绕组中产生的感应电动势,U_{dc}、i_{dc} 分别为 PWM 整流器直流侧电压和电流,C 为直流侧支撑电容,i_L 为负载电流,直流侧负载等效为电阻 R_L 与电动势 E_{dc} 串联结构。

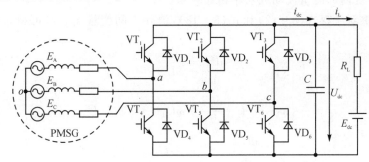

图 8-11 永磁同步电机与 PWM 整流器等效电路拓扑

根据电机可逆原理,永磁同步发电机建模方法与第 6 章类似,只是各物理量方向规定需采用发电惯例,参照式(6-44)不难得到永磁同步发电机的数学模型为

$$\begin{cases} R_s i_d + L_d \dfrac{\mathrm{d}i_d}{\mathrm{d}t} - \omega L_q i_q = -U_d \\ R_s i_q + L_q \dfrac{\mathrm{d}i_q}{\mathrm{d}t} + \omega L_d i_d = \omega \psi_f - U_q \end{cases} \tag{8-12}$$

PWM 整流器建模方法一般有两种,即开关函数描述模型和占空比描述模型。开关函数描述模型是对 PWM 整流器开关过程进行建模,描述比较准确,但是由于其包含了开关过程的高频分量,因此分析设计复杂程度高。当 PWM 整流器的开关频率远高于发电机交流侧电压基波频率时,可忽略高频分量,只考虑其低频分量,也即是得到占空比描述模型,当然由于其不考虑高频分量影响,分析精度会受到一定程度的影响,实际应用时可根据具体要求选取不同的建模方法。本节选用开关函数描述模型方法,采用第 6 章规定的坐标系和等功率坐标变换方法,可建立 d-q 坐标系下 PWM 整流器的数学模型为

$$\begin{cases} U_d = U_{dc} s_d \\ U_q = U_{dc} s_q \\ C \dfrac{\mathrm{d}U_{dc}}{\mathrm{d}t} = i_d s_d + i_q s_q - i_L \end{cases} \tag{8-13}$$

式中，s_d、s_q 为 d-q 坐标系下 PWM 整流器的二值逻辑开关函数。

联立式(8-12)和式(8-13)，消除中间变量 U_d、U_q，可得

$$\begin{cases} R_s i_d + L_d \dfrac{\mathrm{d}i_d}{\mathrm{d}t} - \omega L_q i_q = -s_d U_{dc} \\[2mm] R_s i_q + L_q \dfrac{\mathrm{d}i_q}{\mathrm{d}t} + \omega L_d i_d = \omega \psi_f - s_q U_{dc} \\[2mm] C \dfrac{\mathrm{d}U_{dc}}{\mathrm{d}t} = i_d s_d + i_q s_q - i_L \end{cases} \tag{8-14}$$

由此，可绘出系统动态结构，如图 8-12 所示。

在图 8-12 中，通过调节 PWM 整流器开关状态，可改变交流侧电流 i_d、i_q，进而控制直流侧输出电压 U_{dc}。采用图 8-12 所示系统动态结构能够清晰地描述系统各状态量之间的相互作用过程，但是二值逻辑开关函数 s_d、s_q 在实际应用中不方便，且难以反映系统内部能量流动或功率传递关系。

为此，重新考察式(8-12)和式(8-13)，消除中间变量 s_d、s_q，可得系统状态方程为

$$\begin{cases} R_s i_d + L_d \dfrac{\mathrm{d}i_d}{\mathrm{d}t} - \omega L_q i_q = -U_d \\[2mm] R_s i_q + L_q \dfrac{\mathrm{d}i_q}{\mathrm{d}t} + \omega L_d i_d = \omega \psi_f - U_q \\[2mm] \dfrac{1}{2}C \dfrac{\mathrm{d}U_{dc}^2}{\mathrm{d}t} = U_d i_d + U_q i_q - U_{dc} i_L \end{cases} \tag{8-15}$$

同样地，可得此时系统动态结构，如图 8-13 所示。

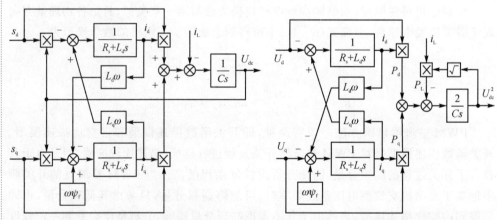

图 8-12　永磁同步发电机与
PWM 整流器系统动态结构图一

图 8-13　永磁同步发电机与
PWM 整流器系统动态结构图二

在图 8-13 中，系统交流侧功率为 d、q 轴功率 p_d、p_q 之和，直流侧功率为负载功率 P_L 与电容吸收功率 $0.5C(\mathrm{d}U_{dc}^2/\mathrm{d}t)$ 之和，由此可清晰地反映系统交流侧与直流侧之间的功率传递关系，且通过调节 U_d、U_q 就能够实现能量的双向流动，从而实现对直流侧电压 U_{dc} 的控制。此外，该模型与图 6-20 所示的永磁同步电动机模型输入量一致，便于利用电机可逆原理分析永磁同步电机工作在电动和发电状态的特性，

以及两种工作模式之间的切换。

下面对调节 U_d、U_q 实现能量双向流动的原理进行分析。与第 6 章分析类似,在正弦稳态下,i_d、i_q 的幅值恒定,则有

$$\begin{cases} U_d = -R_s i_d + \omega L_q i_q \\ U_q = -R_s i_q - \omega L_d i_d + \omega \psi_f \end{cases} \tag{8-16}$$

则可得其电压矢量方程为

$$\begin{aligned} \boldsymbol{u}_s &= (U_d + jU_q)e^{j\theta} = -R_s(i_d + ji_q)e^{j\theta} + \omega L_q i_q e^{j\theta} - j\omega L_d i_d e^{j\theta} + j\omega \psi_f e^{j\theta} \\ &= -R_s \boldsymbol{i}_s - j(\omega L_d \boldsymbol{i}_d + \omega L_q \boldsymbol{i}_q) + \boldsymbol{E}_a \end{aligned} \tag{8-17}$$

为了便于分析,此处设定 $L_d = L_q = L_s$,则有

$$\boldsymbol{u}_s = (U_d + jU_q)e^{j\theta} = -R_s \boldsymbol{i}_s - j\omega L_s \boldsymbol{i}_s + \boldsymbol{E}_a \tag{8-18}$$

进一步,忽略电机铜耗 $R_s \boldsymbol{i}_s$ 时,可得

$$\boldsymbol{E}_a - \boldsymbol{u}_s = \boldsymbol{u}_L = j\omega L_s \boldsymbol{i}_s \tag{8-19}$$

式中,$\boldsymbol{u}_L$ 为电机绕组电感 L_s 上的电压。

在前述设定的正弦稳态下,发电机平稳运转,速度恒定,因此 $\boldsymbol{E}_a$ 幅值固定。同时,i_d、i_q 的幅值恒定,即 $\boldsymbol{i}_s$ 幅值固定,因此 $\boldsymbol{u}_L$ 幅值也固定不变。这样一来,交流侧电压矢量 $\boldsymbol{u}_s$ 端点运动轨迹构成了一个以 $\boldsymbol{u}_L$ 幅值为半径的圆,当控制 $\boldsymbol{u}_s$ 矢量端点位于圆轨迹不同位置时,即可呈现出不同的运行特性,如图 8-14 所示。

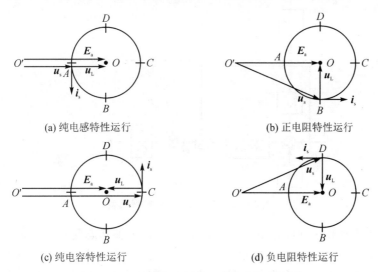

(a) 纯电感特性运行　　　　　　(b) 正电阻特性运行

(c) 纯电容特性运行　　　　　　(d) 负电阻特性运行

图 8-14　系统交流侧主要变量稳态矢量图

具体来说,当 $\boldsymbol{u}_s$ 端点位于圆轨迹 A 点时,电流矢量 $\boldsymbol{i}_s$ 较之电动势矢量 $\boldsymbol{E}_a$ 滞后 $90°$,呈现出纯电感特性,电机没有有功功率输出,如图 8-14(a) 所示;当 $\boldsymbol{u}_s$ 端点位于 B 点时,矢量 $\boldsymbol{i}_s$ 与 $\boldsymbol{E}_a$ 平行且同向,呈现出正电阻特性运行,电机输出功率全部为有功功率,如图 8-14(b) 所示;当 $\boldsymbol{u}_s$ 端点位于 C 点时,电流矢量 $\boldsymbol{i}_s$ 较之电动势矢量 $\boldsymbol{E}_a$ 超前 $90°$,呈现出纯电容特性,电机也没有有功功率输出,如图 8-14(c) 所示;当 $\boldsymbol{u}_s$ 端点位于 D 点时,矢量 $\boldsymbol{i}_s$ 与 $\boldsymbol{E}_a$ 平行且反向,呈现出负电阻特性运行,电机吸收功率全部为有功功率,如图 8-14(d) 所示。

这样一来,A、B、C 和 D 四点构成了四个特殊工作点,当电压矢量 $\boldsymbol{u}_s$ 端点位于 $\overset{\frown}{ABC}$ 段时,能量由交流侧向直流侧流动,也即是永磁同步电机工作在发电状态,PWM 整流器工作在整流状态。特别地,当位于 B 点时,系统可实现单位功率因数运行。当 $\boldsymbol{u}_s$ 端点位于 $\overset{\frown}{CDA}$ 段时,能量从直流侧向交流侧流动,也即是 PWM 整流器工作在逆变状态,永磁同步电机工作在电动状态。特别地,当位于 D 点时,系统也可实现单位功率因数运行。

8.2.3 系统解耦控制与多模式切换方法

前面对调节 U_d、U_q 实现能量双向流动的原理进行了分析。接下来的问题是:如何实现对 U_d、U_q 的调节。对照图 8-13 和图 6-20 不难发现,二者结构相似,因此也可与第 6 章交流调速系统控制方法类似,采用双闭环控制结构,即电压-电流双闭环控制。在实际应用中,为了提高系统控制性能,有时还采用基于前馈补偿的解耦控制策略,下面对其原理进行分析。

采用等效变换,根据图 8-13 不难求得系统 d-q 轴解耦模型,如图 8-15 所示。

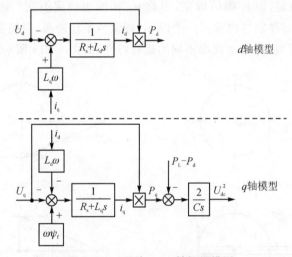

图 8-15 系统 d-q 轴解耦模型

亦即是 d 轴和 q 轴可看作两个带扰动的系统,d 轴状态受到来自 q 轴电流的扰动影响,q 轴状态受到来自 d 轴电流、感应电动势,以及负载功率等扰动的影响。考虑到 d、q 两轴的电流和发电机转速等状态在实际系统中均可测,为了实现解耦控制,可设虚拟变量 U'_d、U'_q,且

$$\begin{cases} U'_d = -U_d + L_q \omega i_q \\ U'_q = -U_q + \omega \psi_f - L_d \omega i_d \end{cases} \tag{8-20}$$

则图 8-15 可进一步化简为图 8-16 所示。

当控制系统稳压输出时(对于控制系统输出电流的情形在 8.4 节中分析),与第 6 章双闭环控制类似,可采用 $i_d = 0$ 控制,即在 d 轴设置电流调节器控制电流 i_d 始终保持为零,q 轴设置电压调节器和电流调节器,电压调节器抑制负载功率扰动等影响,实现稳压输出,同时限制电机允许的最大电流;电流调节器在电压动态变化过程中,保证获得电机允许的最大电流,从而加快动态响应。永磁同步发电机矢量控制结构如图 8-17 所示。

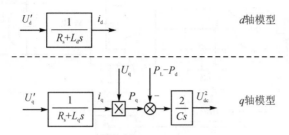

图 8-16 采用虚拟变量时的系统 d-q 轴解耦模型

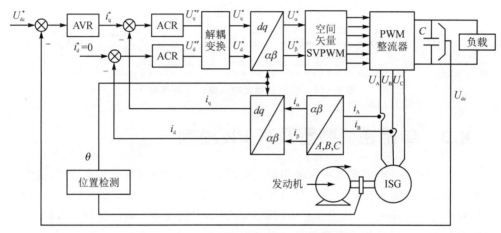

永磁同步发电机矢量控制仿真模型

图 8-17 永磁同步发电机矢量控制结构

当不采用式(8-20)的解耦控制时,图 8-17 中解耦变换单元可去掉,此时 d、q 轴之间的相互影响靠各自的调节器抑制,控制性能会有所影响。此外,除了采用 $i_d=0$ 控制,永磁同步发电机还经常用到最大转矩/电流比控制、高速弱磁控制等方法。限于篇幅,本节不再详述。

不难发现,图 8-17 所示的永磁同步发电机矢量控制结构与图 6-37 所示的永磁同步电动机矢量控制结构相似(其区别只在于外环控制由转速环改成了电压环,内环电流调节器的参数也有所区别),这就为实际系统实现启动与发电两种工作模式的切换控制提供了方便。结合图 8-17 和图 6-37,可构建系统启动发电一体化控制结构,如图 8-18 所示。

当系统工作在启动状态(即电动状态)时,PWM 整流器为有源逆变模式,由直流网络供电,带动发动机由零速启动逐渐加速到怠速,此时控制结构如图 8-18 中虚框①所示。当发动机达到怠速以上转速时,启动发电一体机工作在发电状态,此时 PWM 整流器转换为可控整流模式,向直流网络提供能量,控制切换为图 8-18 中虚框②所示结构。为了保证在较宽转速范围内实现直流电压的稳定,提高供电质量,在发动机转速较高时还会采用弱磁控制技术。

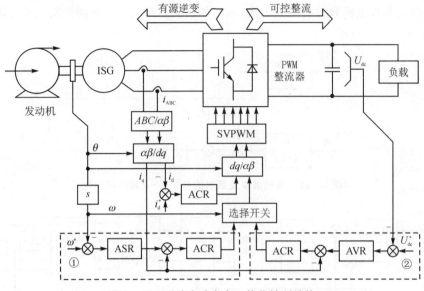

图 8 - 18　系统启动发电一体化控制结构

8.3　单相逆变装置及其 PR 控制

装甲车辆车载电源系统一般采用直流电制,为了满足交流负载工作需求,通常需要采用逆变装置将直流电转换为幅值和频率可调的交流电。在实际系统中,三相交流负载主要是交流电机,其逆变器结构原理与控制方法在第 6 章已进行了详细分析,因此本节主要分析单相逆变装置。

8.3.1　系统结构原理与建模分析

单相逆变装置通常由 H 桥逆变电路和 LC 滤波电路两部分组成,H 桥逆变电路由功率开关器件 $VT_1 \sim VT_4$ 组成,功率器件反并有续流二极管 $VD_1 \sim VD_4$,可根据控制指令将直流电转换为交流方波序列,PWM 调制方式一般有单极性调制和双极性调制两种,实际系统中多采用双极性调制。LC 滤波电路由滤波电感 L 和滤波电容 C 组成。系统拓扑结构如图 8 - 19 所示。

图 8 - 19 中,U_{dc} 为逆变装置直流母线电压,U_{in} 为 LC 滤波电路输入端(也即是逆变桥输出端)方波电压,U_o 为 LC 滤波电路输出电压,i_L 为滤波电感电流,i_C 为滤波电容电流,i_o 为逆变器输出电流,Z_L 为负载阻抗。

假设 H 桥逆变电路产生的谐波分量可通过 LC 滤波器滤除,则 H 桥逆变电路可以等效为一个受控交流电压源,由此单相逆变装置等效电路如图 8 - 20 所示。

根据图 8 - 20,不难求得 LC 滤波电路输入电压和输出电压,以及电流的关系为

$$\begin{cases} U_{in} = L\,\dfrac{di_L}{dt} + U_o \\[2mm] i_L = i_C + i_o \\[2mm] i_C = C\,\dfrac{dU_o}{dt} \end{cases} \qquad (8-21)$$

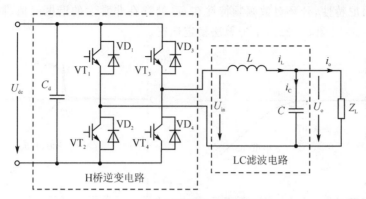

图 8-19　单相逆变装置拓扑结构

设备变量初始值均为零,对式(8-21)进行 Laplace 变换,可得

$$
\begin{cases}
U_{in} = L i_L s + U_o \\
i_L = i_C + i_o \\
i_C = C U_o s
\end{cases}
\tag{8-22}
$$

参照第 5 章 PWM 变换器建模方法,可建立 H 桥逆变电路的传递函数为

$$
G_H(s) = \frac{K_{PWM}}{T_{PWM}s + 1}
\tag{8-23}
$$

综上,可得系统动态结构图,如图 8-21 所示。

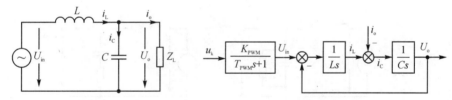

图 8-20　单相逆变装置等效电路　　图 8-21　单相逆变装置动态结构图

当 H 桥逆变电路开关周期远高于交流输出基波频率时,$G_H(s)$ 可简化为比例环节,其表达式为

$$
G_H(s) = K_{PWM}
\tag{8-24}
$$

8.3.2　输出滤波器谐振尖峰及其抑制方法

当负载为电阻,且其阻值为 R_L 时,有

$$
i_o = U_o / R_L
\tag{8-25}
$$

此时,根据图 8-21 可求得

$$
G_{op}(s) = \frac{U_o(s)}{u_k(s)} = \frac{K_{PWM}R_L}{Ls(CR_Ls + 1) + R_L} = \frac{K_{PWM}\omega_n^2}{s^2 + 2\xi\omega_n + \omega_n^2}
\tag{8-26}
$$

式中,ω_n、ζ 分别为系统自然振荡频率和阻尼比,且有 $\omega_n = \sqrt{\dfrac{1}{LC}}$,$\zeta = \dfrac{1}{2R_L}\sqrt{\dfrac{L}{C}}$。

不难发现,系统阻尼比与负载阻值相关,当 R_L 增大时,系统阻尼比减小;空载时系统呈现出无阻尼特性,开环对数幅频特性在ω_n处存在非常大的谐振峰值,同时相位发生$-180°$跳变(见图8-22),系统无法稳定运行。

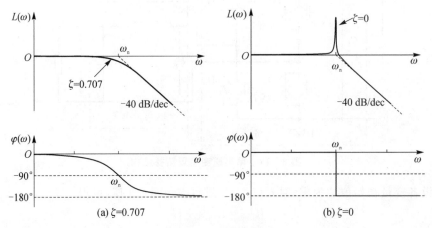

(a) $\zeta=0.707$ (b) $\zeta=0$

图8-22 系统Bode图

要使系统保持稳定,就需要增大阻尼值,保证不出现阻尼为零的情况。根据前述分析,最直接的办法是在电容C两端并联固定电阻R_{L0},避免出现空载情况,如图8-23(a)所示。此外,也可以采用电容回路串联电阻、电感两端并联电阻、电感回路串联电阻等方法,分别如图8-23(b)、(c)、(d)所示。通过上述改变电路结构增强系统阻尼的方法通常也被称为无源阻尼增强方法。

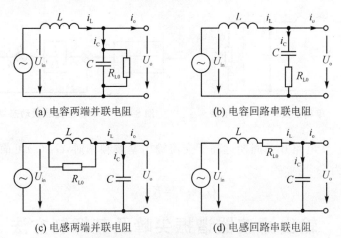

(a) 电容两端并联电阻   (b) 电容回路串联电阻

(c) 电感两端并联电阻   (d) 电感回路串联电阻

图8-23 系统无源阻尼增强方法

不难求得,上述4种电路结构的传递函数分别为:

(1) 电容两端并联电阻情形

$$G_{op\_CP}(s) = \frac{U_o(s)}{U_{in}(s)} = \frac{1}{LCs^2 + Ls/R_{L0} + 1} \tag{8-27}$$

(2) 电容回路串联电阻情形

$$G_{op\_CS}(s) = \frac{U_o(s)}{U_{in}(s)} = \frac{R_{L0}Cs + 1}{LCs^2 + R_{L0}Cs + 1} \tag{8-28}$$

（3）电感两端并联电阻情形

$$G_{\text{op\_LP}}(s) = \frac{U_o(s)}{U_{\text{in}}(s)} = \frac{Ls/R_{L0}+1}{LCs^2+Ls/R_{L0}+1} \qquad (8-29)$$

（4）电感回路串联电阻情形

$$G_{\text{op\_LS}}(s) = \frac{U_o(s)}{U_{\text{in}}(s)} = \frac{1}{LCs^2+R_{L0}Cs+1} \qquad (8-30)$$

对比式（8-27）～式（8-30）可知，电感两端并联电阻和电容回路串联电阻时电路传递函数相似，除了在分母中引入阻尼项（即 s 项）外，还在系统中增加了一个零点；电感回路串联电阻和电容两端并联电阻时电路传递函数相似，只在系统中引入阻尼项，是比较理想的无源阻尼增强方法。本节分析中以电感回路串联电阻为例，电容两端并联电阻情形分析方法与之类似。

无源阻尼增强控制可以避免系统谐振，但是由于电路中增加了电阻，会导致系统损耗明显增大。为此，实际系统中希望能够采用适当的控制结构，模拟出一个虚拟电阻，得到与无源阻尼增强方法类似的系统特性，这种方法也被称为有源阻尼增强方法。

以电感回路串联电阻情形为例，根据式（8-30）可得到系统动态结构图，如图8-24所示。

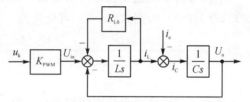

图8-24　电感回路串联电阻时系统动态结构图

将图8-24中电感电流反馈点前移到 u_k 输入端，并调整相应的反馈函数，如图8-25所示，电感回路串联电阻就可以等效于电感电流比例反馈控制，亦即是说，可以采用电感电流比例反馈控制得到与电感回路串联电阻相同的阻尼效果。

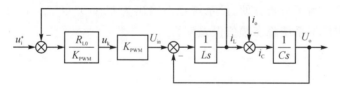

图8-25　等效电流反馈闭环控制结构图

8.3.3　系统双闭环控制及其正弦跟踪误差分析

在图8-25的基础上增加输出电压反馈闭环可以构成电压-电流双闭环控制结构，其数学模型如图8-26所示。与前述章节中的双闭环控制不同的是：为了实现有源阻尼增强，本节中电流控制器采用比例控制，而不是PI控制。

图8-26中，$G_{\text{AVR}}(s)$ 为电压环控制器，$K_{\text{P,i}}$ 为电流环控制器比例放大倍数，且有 $K_{\text{P,i}}=R_{L0}/K_{\text{PWM}}$。需要说明的是，实际系统中电流环可采用电感电流 i_L 反馈，也可采用电容电流 i_C 反馈。采用电容电流反馈可将负载电流 i_o 包含在电流环内，使得系统抗扰能力显著增强，但是无法对逆变器进行限流保护，因此本节选用电感电流反

馈方式。

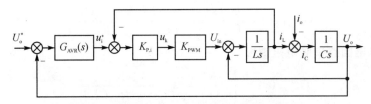

图 8 – 26　单相逆变装置双闭环控制数学模型

设电压环控制器采用 PI 控制，其传递函数为

$$G_{AVR}(s) = \frac{K_{P,u}(\tau_{I,u}s + 1)}{\tau_{I,u}s} \tag{8-31}$$

则可根据图 8 – 26 求得单相逆变装置的传递函数为

$$U_o(s) = \frac{K_{P,u}(\tau_{I,u}s + 1)K_{PWM}K_{P,i}U_o^*(s) - (Ls + K_{PWM}K_{P,i})\tau_{I,u}si_o(s)}{LC\tau_{I,u}s^3 + K_{PWM}K_{P,i}C\tau_{I,u}s^2 + \tau_{I,u}(K_{PWM}K_{P,i}K_{P,u} + 1)s + K_{PWM}K_{P,i}K_{P,u}}$$

$$\tag{8-32}$$

下面分析单相逆变装置的系统稳态误差。首先考虑输入信号作用下的系统稳态误差，设 $i_o(t) = 0$，则式(8 – 32)可化简为

$$G_{cl,r}(s) = \frac{K_{P,u}(\tau_{I,u}s + 1)K_{PWM}K_{P,i}}{LC\tau_{I,u}s^3 + K_{PWM}K_{P,i}C\tau_{I,u}s^2 + \tau_{I,u}(K_{PWM}K_{P,i}K_{P,u} + 1)s + K_{PWM}K_{P,i}K_{P,u}}$$

$$\tag{8-33}$$

区别于前述章节分析系统稳态误差时，主要考虑系统在给定量为阶跃、斜坡等直流量作用下的稳态输出量幅值变化情况。本节中的单相逆变装置系统期望给定为正弦交流量 $U_o^*(t) = U_{om}^* \sin \omega t$，根据系统频率分析理论可知，其稳态输出量也为正弦交流量，但是其幅值与相位均会发生变化。因此，分析其误差需要同时考虑幅值和相位的稳态偏差。为了分析方便，设系统稳态输出为 $U_o(t) = U_{om} \sin(\omega t + \varphi)$，则可定义输入信号作用下系统稳态幅值误差率为

$$\delta_{s,r} = \left| \frac{U_{om}^* - U_{om}}{U_{om}^*} \right| \times 100\% \tag{8-34}$$

输入信号作用下系统稳态相位误差率为

$$\theta_{s,r} = \varphi \tag{8-35}$$

当系统传递函数为 $G_{cl,r}(s)$ 时，根据系统频率分析理论，不难求得

$$\delta_{s,r} = |1 - |G_{cl,r}(j\omega)|| \times 100\% \tag{8-36}$$

$$\theta_{s,r} = \angle G_{cl,r}(j\omega) \tag{8-37}$$

当 $\delta_{s,r}$、$\theta_{s,r}$ 均为零时，系统可实现对正弦输入信号的无差跟踪。

根据上述定义，对于式(8 – 33)，可求得

$$\delta_{s,r} = |1 - |G_{cl,r}(j\omega)|| \times 100\%$$

$$= \left| 1 - \frac{K_{P,u}\sqrt{1 + (\tau_{I,u}\omega)^2}}{\sqrt{(K_{P,u} - C\tau_{I,u}\omega^2)^2 + \tau_{I,u}^2\omega^2[K_{P,u} + (1 - LC\omega^2)/(K_{PWM}K_{P,i})]^2}} \right| \times 100\%$$

$$\tag{8-38}$$

$$\theta_{s,r} = \text{acrtan}(\tau_{I,u}\omega) - \text{acrtan}\frac{\tau_{I,u}\omega\left[K_{P,u} + (1 - LC\omega^2)/(K_{PWM}K_{P,i})\right]}{K_{P,u} - C\tau_{I,u}\omega^2}$$

$$(8-39)$$

当 $\omega = 0$ 时，$\delta_{s,r} = 0$，$\theta_{s,r} = 0$，即系统可以实现对直流输入量的无静差跟踪。随着 ω 增大，系统稳态幅值误差率和相位误差率也会随之变化。当交流频率很高时，系统的跟踪性能也很差。

接下来分析扰动信号作用下的系统稳态误差，设 $U_o^*(t) = 0$，则式（8-32）可化简为

$$G_{cl,d}(s) = -\frac{(Ls + K_{PWM}K_{P,i})\tau_{I,u}s}{LC\tau_{I,u}s^3 + K_{PWM}K_{P,i}C\tau_{I,u}s^2 + \tau_{I,u}(K_{PWM}K_{P,i}K_{P,u} + 1)s + K_{PWM}K_{P,i}K_{P,u}}$$

$$(8-40)$$

与前述类似，设扰动信号作用下系统稳态幅值误差率和相位误差率分别为

$$\delta_{s,d} = |G_{cl,d}(j\omega)| \times 100\% \tag{8-41}$$

$$\theta_{s,d} = \angle G_{cl,d}(j\omega) \tag{8-42}$$

根据式（8-40）可求得

$$\delta_{s,d} = |G_{cl,d}(j\omega)| \times 100\%$$

$$= \frac{\tau_{I,u}\omega\sqrt{L^2\omega^2 + (K_{PWM}K_{P,i})^2}}{\sqrt{(K_{P,u} - C\tau_{I,u}\omega^2)^2 + \tau_{I,u}^2\omega^2\left[K_{P,u} + (1 - LC\omega^2)/(K_{PWM}K_{P,i})\right]^2}} \times 100\%$$

$$(8-43)$$

$$\theta_{s,d} = \text{acrtan}\frac{L\omega}{K_{PWM}K_{P,i}} - 90° - \text{acrtan}\frac{\tau_{I,u}\omega\left[K_{P,u} + (1 - LC\omega^2)/(K_{PWM}K_{P,i})\right]}{K_{P,u} - C\tau_{I,u}\omega^2}$$

$$(8-44)$$

当 $\omega = 0$ 时，$\delta_{s,d} = 0$，$\theta_{s,r} = -90°$，即系统可以抑制直流电流扰动影响，实现无差控制。随着 ω 增大，稳态幅值误差率和相位误差率也会随之变化。当交流扰动频率很高时，系统抗扰性能也较差。为了提高系统抗扰性能，可借鉴 7.3 节复合控制方法，增加电流前馈补偿环节，构成如图 8-27 所示的复合控制系统。

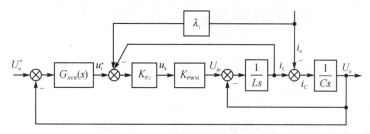

图 8-27　增加电流前馈补偿的复合控制模型

由此，可求得扰动信号作用下系统的传递函数为

$$G_{cl,d}(s) = -\frac{(Ls + K_{P,i}K_{PWM}(1 - \lambda_i))\tau_{I,u}s}{LC\tau_{I,u}s^3 + K_{PWM}K_{P,i}C\tau_{I,u}s^2 + \tau_{I,u}(K_{PWM}K_{P,i}K_{P,u} + 1)s + K_{PWM}K_{P,i}K_{P,u}}$$

$$(8-45)$$

进一步，可计算得到扰动信号作用下系统稳态幅值误差率和相位误差率

电流前馈补偿逆
变器仿真模型

$$\delta'_{s,d} = |G_{cl,d}(j\omega)| \times 100\%$$

$$= \frac{\tau_{I,u}\omega \sqrt{L^2\omega^2 + [K_{P,i}K_{PWM}(1-\lambda_i)]^2}}{\sqrt{(K_{P,u} - C\tau_{I,u}\omega^2)^2 + \tau_{I,u}^2\omega^2 [K_{P,u} + (1-LC\omega^2)/(K_{PWM}K_{P,i})]^2}} \times 100\% \tag{8-46}$$

$$\theta'_{s,d} = \text{acrtan} \frac{L\omega}{K_{PWM}K_{P,i}(1-\lambda_i)} - 90° -$$

$$\text{acrtan} \frac{\tau_{I,u}\omega [K_{P,u} + (1-LC\omega^2)/(K_{PWM}K_{P,i})]}{K_{P,u} - C\tau_{I,u}\omega^2} \tag{8-47}$$

特别地,当 $\lambda_i = 1$ 时,有

$$\delta'_{s,d} = |G_{cl,d}(j\omega)| \times 100\%$$

$$= \frac{\tau_{I,u}L\omega^2}{\sqrt{(K_{P,u} - C\tau_{I,u}\omega^2)^2 + \tau_{I,u}^2\omega^2 [K_{P,u} + (1-LC\omega^2)/(K_{PWM}K_{P,i})]^2}} \times 100\% \tag{8-48}$$

$$\theta'_{s,d} = -\text{acrtan} \frac{\tau_{I,u}\omega [K_{P,u} + (1-LC\omega^2)/(K_{PWM}K_{P,i})]}{K_{P,u} - C\tau_{I,u}\omega^2} \tag{8-49}$$

分析表明:采用电流前馈补偿可以减小扰动信号作用下稳态幅值误差率和相位误差率。但是,对于交流正弦扰动量,无法通过前馈补偿近似地实现"完全不变性",这与前述章节分析结论不同。

8.3.4 基于 PR 控制的系统正弦无差跟踪控制

根据内模原理,要无静差地跟踪给定信号,系统的控制回路中需要包含与给定信号一致的内模。PI 控制只含有与阶跃信号一致的内模(即 $1/s$),而不含有与正弦信号一致的内模(即 $1/(s^2+\omega^2)$ 或 $s/(s^2+\omega^2)$),因此无法实现对正弦信号的无差跟踪。反过来,要实现对正弦信号的无差跟踪,可将与给定信号同频率的正弦内模 $1/(s^2+\omega_0^2)$ 或 $s/(s^2+\omega_0^2)$ 引入电压控制器中,将式(8-31)改进为如下形式

$$G_{AVR}(s) = K_{P,u}\left(1 + \frac{2}{\tau_{I,u}(s^2+\omega_0^2)}\right) \tag{8-50}$$

或

$$G_{AVR}(s) = K_{P,u}\left(1 + \frac{2s}{\tau_{I,u}(s^2+\omega_0^2)}\right) \tag{8-51}$$

考虑到式(8-50)会在谐振频率 ω_0 点引入 180° 的相位滞后,因此一般选用式(8-51),一般也称这种控制器为比例-谐振(PR)控制器。

进一步,可求得 PR 控制器的增益为

$$A_{AVR}(\omega) = K_{P,u}\sqrt{1 + \frac{4\omega^2}{\tau_{I,u}^2(\omega_0^2-\omega^2)^2}} \tag{8-52}$$

不难发现,在谐振频率 ω_0 处 $A_{AVR}(\omega_0)$ 为无穷大,这种高增益有利于对频率为 ω_0 的正弦信号进行高精度跟踪。下面对其跟踪误差进行具体分析,设 $i_o(t) = 0$,可以求得采用 PR 控制器时输入信号作用下系统的传递函数为

$$G_{\text{cl,r}}(s) = \frac{[\tau_{\text{I,u}}(s^2 + \omega_0^2) + 2s]K_{\text{P,u}}K_{\text{P,i}}K_{\text{PWM}}}{\tau_{\text{I,u}}(s^2 + \omega_0^2)(LCs^2 + K_{\text{P,i}}K_{\text{PWM}}Cs + 1 + K_{\text{P,i}}K_{\text{PWM}}K_{\text{P,u}}) + 2K_{\text{P,i}}K_{\text{PWM}}K_{\text{P,u}}s}$$

$$(8-53)$$

PR 控制逆变器
仿真模型

则当 $\omega = \omega_0$ 时,有

$$G_{\text{cl,r}}(\text{j}\omega) = G_{\text{cl,r}}(s)\big|_{s=\text{j}\omega} =$$

$$\frac{[\tau_{\text{I,u}}(\omega_0^2 - \omega^2) + \text{j}2\omega]K_{\text{P,u}}K_{\text{P,i}}K_{\text{PWM}}}{\tau_{\text{I,u}}(\omega_0^2 - \omega^2)(1 + K_{\text{P,i}}K_{\text{PWM}}K_{\text{P,u}} - LC\omega^2 + \text{j}\omega K_{\text{P,i}}K_{\text{PWM}}C) + \text{j}2\omega K_{\text{P,i}}K_{\text{PWM}}K_{\text{P,u}}}$$

$$\xrightarrow{\omega=\omega_0} 1$$

$$(8-54)$$

即

$$\delta_{\text{s,r}}(\omega_0) = |1 - |G_{\text{cl,r}}(\text{j}\omega_0)||\times 100\% = 0 \qquad (8-55)$$

$$\theta_{\text{s,r}}(\omega_0) = 0 \qquad (8-56)$$

也即是 PR 控制可以实现对频率为 ω_0 的正弦信号的无静差跟踪。

综合上述分析,可以得到采用 PR 控制的双闭环控制系统结构原理,如图 8-28 所示。

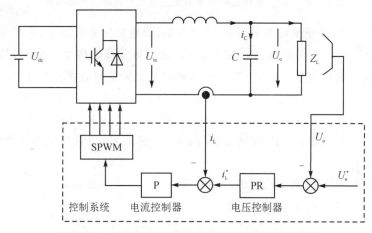

图 8-28 采用 PR 控制的双闭环控制系统结构原理

通过上述分析也不难发现,PR 控制的带宽非常小,只对单一频率的正弦信号具有优良的跟踪效果。在实际系统中,由于器件精度和外界扰动影响,当其偏离谐振频率时,PR 控制效果会急剧下降。为提高控制器的鲁棒性,通常在理想 PR 控制器的基础上加入阻尼项 $2\omega_{\text{c}}s$ 构成准比例—谐振控制器(QPR),其传递函数为

$$G_{\text{AVR}}(s) = K_{\text{P,u}}\left(1 + \frac{2\omega_{\text{c}}s}{\tau_{\text{I,u}}(s^2 + 2\omega_{\text{c}}s + \omega_0^2)}\right) \qquad (8-57)$$

式中,ω_{c} 为剪切频率。

8.3.5 PR 控制与 PI 控制的一致性分析

根据第 6 章分析可知,采用坐标变换理论进行矢量变换,可将静止坐标系下的三相交流量控制转化为旋转坐标下的直流量控制,而 PI 控制可以实现对直流变量的无静差跟踪,根据上述思路可建立如图 8-29 所示的基于坐标变换的单相逆变装置无

静差控制结构。

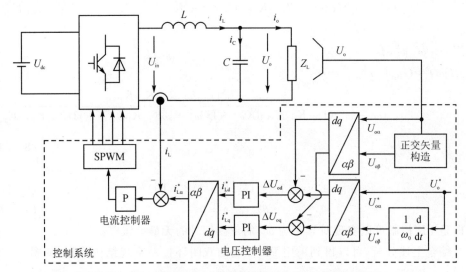

图 8 - 29　基于坐标变换的单相逆变装置无静差控制结构原理

图 8 - 29 中,静止坐标系采用 α-β 坐标系,旋转坐标系采用 d-q 坐标系。以给定量 $U_o^* = U_{om}^* \sin \omega t$ 作为 $U_{o\alpha}^*$,同时利用 U_o^* 通过数学变换构建虚拟正交变量 $U_{o\beta}^* = -U_{om}^* \cos \omega t$。输出电压反馈量 U_o 亦可以通过正交矢量构造方法获得电压 $U_{o\alpha}$、$U_{o\beta}$。上述变量通过 2s/2r 变换到 d-q 坐标系下,然后分别进行 PI 控制,控制器输出量 i_{Ld}^*、i_{Lq}^* 在经过 2r/2s 获得 $i_{L\alpha}^*$,作为电流控制器输入,电流控制器设计不变。可以证明,上述 d-q 坐标系下的 PI 控制方法与 α-β 坐标系下的 PR 控制是等效的,其具体分析过程如下。

根据第 6 章分析,对于选定的谐振频率 ω_0,α-β 坐标系到 d-q 坐标系的变换矩阵 $C_{2s/2r}$ 和反变换矩阵 $C_{2r/2s}$ 分别为

$$C_{2s/2r} = \begin{bmatrix} \cos \omega_0 t & \sin \omega_0 t \\ -\sin \omega_0 t & \cos \omega_0 t \end{bmatrix} \tag{8-58}$$

$$C_{2r/2s} = \begin{bmatrix} \cos \omega_0 t & -\sin \omega_0 t \\ \sin \omega_0 t & \cos \omega_0 t \end{bmatrix} \tag{8-59}$$

则可以求得

$$i_{L\alpha}^*(t) = i_{Ld}^*(t)\cos \omega_0 t - i_{Lq}^*(t)\sin \omega_0 t = i_{Ld}^*(t)\frac{e^{j\omega_0 t}+e^{-j\omega_0 t}}{2} + ji_{Lq}^*(t)\frac{e^{j\omega_0 t}-e^{-j\omega_0 t}}{2} \tag{8-60}$$

对上式进行 Laplace 变换,可得

$$i_{L\alpha}^*(s) = \frac{1}{2}\left[i_{Ld}^*(s-j\omega_0)+i_{Ld}^*(s+j\omega_0)+j(i_{Lq}^*(s-j\omega_0)-i_{Lq}^*(s+j\omega_0))\right] \tag{8-61}$$

设 d、q 轴两个 PI 控制器完全相同,则有 $i_{Ld}^*(s)=G_{AVR}(s)\Delta U_{od}(s)$,$i_{Lq}^*(s)=G_{AVR}(s)\Delta U_{oq}(s)$,并将其代入式(8-61),可得

$$i_{La}^*(s) = \frac{1}{2} \left[G_{AVR}(s-j\omega_0)\Delta U_{od}(s-j\omega_0) + G_{AVR}(s+j\omega_0)\Delta U_{od}(s+j\omega_0) + \right.$$
$$\left. j(G_{AVR}(s-j\omega_0)\Delta U_{oq}(s-j\omega_0) - G_{AVR}(s+j\omega_0)\Delta U_{oq}(s+j\omega_0)) \right] \tag{8-62}$$

又因为

$$\begin{cases} \Delta U_{od}(t) = U_{od}^*(t) - U_{od}(t) = \Delta U_{o\alpha}(t)\cos\omega_0 t + \Delta U_{o\beta}(t)\sin\omega_0 t \\ \Delta U_{oq}(t) = U_{oq}^*(t) - U_{oq}(t) = -\Delta U_{o\alpha}(t)\sin\omega_0 t + \Delta U_{o\beta}(t)\cos\omega_0 \end{cases} \tag{8-63}$$

式中，$\Delta U_{o\alpha}(t) = U_{o\alpha}^*(t) - U_{o\alpha}(t)$，$\Delta U_{o\beta}(t) = U_{o\beta}^*(t) - U_{o\beta}(t)$。

类似地，对式(8-63)进行 Laplace 变换，可得

$$\begin{cases} \Delta U_{od}(s) = \frac{1}{2} \left[\Delta U_{o\alpha}(s-j\omega_0) + \Delta U_{o\alpha}(s+j\omega_0) - j(\Delta U_{o\beta}(s-j\omega_0) - \Delta U_{o\beta}(s+j\omega_0)) \right] \\ \Delta U_{oq}(s) = \frac{1}{2} \left[\Delta U_{o\beta}(s-j\omega_0) + \Delta U_{o\beta}(s+j\omega_0) + j(\Delta U_{o\alpha}(s-j\omega_0) - \Delta U_{o\alpha}(s+j\omega_0)) \right] \end{cases} \tag{8-64}$$

将式(8-64)代入式(8-62)，可得

$$i_{La}^*(s) = \frac{1}{2}G_{AVR}(s-j\omega_0)\left[\Delta U_{o\alpha}(s) + j\Delta U_{o\beta}(s)\right] +$$
$$\frac{1}{2}G_{AVR}(s+j\omega_0)\left[\Delta U_{o\alpha}(s) - j\Delta U_{o\beta}(s)\right] \tag{8-65}$$

因为 $\Delta U_{o\alpha}(s)$、$\Delta U_{o\beta}(s)$ 为对称正交变量，且有

$$\Delta U_{o\beta}(s) = -\frac{s}{\omega_0}\Delta U_{o\alpha}(s) \tag{8-66}$$

将上式代入式(8-65)，可得

$$i_{La}^*(s) = \frac{1}{2}\Delta U_{o\alpha}(s)\left[G_{AVR}(s-j\omega_0)\left(1-\frac{js}{\omega_0}\right) + G_{AVR}(s+j\omega_0)\left(1+\frac{js}{\omega_0}\right)\right] \tag{8-67}$$

再将 PI 控制器传递函数式(8-31)代入式(8-67)，可得

$$i_{La}^*(s) = \frac{1}{2}\Delta U_{o\alpha}(s)K_{P,u}\left[\frac{\tau_{I,u}(s-j\omega_0)+1}{\tau_{I,u}(s-j\omega_0)}\left(1-\frac{js}{\omega_0}\right) + \right.$$
$$\left. \frac{\tau_{I,u}(s+j\omega_0)+1}{\tau_{I,u}(s+j\omega_0)}\left(1+\frac{js}{\omega_0}\right)\right]$$
$$= K_{P,u}\left(1+\frac{2s}{\tau_{I,u}(s^2+\omega_0^2)}\right)\Delta U_{o\alpha}(s) \tag{8-68}$$

即有

$$\frac{i_{La}^*(s)}{\Delta U_{o\alpha}(s)} = K_{P,u}\left(1+\frac{2s}{\tau_{I,u}(s^2+\omega_0^2)}\right) \tag{8-69}$$

式(8-69)与式(8-51)一致，即为 PR 控制器。

8.4 车载微电网系统及其运行控制

8.4.1 系统柔性拓扑构架与工作模式

随着装备全电化的加速发展,各种大功率任务载荷不断增加,用电需求大幅提高,通信、信息系统等精密设备的大量应用对供电品质提出了更高要求,同时,还希望电力保障具备快速到达、即插即用、快速布设/撤收等能力。针对上述"大功率、高品质、热插拔、高机动"的供电需求,可构建一种基于车载微电网的移动电力供给系统,其结构组成如图8-30中虚框所示。

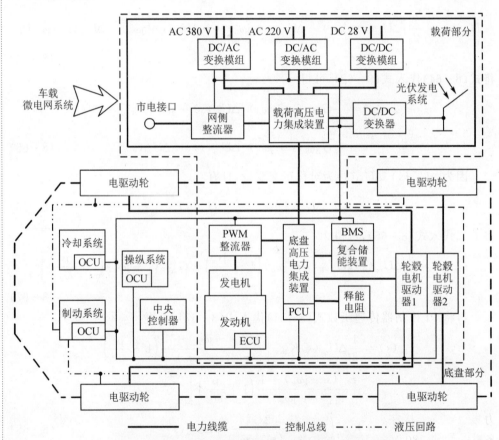

图 8-30 基于车载微电网的移动电力供给系统结构组成

图8-30中,发动机-发电机组、PWM整流器、复合储能装置、释能电阻、轮毂电机驱动器等安装在车体底盘上,光伏发电系统及其DC/DC变换器、与市电连接的网侧整流器、对外供电的DC/AC变换模组和DC/DC变换模组及供电接口等搭载在车舱中。为了实现各源/载的电力集成,根据空间布局,配置了底盘高压电力集成装置和载荷高压电力集成装置。上述各部分组件通过电力线缆和控制总线组成一个高度自治的微型电网,既可以离网运行,也能够实现与大电网(市电网)的柔性连接。各主

要部件的功能为：

① 发动机-发电机组、PWM 整流器、复合储能装置（包含动力电池和超级电容）与释能电阻构成 8.2 节中介绍的车载综合电力系统，作为主要能量源为车辆电驱动系统和外接任务载荷提供能量。

② 光伏发电系统作为补充能量源，通常采用最大功率追踪控制将太阳能转化为电能后为系统补充功率。

③ DC/AC 变换模组和 DC/DC 变换模组采用模块化设计，并充分考虑由于高度集成化带来的散热与保护问题，实现变流模块的"即插即用"。

④ 底盘/载荷高压电力集成装置既是系统能量交换与分配的中枢，同时也是系统管理控制的核心。采用 CAN 总线构建分布式控制网络，可根据操控信号和状态信息向各源/载控制器下达指令，实现车载微电网系统的功率流控制与运行管理。

通过上述分析不难发现，采用图 8-30 所示结构可实现"两个高效集成"，即：

（1）对外供电与自身机动能源的高效集成

车辆采用电传动底盘，车载发动机直接连接发电机发电，发出的电能与车载微电网系统并网工作，既可以驱动轮毂电机实现车辆自身机动，同时又可以对外供电。当发电机故障或者需要降低热辐射特征时，可利用车载微电网系统存储的电能实现静默行驶，系统冗余能力强。基于上述集成，车载微电网系统还可与整车共用冷却系统，从而优化系统体系结构，减小体积，提高车载适应性。

（2）分布式多能源的高效集成

车载微电网系统中除了发动机外，还配置有动力电池组、光伏发电系统等多种能源，通过一体化集成，实现能量的高效综合利用，并可以完成市电主导供电、孤岛混合供电、孤岛静默供电等多种供电模式的"无缝切换"，不间断供电能力强，输出电能质量高，环境适应性好。

车载微电网可采用直流、交流、交直流混合等多种拓扑结构，不同结构会对系统对外供电能力、可靠性、转换效率等产生重要影响。根据前述分析，本节车载微电网采用直流拓扑，其结构如图 8-31 所示，系统中有市电网、发动机-发电机组、复合储能装置和光伏发电系统 4 个能量源，分别通过网侧整流器 CV1 及微电网主断路器 CS1、整流器 EV1、双向 DC/DC 变换器 EVG1、DC/DC 变换器 EV2 变换成统一制式的直流电后，在底盘/荷载高压电力集成装置内挂接在直流母线上。车辆电驱动系统从底盘高压电力集成装置挂接到直流母线上，其他外接的任务载荷通过载荷高压电力集成装置挂接在直流母线上，系统中配置有三相逆变器 LV3 为外接大功率交流任务载荷提供 380 V 交流电，小功率交流任务载荷由单相逆变器 LV2 逆变实现 220 V 交流供电，此外，系统中还配置有直流-直流隔离变换器 LV1，对外提供 28 V 低压直流电。

为了提高系统功率密度和能量转换效率，复合储能装置与双向 DC/DC 变换器 EVG1 连接原理如图 8-32(a) 所示。在预充电初始阶段，控制高压接触器 EK3、EK4 闭合，动力电池接入双向 DC/DC 高压侧，超级电容接入低压侧，DC/DC 工作在降压恒流模式；当充电至二者电压相等时，断开 EK3、EK4，闭合 EK2、EK5，DC/DC 采用升压恒流工作模式，直到充至目标电压，ES2 闭合，动力电池组和超级电容并联向直流母线供电。区别于8.2节采用的传统结构(见图8-32(b))中,超级电容的预充电通过串接预充电阻实现,由于超级电容的容量大,预充电阻体积和回路电流都很大,预充过程会造成较大的能量损耗,同时导致系统体积增加,并给自身散热设计带来困难;此外,传统结构还存在充电末期电流小,充电速度慢等问题。本节连接结构可有效利用双向DC/DC的多种工作模式实现恒流充电,充电速度快,效率高,且省去了预充电阻,系统体积小,同时能量损耗大大降低。

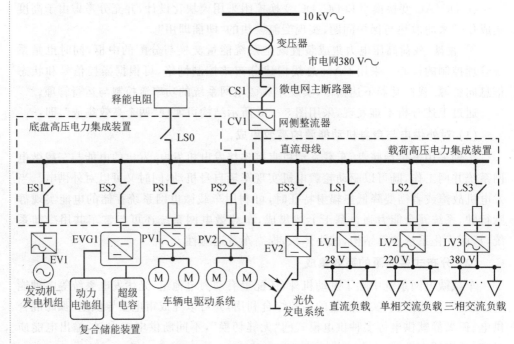

图 8 - 31   车载直流微电网拓扑结构

不同结构超级
电容预充过程
仿真模型

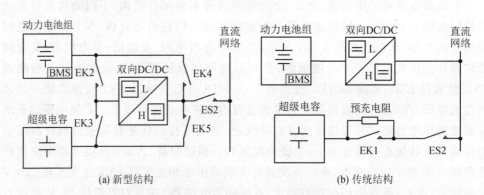

(a) 新型结构   (b) 传统结构

图 8 - 32   复合储能装置与双向 DC/DC 变换器 EVG1 连接原理

采用直流微电网拓扑下的移动电力供给系统可具备市电主导供电、孤岛混合供电、孤岛静默供电 3 种工作模式,其工作转换机制如图 8-33 所示。

当有市电网时,系统优先工作在并网供电模式(也称市电主导供电模式,记为模式 1)。此时,闭合微网主断路器 CS1,市电作为主电源,满足各类负荷能量需求(此时一般在场站内处于驻车状态,可不考虑车辆机动供电需求)。ES1 断开,发动机熄火。ES2 闭合,复合储能装置挂接在直流母线上,作为应急备份能量源,同时,当动力电池 SOC 较低时也可利用市电为其充电,光伏发电系统可通过 ES3 挂接到直流母线为负载供电。如果电网出现掉电(或短路)故障时,系统切断微电网主断路器 CS1,切换到孤岛工作模式。根据孤岛运行时主导动力源的不同,可分为孤岛混合供电模式(此时发动机-发电机组作为主导能量源

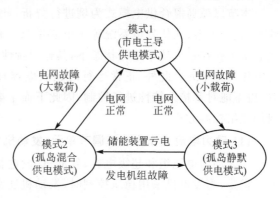

图 8-33 移动电力供给系统工作模式转换机制

供电,记为模式 2)和孤岛静默动力模式(此时复合储能装置和光伏发电系统作为主导能量源供电,记为模式 3)。当任务载荷供电需求功率很大时,切换到模式 2,此时动力电池可短时提供负荷所需电能(母线电压不会明显波动),同时立即闭合 ES1,控制发动机-发电机组启动工作,满足电网故障期间负荷的长时用电需求,此外还应根据电池 SOC 状态判断是否为电池充电(以应对下次掉电故障);当任务载荷供电需求功率较小时,切换到模式 3,此时动力电池组和光伏发电系统提供负荷所需电能,发动机-发电机组不工作。当检测到电网电压恢复并可靠供电时,系统切回至模式 1。

当无市电网可接入或处于机动电力供给情况时,系统优先工作在模式 2,若此时发动机-发电机组及其整流器 EV1 出现故障,可切换到模式 3,实现应急供电;当需要进行静默电力供给时,系统工作在模式 3,若长时间供电导致动力电池容量过低时,可在适当情况下切换到模式 2,启动发动机为动力电池补电,充满后再恢复到模式 3。

通过上述分析不难发现,这种直流微电网拓扑结构简单、稳定性好,且可以实现各种工作模式切换的"零感知",系统不间断供电能力强。

8.4.2 多能量源成组方式与驱动特性匹配

通过前述分析不难发现,车载微电网系统是一个典型的多源/载耦合系统,且发动机-发电机组、动力电池组、超级电容和光伏发电系统等各个能量源具有不同的驱动特性,各能量源成组方式与驱动特性匹配好坏是影响系统供电性能与运行稳定性的关键因素。微电网常用的多源匹配控制一般有主从式(Master-Slave)和对等式(Peer-to-Peer)两种方式。

1. 主从式控制方式

主从式控制策略基本原理是:微电网由单一能量源(或多个能量源轮流)支撑母线电压,其他能量源均作为电流源接入,向直流母线提供或吸收功率。通常支撑母线电压的能量源被称为电压支撑单元(有时也称松弛终端),以电流源特性接入的能量源被称为功率调节单元(有时也称能量终端)。如何选取电压支撑单元和功率调节单元是主从式控制首先要解决的问题。

本节以孤岛混合供电模式为例进行分析,此时系统有发动机-发电机组、动力电池组、超级电容、光伏发电系统等 4 个能量源。光伏发电系统的输出功率相对较小,且通常工作在最大功率跟踪状态下,其输出特性与功率调节单元比较匹配,一般不作为电压支撑单元。此外,正常运行时超级电容直接挂接在母线,中间无电力变换装置,也不能对其接入特性进行控制,因此下面主要分析发动机-发电机组与动力电池组的成组控制方式。

(1) 动力电池组作为功率调节单元,发动机-发电机组作为电压支撑单元

较之动力电池组和超级电容,发动机-发电机组额定输出功率大,稳压能力也更强。但是,当发电机采用稳压控制时,发动机通常也需频繁切换转速工作点,发动机调速响应较慢,在其调速过程中母线电压往往会出现较大波动甚至失稳;同时,发动机自身也很难持续工作在最佳燃油特性曲线附近,能量转换效率较低。

(2) 发动机-发电机组作为功率调节单元,动力电池组作为电压支撑单元

动力电池组通过双向 DC/DC 变换器实现母线电压稳定,较之发动机-发电机组,其响应速度较快,母线电压稳定性较好,且由于超级电容器功率密度高,能够自动吸收负载功率中的高频分量,对需求功率预测与分频精度要求较低。缺点是当双向 DC/DC 变换器采用稳压控制时,动力电池储能介质反复充放电,导致其使用寿命降低。

(3) 发动机-发电机组和动力电池组均作为功率调节单元

这种成组方式由超级电容器起到母线稳压作用,并充分发挥其瞬态超高负荷承载能力,提供或消纳需求功率的高频分量。同时,通过控制发动机-发电机组和动力电池组输出电流,实时满足负载低频功率需求,从而实现各能量源之间的解耦控制,可解决负载功率激增时发动机因动态响应速度慢导致的熄火失稳问题,也可较好的避免母线电压轻微波动导致双向 DC/DC 变换器工作模式频繁切换、动力电池储能介质反复充放电问题。但是,由于超级电容直接挂接在母线,自身不具备稳压控制功能,因此这种成组方式对系统需求功率预测与分配控制的精度要求较高,以保证发动机-发电机组和动力电池组能够实时响应负载低频功率需求,否则容易因供需功率不平衡而导致直流母线电压大幅波动,从而影响系统稳定性。综合比较来看,该方式控制效果比较理想,但是对系统运行控制要求较高。

2. 对等式控制方式

根据上述分析不难发现,当采用主从式控制方式时,系统运行过程中接入或切除能量源需要提前调整分配功率,控制过程相对复杂,难以实现"即插即用",系统灵活性稍差。与主从式控制方式相对应的是对等式控制方式,各能量源在系统中的接入方式相同,多个能量源共同支撑母线电压,单个能量源可直接并入或切除,容易实现"即插即用"。微电网中最常见的对等控制方式是下垂控制,其原理是根据直流母线电压的偏差来调整各能量源输出功率,实现多能量源的并联,如图 8-34 所示。

图 8-34 中,U_{dc} 为母线电压,Z_{load} 为负载阻抗,U_{di}、i_{di}、$R_{line i}$、R_{di}($i=1,2,3,4$)分别为各能量源的端口电压、输出电流、线路阻抗和下垂系数。其中,由于超级电容回路无电力变换器,不能实现下垂控制,故 $R_{d3}=0$。

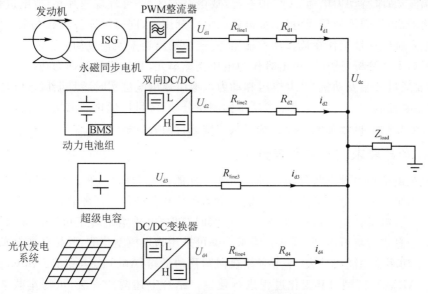

图8-34　直流微电网下垂控制原理

容易求得,当忽略线路阻抗时,各能量源的输出特性表达式为

$$U_{di} = U_{dc} + i_{di}(R_{di} + R_{\text{line}i}) \tag{8-70}$$

根据下垂特性,当 U_{di} 设置为相同值时,由式(8-70)可得各能量源输出电流分配关系为

$$i_{di}/i_{dj} = (R_{dj} + R_{\text{line}j})/(R_{di} + R_{\text{line}i}) \tag{8-71}$$

不难发现,下垂系数越大,线路阻抗的影响相对越小,各能量源输出电流分配精度更高,但电压跌落更加严重;反之,下垂系数越小,线路阻抗的影响相对越大,各能量源输出电流分配误差增大,电压跌落减小。也即是说,下垂控制在带有线路阻抗条件下,电压跌落与电流分配精度之间存在矛盾。此外,采用下垂控制时难以充分考虑各能量源不同的驱动特性,实现最优匹配。

8.4.3　多目标优化系统源/载功率流控制与"即插即用"

综合上述主从式、对等式控制方式特点,本节设计以超级电容为电压支撑单元(由于实际系统中,无法对超级电容的接入特性进行控制,因此通常也称为"准电压支撑单元"),其他能量源为功率调节单元的主从式控制单元,并引入基于下垂控制的母线电压补偿与功率再分配策略,实现系统功率流多目标优化控制与"即插即用",保证系统的稳定运行,并提高其灵活性。系统运行控制优化目标设定为:

① 在不同工作模式下,实现各能量源的成组特性匹配与功率分配,使其呈现出与负载特性相适应的驱动特性,以最大程度满足各负载的用电需求,同时保持母线电压相对稳定,实现系统的稳定运行。

② 在上述前提下控制各能量源按照自身最优或次优工作模式运行,提高工作效率和使用寿命。具体来说:控制发动机工作在燃油效率高效区,同时避免其工作点频

繁大幅波动;维持动力电池 SOC 值在充/放电高效区,并合理规划其充/放电过程,延长使用寿命;合理规划母线电压,提高超级电容利用率,同时保证各负载安全工作;光伏发电系统应尽量工作在最大功率输出点,避免输出功率大幅波动。

根据上述分析,选用超级电容作为电压支撑单元,其他能量源作为功率调节单元时,需要通过控制发动机-发电机组和动力电池组输出电流实时满足负载低频功率需求,其主要控制环节包括负载需求功率预测与分频、多目标优化需求功率分配和母线电压补偿与功率再分配。下面分别对其原理进行简要分析。

1. 负载需求功率预测与分频

负载需求功率预测与分频是进行功率分配的基础和前提,车载微电网系统的负载包括满足车辆自身机动需求的车辆电驱动系统和各种外接任务载荷。车辆电驱动系统中轮毂电机转矩、转速等状态变量可实时获取,电机给定转矩可通过油门开度、车速等信息进行解析得到,因此其需求功率可采用物理模型预测;外接任务载荷种类多,需求功率变化随机性大,本节采用自回归移动平均(Auto Regressive Moving Average,ARMA)模型对其变化过程进行建模。结合上述两种方法,可得车载微电网系统负载需求功率组合预测方法,如图 8-35 所示。为了进一步提高功率需求预测精度,图中还加入基于母线电压的预测功率反馈校正环节。

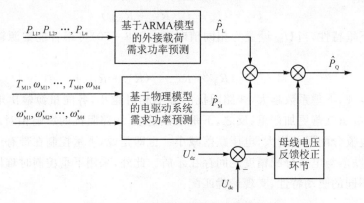

图 8-35 负载需求功率组合预测方法

图 8-35 中,P_{L1},P_{L2},$\cdots$,P_{Ln} 为各外接负载当前功率,$\hat{P}_L$ 为外接负载预测总功率,T_{M1},ω_{M1},$\cdots$,T_{M4},ω_{M4} 为各轮毂电机转矩和转速,ω_{M1}^*,ω_{M2}^*,$\cdots$,ω_{M4}^* 为解析得到的各轮毂电机目标转速,$\hat{P}_M$ 为电驱动系统预测总功率,U_{dc}^*、U_{dc} 为母线额定电压和实际电压,$\hat{P}_Q$ 为负载预测总功率。

在此基础上,采用如图 8-36 所示的基于 3 阶小波变换的功率分频方法,将需求功率分解为高频暂态分量和低频分量,其中,高频暂态分量由超级电容承担,低频分量按照优化目标分配给发动机-发电机组和动力电池组。

图 8-36 中,$\hat{P}_{QH}$、$\hat{P}_{QL}$ 分别为分配得到的需求功率高频暂态分量和低频分量。$H_i(z)$($i=0,1$)为分解滤波器,其表达式为

$$[H_1(z) \quad H_0(z)]^T = \frac{1}{2}[1-z^{-1} \quad 1+z^{-1}]^T \qquad (8-72)$$

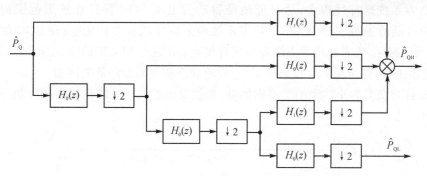

图 8-36 基于 3 阶小波变换的功率分频方法

2. 多目标优化需求功率分配

为实现上述多目标优化功率分配,可构建如图 8-37 所示的基于模糊控制器的需求功率分配单元,主要由模糊化、模糊推理、反模糊化等环节组成,为了实现量标归一化,在输入端和输出端分别设置了量化因子和比例因子。

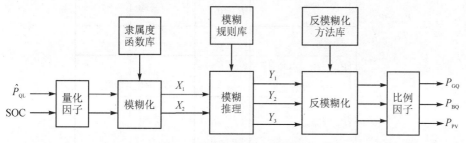

图 8-37 基于模糊控制器的需求功率分配单元

图 8-37 中,需求功率分配单元的输入为负载低频功率需求 $\hat{P}_{QL}$ 和动力电池荷电状态 SOC,其输出为发动机-发电机组分配功率 P_{GQ}、动力电池组分配功率 P_{BQ} 和光伏发电系统分配功率 P_{PV}。需要说明的是,考虑到光伏发电系统输出功率在系统满载功率中的占比较小,为了简化控制器设计复杂程度,本节设计中将其最大跟踪功率近似为常值。当光伏发电系统输出功率占比较大时,应将其最大跟踪功率预测值 $\hat{P}_{PVQ}$ 亦作为需求功率分配单元的输入量。

模糊规则是模糊控制器设计的核心,本节设计的需求功率分配模糊规则库由 13 个规则区组成,如图 8-38 所示。

图中,SOC_{min}、SOC_{Rmin}、SOC_{max}、SOC_{Rmax} 分别为动力电池 SOC 工作下限、调节下限、工作上限和调节上限值,P_{G-max} 为发动机-发电机组最大输出功率,$P_{Bch-max}$ 和 $P_{Bdis-max}$ 分别为动力电池最大充电功率和最大放电功率,P_{PV-max} 为光伏发电系统最大功率。

该模糊规则库充分考虑工作条件约束,最大程度地满足前述系统运行控制多优化目标,其具有以下特点:

① 除需求功率超出系统能量供给能力的①、⑪、⑫规则区外,其他规则区均能实现各能量源的成组特性匹配与功率分配,以最大程度的满足各负载的用电需求。

② 在系统运行过程中，尽可能地使得动力电池 SOC 保持在理想范围内。在 SOC 值较低的④、⑥规则区，充分利用系统剩余供给能量为其充电；在 SOC 值较高的③、⑧规则区，优先利用动力电池组对外供电；在 SOC 值适中的⑤、⑦规则区，动力电池组不工作，以避免因其频繁处于充/放电状态使得寿命降低的问题。

③ 除当负载为小功率的⑦规则区外，光伏发电系统尽可能保持在最大功率跟踪或停机状态。

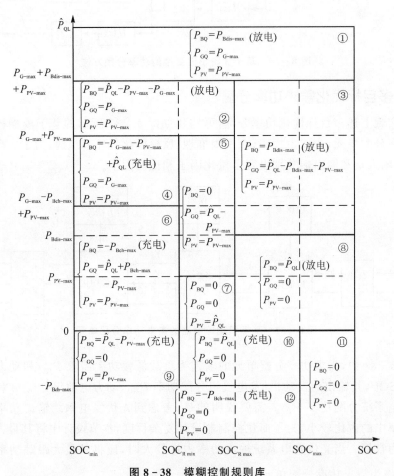

图 8-38　模糊控制规则库

3. 母线电压补偿与功率再分配

如前所述，当采用超级电容作为支撑单元时，整个系统依赖超级电容的瞬时充放电能力来调节母线电压。由于超级电容回路没有功率变换装置，电压偏离给定值时无法通过反馈环节调整电压，因此当前述负载需求功率预测、分频，以及多目标优化需求功率分配等环节出现偏差时，容易造成直流母线电压大幅波动。此外，在模糊控制规则库的①、⑪、⑫规则区，需求功率超出系统能量供给能力也会导致母线电压失控。因此，为提高系统稳定运行能力，需要对母线电压进行补偿和功率再分配。特别地，在母线电压超过极限值时，还需采取主动减载控制、负荷保护控制等相应的措施。

根据直流母线电压运行的波动范围，可设计母线电压分级控制结构如图 8-39

所示。图中，U_{dc}^* 为母线电压额定值，U_{d-Rmax}、U_{d-Rmin} 分别为母线电压调节范围上限值、下限值，U_{d-max}、U_{d-min} 分别为母线电压工作允许上限值、下限值。由此，母线电压的工作范围可以划分为 5 个工作区，即 a、b、c、d、e 区。

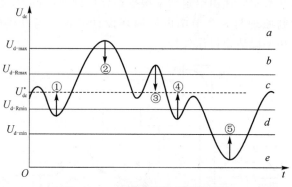

图 8-39 母线电压分级控制结构

① c 区为母线电压最佳工作区，此时源/载功率平衡由超级电容通过充放电自动调节，无需对母线电压进行补偿。

② 当能量源输出功率高于负载需求功率导致母线电压上升到 b 区时，需要通过降低能量源输出功率使其恢复到 c 区，如图 8-39 中箭头③所示。反之，当能量源输出功率低于负载需求功率导致母线电压下降到 d 区时，需要增加各能量源输出功率使其恢复到 c 区，如图中箭头①、④所示。

③ 当通过调节能量源输出功率仍不能控制母线电压，导致其进入 a 区时，需接入释能电阻消耗剩余能量，同时进行负载保护控制，避免过压损坏，如图 8-39 中箭头②所示。

④ 当母线电压从 d 区下降到 e 区时，各能量源输出功率难以支撑负载需求，此时需进行主动减载控制，使母线电压回升，如图 8-39 中箭头⑤所示。

综上分析，当母线电压在 c 区时，不需进行电压补偿；在 b、d 区时，需采用适当的控制策略对各能量源进行功率再分配，实现对母线电压进行补偿；在 a、e 区时，除了对能量源进行功率再分配外，还需采用相应的负荷控制策略。下面分别对能量源功率再分配策略与负荷控制策略进行分析。

（1）能量源功率再分配策略

考虑到光伏发电系统输出功率在系统满载供电功率中占比较小，对母线电压波动影响也较小，因此母线电压补偿主要通过下垂控制调节发动机-发电机组和动力电池组的功率实现。根据前述下垂控制原理，可构建发动机-发电机组下垂控制结构如图 8-40 所示。

根据图 8-40，可得下垂控制单元补偿功率为

$$P_{vG} = k_G(U_{dc}^* - U_{dc})U_{dc} \tag{8-73}$$

式中，下垂系数 k_G 为带死区的非线性函数，其表达式为

$$k_G = \begin{cases} 0, & U_{d-Rmin} < U_{dc} < U_{d-Rmax} \\ K_g, & 其他 \end{cases} \tag{8-74}$$

即当母线电压在 c 区内时,不需进行母线电压补偿,源/载功率平衡由超级电容通过充放电自动调节;当超出 c 区时,增加下垂控制补偿。下垂控制单元补偿功率 P_{vG} 与前述模糊系统分配功率 P_{GQ} 之和经限幅后作为发动机-发电机组的给定功率,发动机采用转速控制,其给定转速由给定功率根据最佳燃油曲线得到,发电机采用电流闭环控制,其矢量控制原理与 8.2 节中电流内环设计一致。当母线电压 $U_{dc} > U_{d-max}$ 时,系统切除给定功率以防止过压失控。

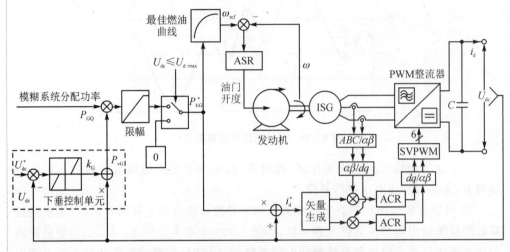

图 8-40 发动机-发电机组下垂控制结构

采用下垂控制结构还可具有理想的"即插即用"特性。当发动机-发电机组以"热插拔"方式接入系统时,模糊系统分配功率 P_{GQ} 为零,如果母线电压处于 c 区时,系统功率供需平衡性好,发动机-发电机组不工作;如果母线电压超出 c 区,发动机-发电机组在下垂控制作用下自动工作,为负载提供功率。

动力电池组的下垂控制结构与发动机-发电机组相似,如图 8-41 所示。下垂控制单元补偿电流为

$$i_{vB} = k_B(U_{dc}^* - U_{dc}) \tag{8-75}$$

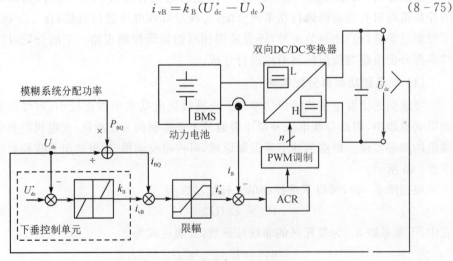

图 8-41 动力电池组下垂控制结构

式中,下垂系数 k_B 的表达式为

$$k_B = \begin{cases} 0, & U_{d-Rmin} < U_{dc} < U_{d-Rmax} \\ K_b, & \text{其他} \end{cases} \tag{8-76}$$

下垂控制单元补偿电流 i_{vB} 与模糊系统分配功率 P_{BQ} 折算电流 i_{BQ} 之和经过限幅后作为双向 DC/DC 变换器的给定电流。与发动机-发电机组不同的是:在母线电压 $U_{dc} > U_{d-max}$ 时,不切除动力电池,而是利用其充电特性尽可能的吸收剩余能量,抑制系统过压失控。此外,为了有效控制动力电池充/放电电流,在实际系统中电流反馈量通常选用双向 DC/DC 变换器电池侧电流,而不选用母线侧电流。

(2)负荷控制策略

如前所述,负荷控制主要包括主动减载控制和负载保护控制。当各能量源功率不足以满足负载功率需求,导致直流母线电压降低到 e 区时,系统根据各任务负载的优先级,通过切除部分优先级低的负载,实现主动减载,从而维持源/载功率平衡,使得母线电压回升。类似地,当直流母线电压持续上升进入 a 区时,为避免负载过压损坏,必须对其进行保护控制,一般包括过压保护、过流保护以及过功率保护等。

8.4.4 基于虚拟惯性控制的系统稳定性增强技术

由于车载轻量化要求,通常需要对各种能量源的容量进行严格限制,使得车载微电网呈现出明显的"弱惯性"特征,而大量采用电力变换器接入的负载响应速度非常快,负载功率突变和频繁投切会引起母线电压急剧波动,直接威胁到直流微电网的安全稳定运行。为此,如果能在配置超级电容提高系统抗高频冲击能力的基础上,通过虚拟惯性控制释放车载微电网中潜在的惯性,可进一步增强抑制负载功率频繁波动的能力,保证系统安全稳定运行。与前类似,考虑到光伏发电在系统满载输出功率占比较小,此处仍主要讨论发动机-发电机组和动力电池组的虚拟惯性控制。

发动机-发电机组虚拟惯性控制的基本原理如图 8-42 所示。

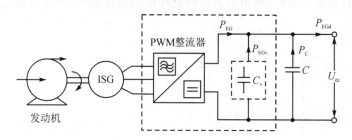

图 8-42 发动机-发电机组虚拟惯性控制基本原理

当不考虑 C_v 时,发动机-发电机组向直流母线注入的功率 P_{EGd} 可表示为

$$P_{EGd} = P_{EG} + P_C = P_{EG} + CU_{dc}\frac{\mathrm{d}U_{dc}}{\mathrm{d}t} \tag{8-77}$$

式中,P_{EG}、P_C 分别为 PWM 整流器直流侧功率和支撑电容释放功率。

当直流微电网稳定运行时,$P_C = 0$,即 $P_{EG} = P_{EGd} = P_{EGd0}$;当由于负载功率变化使得 P_{EGd0} 增加或减少 ΔP_{EGd},即 $P_{EGd} = P_{EGd0} + \Delta P_{EGd}$ 时,P_{EG} 来不及响应,不平衡

功率将导致直流母线电压下降或升高。

如果对 PWM 整流器施加附加惯性控制，使其在母线电压突变时向直流母线提供 P_{EGv} 的惯性功率，此时系统功率平衡关系可表示为

$$P_{EG} + P_C + P_{EGv} = P_{EGd} = P_{EGd0} + \Delta P_{EGd} \tag{8-78}$$

仍设 $P_{EG} = P_{EGd0}$，则

$$P_C + P_{EGv} = \Delta P_{EGd} \tag{8-79}$$

也即是说，在施加附加惯性控制后，注入直流母线的功率变化量 ΔP_{EGd} 由 PWM 整流器输出惯性功率 P_{EGv} 和电容电功率 P_C 共同提供。这样一来，引入惯性功率 P_{EGv} 后，对相同功率变化量 ΔP_{EGd}，电容器的电功率 P_C 将减小，即直流母线的电压变化量将减小，相当于提高了系统惯性。设

$$P_{EGv} = C_v U_{dc} \frac{dU_{dc}}{dt} \tag{8-80}$$

则式(8-79)可变换为

$$P_C + P_{EGv} = \Delta P_{EGd} = (C_v + C) U_{dc} \frac{dU_{dc}}{dt} \tag{8-81}$$

不难发现，通过施加虚拟惯性控制，可降低直流微电网对超级电容器的容量需求，增强系统稳定运行的能力。

进一步，根据式(8-80)，可得

$$\int P_{EGv} dt = \frac{1}{2} C_v (U_{dc}^2 - U_{dc}^{*2}) \tag{8-82}$$

对上式进行 Laplace 变换，可得

$$P_{EGv}(s) = \frac{1}{2} C_v (U_{dc}^2 - U_{dc}^{*2}) \cdot s = \left(1 - \frac{1}{1+Ts}\right) \frac{C_v}{2T} \cdot (U_{dc}^2 - U_{dc}^{*2}) \tag{8-83}$$

考虑到直接微分对输入信号中的高频干扰非常敏感，因此在控制器中引入一阶惯性环节进行滤波。由此，可得引入虚拟惯性控制的发动机-发电机组控制结构，如图 8-43 所示。

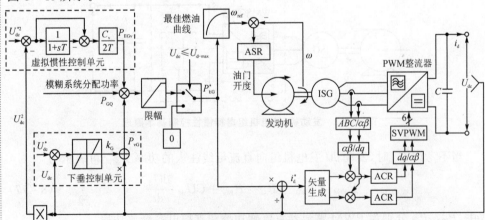

图 8-43　发动机-发电机组虚拟惯性控制结构

类似地，可以得到动力电池组的虚拟惯性控制结构如图 8-44 所示。

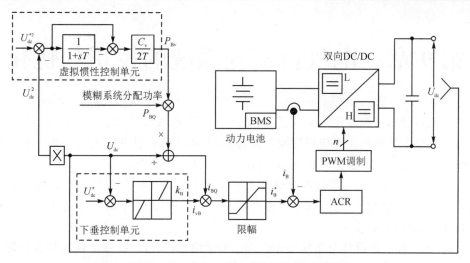

图8-44　动力电池组虚拟惯性控制结构

本章习题

8.1　对于图8-6所示发电机励磁调压系统,当检测环节存在误差(即 $\omega/\hat{\omega}\neq1$)时,试分析检测误差对系统静特性的影响。

8.2　对于图8-6所示的发电机励磁调压系统,试求采用微分负反馈时系统的传递函数,并比较微分负反馈控制与伪微分控制的异同点。

8.3　说明如何通过控制PWM整流器实现永磁同步电机四象限工作,系统启动和发电工况时分别处于哪个象限?

8.4　试画出单相逆变器输出滤波器的4种谐振尖峰抑制方法(即电容两端并联电阻、电容回路串联电阻、电感两端并联电阻、电感回路串联电阻)对应的Bode图,并对比抑制效果。

8.5　试求图8-45所示的各电路在正弦输入条件下的稳态幅值误差率和相位误差率。

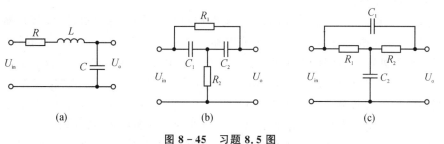

图8-45　习题8.5图

8.6　结合图8-31和图8-33分析车载微电网系统在市电主导供电、孤岛混合供电、孤岛静默供电等3种工作模式下各源/载功率流向。

8.7　简述微电网主从式控制和对等式控制的基本原理,并比较二者的优缺点。

8.8　简述虚拟惯性控制实现系统稳定性增强的原理。

第9章 电气自动化系统的校正与优化

本章导学

前几章分析了调速控制系统、位置随动控制系统、发电控制系统和电力变换控制系统等典型电气自动化系统原理及其装备应用,本章将在此基础上讨论电气自动化系统的校正与优化方法。一般地,系统设计可分为以下步骤:

① 开展系统构型与部件匹配设计。根据系统控制对象特性、性能要求和工作条件约束,开展系统构型设计、基本部件选型与参数匹配计算,形成一个基本的电气自动化系统,或称原始系统。

② 进行控制器设计与系统校正。建立数学模型,分析系统稳定性和其他动态性能,设计控制结构与控制器初始参数,并通过仿真分析调整控制参数,优化系统性能。

③ 进行控制器实现与试验优化。将优化后的控制器通过运算电路或者软件程序实现,完成控制器样机研制,进行系统联调试验,并根据试验结果开展优化设计,使其满足性能指标要求。

以上步骤中,控制器设计与系统校正是电气自动化系统设计的重要环节,也是本章分析的重点。

9.1 典型系统及其性能指标与参数的关系

频率特性法是电气自动化系统控制器设计的常用方法,其基本思路是:首先根据应用需求确定系统的静、动态性能指标;然后根据性能指标求得相应的理想开环对数频率特性,并通过比较理想开环频率特性和控制对象的固有频率特性,确定控制器的对数幅频特性,进而反推得到控制器的结构和参数。在实际系统中,往往需要系统满足稳、准、快以及抗干扰等相互制约的性能要求,而要找到相对应的理想开环频率特性并不容易,需要设计者具有丰富的实践经验和熟练的设计技巧,这就限制了频率特性法的工程应用推广。

考虑到在调速控制、位置随动控制、发电控制等系统中,除电机外,大部分都是惯性较小的功率变换装置,以及采用集成电路或数字控制芯片实现的控制器等部/组件,通过化简处理一般都可以用低阶系统来近似。因此,可以尝试在控制系统纷繁复杂的结构形式中找出少数典型的结构,把典型结构系统的开环频率特性当作预期的理想特性,建立其参数选取与性能指标之间的映射关系,作为调节器设计方法的基础。这样一来,实际系统只要能简化或校正成典型系统的形式,就能够利用现有的公式和数据进行设计,这就是基于典型系统的控制器设计方法,其设计流程如图 9-1 所示。当然,对于熟练的设计者来说,在实际运用基于典型系统的频率设计方法时,也可以省略图 9-1 中的系统频率特性曲线求解过程,而直接根据传递函数求解。

由图 9-1 可知,采用基于典型系统的控制器设计方法有两个关键环节:一是分析清楚典型系统的种类以及其参数与性能指标之间的关系;二是设计控制器将实际系统校正为典型系统,对于无法直接通过控制器校正的情况,还需要采用近似处理后再进行校正。

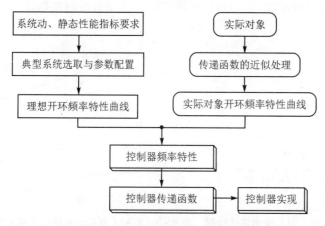

图9-1 基于典型系统的控制器设计流程

9.1.1 典型系统的结构

为分析方便,设系统为单位反馈系统,其开环传递函数采用尾一标准型,可描述为

$$G(s) = \frac{K \prod_{j=1}^{m}(\tau_j s + 1)}{s^r \prod_{i=1}^{n-v}(T_i s + 1)} \tag{9-1}$$

当 $r = 0, 1, 2\cdots$ 等不同数值时,系统分别为 0 型、I 型、II 型……系统。根据第 7 章的分析,0 型系统在稳态时是有差的,而 III 型和 III 型以上的系统很难稳定。因此,通常为了保证稳定性和一定的稳态精度,多采用 I 型和 II 型系统。

I 型系统的结构是多种多样的,考虑到 4.4 节分析的理想频率特性的基本特征,选取典型 I 型系统的开环传递函数为

$$G(s) = \frac{K}{s(Ts + 1)} \tag{9-2}$$

式中,K 为系统开环增益,T 为惯性时间常数。

在实际系统中,转速-电流双闭环控制系统的电流环和简单的定位跟随系统,经过简化后都可以等效为典型 I 型系统。典型 I 型系统的闭环系统结构与开环对数频率渐近特性曲线分别如图 9-2 和图 9-3 所示。由图可知,典型 I 型系统结构简单,而且对数幅频特性的中频段以 -20 dB/dec 的斜率穿越零分贝线,当参数选择满足 $\omega_c < 1/T$ 或 $\omega_c T < 1$ 时,可保证系统稳定,且具有足够的稳定裕度,其相角裕度满足 $\gamma = 180° - 90° - \arctan \omega_c T > 45°$。

类似地,根据 4.4 节分析的理想频率特性的基本特征,可在 II 型系统中选择一种最简单而稳定的结构作为典型 II 型系统,其开环传递函数为

$$G(s)=\frac{K(\tau s+1)}{s^2(Ts+1)} \qquad (9-3)$$

式中，K 为系统开环增益，T 为惯性时间常数，τ 为微分时间常数。

典型 I 型系统
频率特性绘制

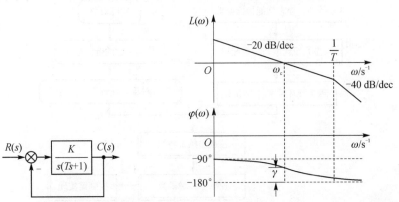

图 9-2　典型 I 型系统闭环结构图　图 9-3　典型 I 型系统开环对数频率渐近特性曲线

典型 II 型系统比典型 I 型系统稍微复杂一些，许多采用 PI 调节器的调速系统和随动系统都可以简化成这种结构形式，其闭环系统结构图和开环对数频率渐近特性曲线分别如图 9-4 和图 9-5 所示。由图可知，典型 II 型系统的中频段也是以 $-20\ \mathrm{dB/dec}$ 的斜率穿越零分贝线。由于分母中 s^2 项对应的相频特性是 $-180°$ 水平线，且后面还有一个一阶惯性环节（这是实际系统一般都有的），因此分子上必须有一个一阶微分环节 $(\tau s+1)$，且满足 $1/\tau<\omega_c<1/T$ 或 $\tau>T$，才能将相频特性曲线抬高到 $-180°$ 线以上，以保证系统稳定。此时，系统相角稳定裕度满足

$$\gamma=180°-180°+\arctan\omega_c\tau-\arctan\omega_c T=\arctan\omega_c\tau-\arctan\omega_c T$$

$$(9-4)$$

且 τ 比 T 大得越多，系统相角稳定裕度越大。

典型 II 型系统
频率特性绘制

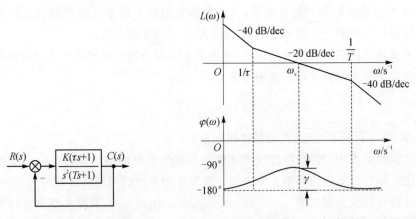

图 9-4　典型 II 型系统闭环结构图　图 9-5　典型 II 型系统开环对数频率渐近特性曲线

下面进一步讨论典型 I 型系统和典型 II 型系统的频率特性与性能指标之间的关系。

9.1.2　典型Ⅰ型系统性能指标与参数的关系

典型Ⅰ型系统的开环传递函数中有两个参数,即开环增益 K 和时间常数 T。在实际系统中,时间常数 T 往往是控制对象本身固有的,能够由控制器改变的只有开环增益 K。因此,下面主要分析性能指标与开环增益 K 取值之间的关系。

当开环增益 K 变化时,典型Ⅰ型系统开环对数幅频特性将随之上下平移,如图 9 – 6 所示。

在 $\omega=1$ 处,典型Ⅰ型系统的对数幅频渐近特性曲线幅值为

$$L(\omega)\big|_{\omega=1}=20\lg K=20(\lg \omega_c-\lg 1)=20\lg \omega_c \tag{9-5}$$

由此可得:$K=\omega_c$(当 $\omega_c<1/T$ 时)。开环增益 K 越大,则截止频率 ω_c 也越大,系统响应越快。另外,由系统相角稳定裕度 $\gamma=90°-\arctan \omega_c T$ 可知,K 增大,γ 降低,当 $K>1/T$ 时,幅频特性曲线将以 -40 dB/dec 的斜率穿越零分贝线,这会严重影响系统的稳定性。综上分析,系统快速性与稳定性是相互矛盾的,在具体选择参数时,需在二者之间折衷。

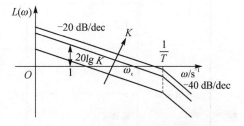

图 9 – 6　典型Ⅰ型系统开环对数幅频
渐近特性曲线与参数 K 值的关系

下面进一步定量分析开环增益 K 值选取与各项性能指标之间的关系。

1. 稳态跟随性能指标

根据第 7 章中的分析方法,容易求得典型Ⅰ型系统在不同输入信号作用下的稳态误差,如表 9 – 1 所列。在阶跃输入时,典型Ⅰ型系统无稳态误差;在斜坡输入时,有恒值稳态误差,误差大小与 K 值成反比;在抛物线输入下,系统稳态误差为 ∞。因此,典型Ⅰ型系统通常不能用于具有抛物线输入的随动系统。

表 9 – 1　典型Ⅰ型系统在不同输入信号作用下的稳态误差

输入信号	阶跃输入 $R(t)=R_0$	斜坡输入 $R(t)=v_0 t$	抛物线输入 $R(t)=a_0 t^2/2$
稳态误差	0	v_0/K	∞

2. 动态跟随性能指标

由图 9 – 2 容易求出典型Ⅰ型系统的闭环传递函数为

$$G_{cl}(s)=\dfrac{\dfrac{K}{s(Ts+1)}}{1+\dfrac{K}{s(Ts+1)}}=\dfrac{\dfrac{K}{T}}{s^2+\dfrac{1}{T}s+\dfrac{K}{T}} \tag{9-6}$$

进一步,将其描述为二阶系统传递函数一般形式为

$$G_{cl}(s)=\dfrac{\omega_n^2}{s^2+2\zeta\omega_n s+\omega_n^2} \tag{9-7}$$

式中，$\omega_n = \sqrt{\dfrac{K}{T}}$，$\zeta = \dfrac{1}{2}\sqrt{\dfrac{1}{KT}}$。根据前述分析，$KT < 1$，因此有 $\zeta > 0.5$。

由二阶系统性质可知，当 $\zeta < 1$ 时，系统处于欠阻尼状态；当 $\zeta > 1$ 时，系统处于过阻尼状态；当 $\zeta = 1$ 时，系统处于临界阻尼状态。因为过阻尼时系统动态响应较慢，所以一般常把系统设计成欠阻尼状态。因此，在典型 I 型系统中，取 $0.5 < \zeta < 1$。

根据第 3 章的分析，可求欠阻尼二阶系统在零初始条件下的阶跃响应主要动态指标的计算公式，如表 9-2 所列。

表 9-2　欠阻尼二阶系统在零初始条件下的阶跃响应主要动态指标的计算公式

主要动态指标		计算公式
时域指标	上升时间 t_r	$t_r = \dfrac{2T}{\sqrt{4KT-1}}\left(\pi - \cos^{-1}\sqrt{\dfrac{1}{4KT}}\right)$
	峰值时间 t_p	$t_p = \dfrac{2\pi T}{\sqrt{4KT-1}}$
	超调量 $\sigma\%$	$\sigma\% = e^{-\sqrt{\frac{\pi}{4KT-1}}} \times 100\%$
	调节时间 t_s	$t_s \approx 6T$ （当 $0 < \zeta < 0.8$ 时，$\Delta = 5$）
频域指标	截止频率 ω_c	$\omega_c = \dfrac{\sqrt{\sqrt{4K^2T^2+1}-1}}{\sqrt{2}\,T}$
	相角裕度 γ	$\gamma = \tan^{-1}\dfrac{\sqrt{2}}{\sqrt{\sqrt{4K^2T^2+1}-1}}$

进一步，根据上述计算公式，可以求得典型 I 型系统动态跟随性能指标和频域指标与参数之间的关系，如表 9-3 所列。

表 9-3　典型 I 型系统动态跟随性能指标和频域指标与参数的关系

参数关系 KT	阻尼比 ζ	超调量 $\sigma\%$	上升时间 t_r	峰值时间 t_p	相角稳定裕度 γ	截止频率 ω_c
0.25	1.0	0	∞	∞	76.3°	$0.243/T$
0.31	0.9	0.15%	11.1 T	11.3T	73.5°	$0.299/T$
0.39	0.8	1.5%	6.67T	8.3T	69.9°	$0.367/T$
0.5	0.707	4.3%	4.72T	6.2T	65.5°	$0.455/T$
0.69	0.6	9.5%	3.34T	4.7T	59.2°	$0.596/T$
1.0	0.5	16.3%	2.41T	3.6T	51.8°	$0.786/T$

由上表可知，典型 I 型系统参数选择在 $KT = 0.5 \sim 1$，$\zeta = 0.707 \sim 0.5$ 时，系统的超调量不大，在 $\sigma\% = 4.3\% \sim 16.3\%$ 时，系统响应速度较快。如果对超调量有严格限制，则可取 $KT = 0.25 \sim 0.39$，$\zeta = 1 \sim 0.8$，系统的超调量限制在 1.5% 以内，但

系统响应速度较慢。在具体设计时,需要根据系统指标要求选择参数,当取 $KT=0.5$ 时,多项指标都比较折衷,应用比较广泛,这个参数下的典型 I 型系统也常被称为二阶最佳系统。如果出现无论参数如何选取都不能满足全部指标要求时,则典型 I 型系统就不再适用,需要考虑其他类型的典型系统。

3. 抗扰性能指标

控制系统的抗扰性能与系统结构、扰动作用点以及扰动输入的形式等因素密切相关。考虑到双闭环控制系统的电流环通常校正为典型 I 型系统(其设计方法在 9.3 节进行分析),此处选取其作为对象分析典型 I 型系统的抗扰性能,对于其他系统分析可以此类推。

由 5.4 节中分析可知,电网电压波动是电流环的典型扰动,根据图 5 − 32(b),可将其中的电流环模型描述为如图 9 − 7 所示的动态结构。$G_{\text{ASR}}(s)$ 一般采用下式表示的 PI 调节器,即

$$G_{\text{ASR}}(s) = \frac{K_{\text{p}}(\tau_{\text{I}}s + 1)}{\tau_{\text{I}}s} \tag{9-8}$$

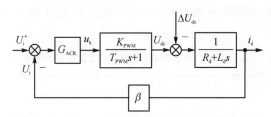

图 9 − 7　电流环在电压扰动作用下的动态结构图

当取 $K_2 = 1/R_{\text{d}}$、$T_2 = L_{\text{d}}/R_{\text{d}}$、$\tau_{\text{I}} = T_2$、$T_1 = T_{\text{PWM}}$、$K_1 = \beta K_{\text{p}}K_{\text{PWM}}/\tau_{\text{I}}$ 时,图 9 − 7 可化为图 9 − 8(a)所示的典型 I 型系统。在分析系统抗扰性能时,可令 $R(s) = 0$,取 T_{L} 作为输入量,$\Delta C(s)$ 作为输出量,则系统动态结构图可进一步化为如图 9 − 8(b)所示。

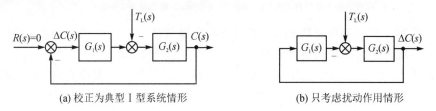

(a) 校正为典型 I 型系统情形　　　　　　(b) 只考虑扰动作用情形

图 9 − 8　扰动作用下典型 I 型系统动态结构图

典型 I 型系统抗扰性能仿真模型

在图 9 − 8 中,有

$$G_2(s) = \frac{K_2}{T_2 s + 1} \tag{9-9}$$

$$G_1(s) = \frac{K_{\text{p}}(\tau_{\text{I}}s + 1)}{\tau_{\text{I}}s}\frac{\beta K_{\text{PWM}}}{T_{\text{PWM}}s + 1} = \frac{K_1(T_2 s + 1)}{s(T_1 s + 1)} \tag{9-10}$$

则容易求得系统的开环传递函数为

$$G_{\text{op}}(s) = G_1(s)G_2(s) = \frac{K_1(T_2 s + 1)}{s(T_1 s + 1)}\frac{K_2}{T_2 s + 1} = \frac{K}{s(Ts + 1)} \tag{9-11}$$

式中,$K=K_1K_2$,$T=T_1$。在阶跃扰动下,令 $T_L(s)=T_L/s$,可得

$$\Delta C(s)=\frac{G_2(s)}{1+G_{op}(s)}\cdot\frac{T_L}{s}=\frac{\dfrac{K_2}{T_2s+1}}{1+\dfrac{K}{s(Ts+1)}}\cdot\frac{T_L}{s}=\frac{K_2T_L(Ts+1)}{(T_2s+1)(Ts^2+s+K)}$$

$$(9-12)$$

如果选择 $KT=0.5$,则有

$$\Delta C(s)=\frac{2TK_2T_L(Ts+1)}{(T_2s+1)(2T^2s^2+2Ts+1)} \qquad (9-13)$$

对式(9-13)进行 Laplace 反变换,可得

$$\Delta C(t)=\frac{2K_2T_Lm}{2m^2-2m+1}\left[(1-m)e^{-t/T_2}-e^{-t/(2T)}\left[(1-m)\cos\frac{t}{2T}-m\sin\frac{t}{2T}\right]\right]$$

$$(9-14)$$

式中,$m=T_1/T_2$,考虑到 $T_1=T_{PWM}$,$T_2=L_d/R_d$,则有 $m<1$。

由此可计算出 m 取不同值时对应的 $\Delta C(t)$ 动态过程曲线,从而求取输出量的最大动态降落 ΔC_{max} 和对应的降落时间 t_m,以及允许误差带为 $\pm5\%C_b$ 时的恢复时间 t_v,如表 9-4 所列。

表 9-4 典型 Ⅰ 型系统动态抗扰性能指标与参数的关系

时间常数比值 $m=T_1/T_2=T/T_2$	最大动态降落比值 $(\Delta C_{max}/C_b)\times100\%$	最大降落时间 t_m	恢复时间 t_v
1/5	27.8%	2.8T	14.7T
1/10	16.6%	3.4T	21.7T
1/20	9.3%	3.8T	28.7T
1/30	6.5%	4.0T	30.4T

注:控制结构和阶跃扰动作用点如图 9-8 所示,参数选择 $KT=0.5$。

考虑到分析时关心的是 ΔC_{max} 相对于扰动幅值 T_L 的大小,因此表 9-4 中选取扰动在系统开环时的输出值作为参考值 C_b,即有 $C_b=K_2T_L$。

由表 9-4 可以看出,当控制对象的两个环节时间常数相差增大时,动态降落减小,但对应的最大动态降落时间与恢复时间变长,这也从一定程度上反映了稳定性与快速性之间的矛盾。

9.1.3 典型 Ⅱ 型系统性能指标与参数的关系

在如式(9-3)表示的典型 Ⅱ 型系统的开环传递函数中,T 是控制对象固有的时间常数,参数 K、τ 为待定参数。与典型 Ⅰ 型系统相比,待定参数增加为 2 个,因此参数选择难度提高。

为简化设计,可引入中频段宽度

$$h=\frac{\tau}{T}=\frac{\omega_2}{\omega_1} \qquad (9-15)$$

对于典型Ⅱ型系统,中频段宽度如图9-9所示。根据4.4节中的分析,中频段的特性对控制系统的动态品质起着决定性的作用,因此 h 值是一个很关键的参数。

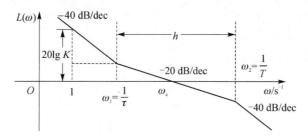

图9-9 典型Ⅱ型系统的开环对数幅频渐近特性曲线和中频宽 h

不失一般性,设 $\omega=1$ 点位于典型幅频特性曲线中的 $-40\ dB/dec$ 特性段,则根据图9-9可得

$$20\lg K = 40(\lg \omega_1 - \lg 1) + 20(\lg \omega_c - \lg \omega_1) = 20\lg \omega_c \omega_1 \qquad (9-16)$$

因此

$$K = \omega_c \omega_1 \qquad (9-17)$$

综合式(9-15)和式(9-17)可以发现,由于 T 是控制对象固有的时间常数,改变 h 就相当于改变 ω_1 或 τ,在 ω_1 或 τ 确定以后,再改变 K 相当于使开环对数幅频特性上下平移,从而改变了截止频率 ω_c,这样就建立起来了系统参数与频域特性之间的对应关系。在设计典型Ⅱ型系统时,选择频域参数 h 和 ω_c,就相当于选择参数 K 和 τ,且由于前者比较直观,因此通常选其作为设计参数。但是,同时选择 h 和 ω_c 两个参数,仍然比较复杂,工作量大。因此,还希望在两个参数之间找到某种对系统动态性能有利的关系,选择其中一个参数就可以推算出另一个参数,从而将双参数设计问题转化成单参数设计问题,简化设计难度。

目前,对于典型Ⅱ型系统,工程设计中选择参数 h 和 ω_c 有两种准则,即最大相角裕度准则和最小闭环幅频特性峰值准则。依据最大相角裕度准则和最小闭环幅频特性峰值准则建立的 h 和 ω_c 的关系为

$$\omega_c = \frac{1}{\sqrt{h}\,T} \qquad (9-18)$$

$$\omega_c = \frac{1}{2}(\omega_1 + \omega_2) = \frac{h+1}{2hT} \qquad (9-19)$$

由此,只要确定了中频段宽 h,则截止频率 ω_c 就可以随之确定。这样一来,系统的参数选取就可简化为单参数 h 的选取。

限于篇幅,本章以最小闭环幅频特性峰值准则为例分析 h 的选取,最大相角裕度准则分析方法与之类似,此处不再赘述。可以证明,中频段宽 h 对应的最小的系统闭环频率特性峰值为

$$M_{r\,\min} = \frac{h+1}{h-1} \qquad (9-20)$$

进一步,可以计算得到 h 取不同值时的 $M_{r\,\min}$ 值和对应的频率比如表9-5所列。

表 9 - 5 不同中频宽 h 时的 $M_{r\,min}$ 值和对应的频率比

h	$M_{r\,min}$	ω_2/ω_c	ω_c/ω_1	h	$M_{r\,min}$	ω_2/ω_c	ω_c/ω_1
3	2	1.5	2.0	7	1.33	1.75	4.0
4	1.67	1.6	2.5	8	1.29	1.78	4.5
5	1.5	1.67	3.0	9	1.25	1.80	5.0
6	1.4	1.71	3.5	10	1.22	1.82	5.5

经验表明，$M_{r\,min}$ 在 1.2～1.5 时，系统动态性能较好，有时也允许达到 1.8～2.0，因此 h 可在 3～10 范围选择，当 h 选取更大值时对降低 $M_{r\,min}$ 的效果不明显。

根据前述分析，确定了参数 h 后，容易得到参数 K 和 τ 的计算公式为

$$\begin{cases} \tau = hT \\ K = \dfrac{h+1}{2h^2T^2} \end{cases} \qquad (9-21)$$

在工程应用时，只要按动态性能指标的要求确定了 h 值，就可以根据式(9-21)来计算 K 和 τ，从而进一步确定控制器参数。下面分别讨论跟随和抗扰性能指标和 h 值的关系，以作为确定 h 值的依据。

1. 稳态跟随性能指标

根据第 7 章中的分析方法，容易求得典型 II 型系统在不同输入信号下的稳态误差如表 9 - 6 所列。在阶跃输入和斜坡输入下，典型 II 型系统在稳态时都是无差的；在抛物线输入下，稳态误差的大小与开环增益 K 成反比。

表 9 - 6 典型 II 型系统在不同输入信号作用下的稳态误差

输入信号	阶跃输入 $R(t)=R_0$	斜坡输入 $R(t)=v_0t$	抛物线输入 $R(t)=a_0t^2/2$
稳态误差	0	0	a_0/K

2. 动态跟随性能指标

将式(9-21)代入典型 II 型系统的开环传递函数式(9-3)，可得

$$G_{op}(s) = \frac{K(\tau s+1)}{s^2(Ts+1)} = \frac{h+1}{2h^2T^2} \cdot \frac{(hTs+1)}{s^2(Ts+1)} \qquad (9-22)$$

进一步，可得到系统的闭环传递函数

$$G_{cl}(s) = \frac{G_{op}(s)}{1+G_{op}(s)} = \frac{hTs+1}{\dfrac{2h^2}{h+1}T^3s^3 + \dfrac{2h^2}{h+1}T^2s^2 + hTs + 1} \qquad (9-23)$$

当输入为单位阶跃信号，即 $R(s)=1/s$ 时，系统输出为

$$C(s) = G_{cl}(s)R(s) = \frac{hTs+1}{\left(\dfrac{2h^2}{h+1}T^3s^3 + \dfrac{2h^2}{h+1}T^2s^2 + hTs + 1\right)s} \qquad (9-24)$$

采用数值计算方法，可求得 h 不同取值条件下系统的阶跃响应性能主要指标，如表 9 - 7 所列。

典型 II 型系统
跟随性能
仿真模型

表9-7　典型Ⅱ型系统阶跃输入跟随性能指标(按 $M_{r\,min}$ 准则确定参数关系时)

中频宽 h	超调量 σ%	上升时间 t_r	调节时间 t_s	振荡次数 k
3	52.6%	2.4T	12.15T	3
4	43.6%	2.65T	11.65T	2
5	37.6%	2.85T	9.55T	2
6	33.2%	3.0T	10.45T	1
7	29.8%	3.1T	11.30T	1
8	27.2%	3.2T	12.25T	1
9	25.0%	3.3T	13.25T	1
10	23.3%	3.35T	14.20T	1

由于过渡过程的衰减振荡特性,调节时间随 h 的变化不是单调的,当 $h=5$ 时调节时间最短。随着 h 的增大,超调量和振荡次数不断减小,上升时间变长。综合上述分析,当 $h=5$ 时动态跟随性能比较适中。对比表9-7和表9-3可知,典型Ⅱ型系统超调量比典型Ⅰ型系统大,但快速性好。

3. 抗扰性能指标

与分析典型Ⅰ型系统抗扰性能类似,此处选取双闭环控制系统的转速环作为对象,对于其他系统分析可以此类推。

设采用典型Ⅰ型系统校正后的电流环闭环传递函数为 $G_{cl,i}(s)$(具体校正方法在9.3节中分析),且可描述为一阶系统,即

$$G_{cl,i}(s) = \frac{1/\beta}{2T_{\Sigma i}s + 1} \qquad (9-25)$$

则根据图5-32(b),可将其转速环模型描述为如图9-10所示的动态结构。转速调节器 $G_{ASR}(s)$ 采用下式表示的 PI 调节器,即

$$G_{ASR}(s) = \frac{K_p(\tau_I s + 1)}{\tau_I s} \qquad (9-26)$$

令 $K_2 = 1/J$, $K_1 = \alpha K_p K_T/(\tau_I \beta)$, $\tau = \tau_I$, $T = 2T_{\Sigma i}$,采用前述类似的方法,可将图9-10简化为图9-11所示的典型Ⅱ型系统在扰动作用下的动态结构图。在图9-11中

$$G_1(s) = \frac{\alpha K_p(\tau_I s + 1)}{\tau_I s} \cdot \frac{1/\beta}{2T_{\Sigma i}s + 1} K_T = \frac{K_1(\tau_I s + 1)}{s(Ts + 1)} \qquad (9-27)$$

$$G_2(s) = \frac{K_2}{s} \qquad (9-28)$$

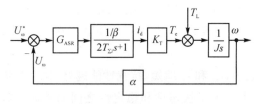

图9-10　转速环在负载扰动
作用下的动态结构图

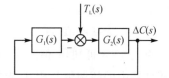

图9-11　典型Ⅱ型系统在扰动
作用下的动态结构图

则容易求得系统的开环传递函数为

$$G_{op}(s) = G_1(s)G_2(s) = \frac{K_1(\tau s + 1)}{s(Ts + 1)} \cdot \frac{K_2}{s} = \frac{K(\tau s + 1)}{s^2(Ts + 1)} \quad (9-29)$$

式中,$K = K_1 K_2$。在阶跃扰动下,令 $T_L(s) = T_L/s$,可得

$$\Delta C(s) = \frac{G_2(s)}{1 + G_{op}(s)} \cdot \frac{T_L}{s} = \frac{\dfrac{k_2}{s}}{1 + \dfrac{K(\tau s + 1)}{s^2(Ts + 1)}} \cdot \frac{T_L}{s} = \frac{K_2 T_L(Ts + 1)}{s^2(Ts + 1) + K(\tau s + 1)}$$

$$(9-30)$$

将上式代入式(9-21),有

$$\Delta C(s) = \frac{\dfrac{2h^2}{h+1} K_2 T_L T^2(Ts + 1)}{\dfrac{2h^2}{h+1} T^3 s^3 + \dfrac{2h^2}{h+1} T^2 s^2 + hTs + 1} \quad (9-31)$$

典型Ⅱ型系统
抗扰性能
仿真模型

采用数值计算方法,可计算出 h 取不同值时对应的 $\Delta C(t)$ 动态过程曲线,从而求取输出量的最大动态降落 ΔC_{max} 和对应的降落时间 t_m,以及允许误差带为 $\pm 5\%$ C_b 时的恢复时间 t_v。如表 9-8 所列。

表 9-8　典型Ⅱ型系统动态抗扰性能指标与参数的关系

中频段宽 h	最大动态降落比值 $(\Delta C_{max}/C_b) \times 100\%$	最大降落时间 t_m	恢复时间 t_v
3	72.2%	2.45T	13.60T
4	77.5%	2.70T	10.45T
5	81.2%	2.85T	8.80T
6	84.0%	3.00T	12.95T
7	86.3%	3.15T	16.85T
8	88.1%	3.25T	19.80T
9	89.6%	3.30T	22.80T
10	90.8%	3.40T	25.85T

注:控制结构和阶跃扰动作用点如图 9-10 所示,参数关系符合 $M_{r\,min}$ 准则。

在分析典型Ⅰ型系统抗扰性能时,选取扰动在系统开环时的稳态输出值作为参考值 C_b。但在图 9-11 中,$G_2(s)$ 为积分环节,开环时输出为递增积分值,不恒定。为使最大动态降落指标值限制在 100% 以内,表 9-8 中选取开环输出在 $2T$ 时间内的累加值作为基准值,即 $G_b = 2K_2 T_L T$。

由表 9-8 可知,h 值减小,ΔC_{max} 减小,t_m 和 t_v 缩短,抗扰性能越好,这个趋势与跟随性能中的超调量是相互制约的,这也反映了快速性和稳定性之间的矛盾。需要说明的是,当 $h < 5$ 时,h 再减小,由于振荡次数的增多,恢复时间 t_v 反而拖长了。综合上述分析,当 $h = 5$ 时系统的跟随性能和抗扰性能均比较好。

9.2 系统调节校正方法——非典型系统的典型化

前面讨论了两类典型系统及其性能指标与参数的关系,而实际工程应用中的大多数系统都是非典型系统,因此需要采取适当的方法将非典型系统转化成典型系统的形式,以便根据典型系统性能指标与参数之间的关系确定控制参数,这就是非典型系统的典型化。对于传递函数较为简单的非典型系统,可以直接采用控制器将其校正成典型系统;对于不能简单地校正成典型系统的非典型系统,需先采取近似处理,再利用控制器进行校正。本节首先分析系统结构的各种近似处理方法,然后在此基础上讨论控制器的设计。

9.2.1 控制对象的近似处理方法

1. 高频段小惯性环节的近似处理

实际系统中往往有一些小时间常数的惯性环节,例如,功率放大装置的滞后时间常数、电流和转速检测的滤波时间常数等,它们的转折频率往往处于系统开环频率特性的高频段,对其进行近似处理不会显著影响系统的动态性能。

如对于系统开环传递函数

$$G(s) = \frac{K(\tau s + 1)}{s(T_1 s + 1)(T_2 s + 1)(T_3 s + 1)} \tag{9-32}$$

设 $T_1 > \tau$,T_2、T_3 都是小时间常数,且有 $T_1 \gg T_2$ 和 T_3,系统的开环对数幅频渐近特性如图 9-12 所示。

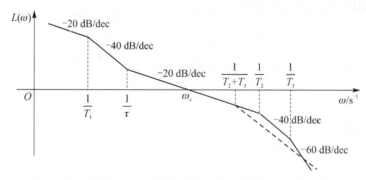

小惯性环节近似
影响仿真模型

图 9-12 高频段小惯性环节近似处理对频域特性曲线的影响

小惯性环节的频率特性为

$$\frac{1}{(j\omega T_2 + 1)(j\omega T_3 + 1)} = \frac{1}{(1 - T_2 T_3 \omega^2) + j\omega(T_2 + T_3)} \tag{9-33}$$

当 $T_2 T_3 \omega^2 \ll 1$ 时,可忽略,则有

$$\frac{1}{(j\omega T_2 + 1)(j\omega T_3 + 1)} \approx \frac{1}{1 + j\omega(T_2 + T_3)} \tag{9-34}$$

亦即是

$$\frac{1}{(T_2s+1)(T_3s+1)} \approx \frac{1}{(T_2+T_3)s+1} \qquad (9-35)$$

考虑到实际系统中,一般允许误差为 10%,因此近似条件可记为 $T_2T_3\omega^2 \leqslant 0.1$,或闭环系统的允许频率 $\omega_b \leqslant 1/\sqrt{10T_2T_3}$。再考虑到开环频率特性的截止频率 ω_c 与闭环频率特性允许频率 ω_b 一般比较接近,同时 $\sqrt{10} \approx 3.16$,可得到近似处理条件为

$$\omega_c \leqslant \frac{1}{3}\sqrt{\frac{1}{T_2T_3}} \qquad (9-36)$$

化简后的对数幅频渐近特性如图 9-12 中虚线所示。

同理,如果有 3 个小惯性环节,可以证明,其近似处理表达式为

$$\frac{1}{(T_2s+1)(T_3s+1)(T_4s+1)} \approx \frac{1}{\sum\limits_{i=2}^{4}T_is+1} \qquad (9-37)$$

近似条件为

$$\omega_c \leqslant \frac{1}{3}\sqrt{\frac{1}{T_2T_3+T_2T_4+T_3T_4}} \qquad (9-38)$$

再进一步,当系统有多个小惯性环节时,只要满足一定条件,就可以将它们近似地看成是一个小惯性环节,其时间常数等于各小惯性环节时间常数之和。

2. 高阶系统的降阶处理

上述小惯性环节的近似处理实际上是一种特殊的降阶处理,即把多阶小惯性环节降阶为一阶小惯性环节。对于更一般的情况,当高次项的系数小到一定程度时就可以忽略不计。以三阶系统为例,设

$$G(s) = \frac{K}{as^3+bs^2+cs+1} \qquad (9-39)$$

式中,a、b、c 均为正系数,且 $bc>a$,以保证系统稳定。与前类似,可写出其频率特性为

$$\frac{K}{a(j\omega)^3+b(j\omega)^2+c(j\omega)+1} = \frac{K}{(1-b\omega^2)+j\omega(c-a\omega^2)} \qquad (9-40)$$

当 $b\omega^2 \leqslant 0.1$、$a\omega^2 \leqslant 0.1c$ 时,有

$$\frac{K}{a(j\omega)^3+b(j\omega)^2+c(j\omega)+1} \approx \frac{K}{1+j\omega c} \qquad (9-41)$$

亦即是

$$\frac{K}{as^3+bs^2+cs+1} \approx \frac{K}{cs+1} \qquad (9-42)$$

根据前述的方法,可得到近似条件为

$$\begin{cases} \omega_c \leqslant \dfrac{1}{3}\min\left(\sqrt{\dfrac{1}{b}}, \sqrt{\dfrac{c}{a}}\right) \\ bc>a \end{cases} \qquad (9-43)$$

3. 大惯性环节的近似处理

在采用工程方法设计时,为了按典型系统设计控制器,有时需要把系统中时间常数特别大的大惯性环节近似地当作积分环节来处理,即

$$\frac{1}{Ts+1} \approx \frac{1}{Ts} \tag{9-44}$$

其近似条件分析方法与前类似,首先求取大惯性环节的频率特性为

$$\frac{1}{j\omega T+1} = \frac{1}{\sqrt{\omega^2 T^2+1}} \angle -\arctan \omega T \tag{9-45}$$

若将其近似成一个积分环节,则其幅值应近似为

$$\frac{1}{\sqrt{\omega^2 T^2+1}} \approx \frac{1}{\omega T} \tag{9-46}$$

容易求得近似条件为

$$\omega_c \geqslant \frac{3}{T} \tag{9-47}$$

相角近似关系为

$$\arctan \omega T \approx 90° \tag{9-48}$$

当 $\omega T=\sqrt{10}$ 时,$\arctan \omega T=72.45°$,即是说,将惯性环节近似成积分环节后,相角滞后得更多,相当于稳定裕度更小。换言之,实际系统的稳定裕度比近似系统更大,因此按近似系统设计完成以后,实际系统的稳定性应该更强。

如下式表示的系统开环传递函数

$$G(s)=\frac{K(\tau s+1)}{s(T_1 s+1)(T_2 s+1)} \tag{9-49}$$

式中,$T_1 > \tau > T_2$,$1/T_1$ 远低于截止频率 ω_c,处于低频段。

系统的开环对数幅频渐近特性曲线如图9-13所示。当将大惯性环节 $1/(T_1 s+1)$ 近似为积分环节 $1/(T_1 s)$ 时,则系统开环传递函数变换为

$$G(s)=\frac{K(\tau s+1)}{T_1 s^2(T_2 s+1)} \tag{9-50}$$

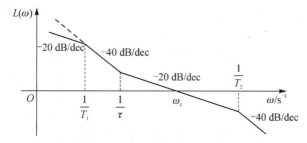

大惯性环节近似
影响仿真模型

图9-13　低频段大惯性环节近似处理对频域特性的影响

简化后的对数幅频渐进特性曲线如图9-13中虚线所示。由于 $1/T_1 \ll \omega_c$,大惯性环节的转折频率处于频率特性曲线的低频段,近似后的系统与原系统的差别也只在低频段,因此近似处理对系统的动态性能影响不大。当考虑稳态性能时,这种近似

处理相当于人为的把系统的型次提高了一级,如原系统为Ⅰ型系统,近似后则变成了Ⅱ型系统。由前述分析可知,Ⅱ型系统与Ⅰ型系统对不同信号的跟踪稳态误差具有明显差异,因此在考虑稳态精度时,仍应采用原系统的传递函数。

9.2.2 系统校正与控制器的选择

在采用工程设计方法选择控制器时,应先根据控制系统的要求,确定要校正成哪一类典型系统。由9.1节分析可知,典型Ⅰ型系统和典型Ⅱ型系统除了在跟踪稳态误差上的区别外,在动态性能上,典型Ⅰ型系统在跟随性能上可以做到小超调,但是抗扰性能稍差;典型Ⅱ型系统超调量相对较大,但是抗扰性能较好。当然,上述结论是以控制器处于线性状态为前提的,而在实际系统启动、制动过程中,转速调节器输出在很长时间内都是饱和的,因此典型Ⅱ型系统的实际超调量要比按线性系统计算出来得小。

确定了要采用哪一种典型系统之后,就可以利用对消原理将控制对象与控制器的传递函数综合,从而将系统转化为典型系统形式。下面以双惯性环节和积分环节+双惯性环节为例,分析控制器的设计方法。

1. 双惯性环节的控制器设计

双惯性控制对象的传递函数为

$$G_{\mathrm{obj}}(s) = \frac{K_2}{(T_1 s + 1)(T_2 s + 1)} \tag{9-51}$$

式中,$T_1 > T_2$,K_2 为控制对象的放大倍数。若要将其校正成典型Ⅰ型系统,则调节器必须具有一个积分环节,并带有一个一阶微分环节,以便对消掉控制对象中的一个惯性环节,一般选择时间常数较大的惯性环节对消,以使校正后的系统响应更快。综合上述分析,可选择 PI 控制器,由此构成的系统结构框图如图9-14所示。

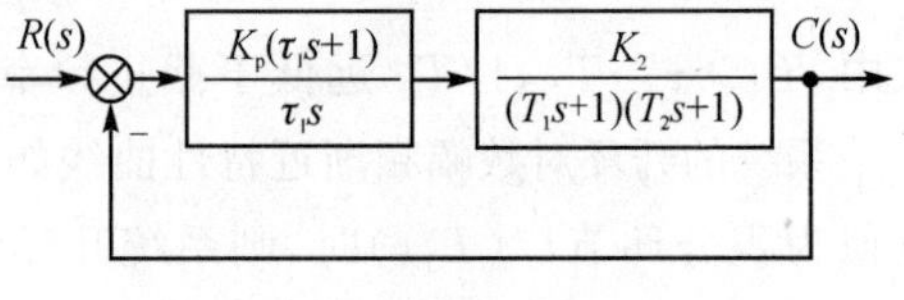

图9-14 惯性环节的校正

取 $\tau_1 = T_1$,$K_{\mathrm{p}} K_2 / \tau_1 = K$,则校正后系统的开环传递函数为

$$G_{\mathrm{op}}(s) = \frac{K_{\mathrm{p}}(\tau_1 s + 1)}{\tau_1 s} \cdot \frac{K_2}{(T_1 s + 1)(T_2 s + 1)} = \frac{K}{s(T_2 s + 1)} \tag{9-52}$$

由式(9-52)可知,校正后的系统为典型Ⅰ型系统。

如果 $T_1 \gg T_2$,且满足将大惯性环节按积分环节近似处理的条件时,则对象式(9-51)可近似为

$$G_{\mathrm{obj}}(s) = \frac{K_2}{T_1 s(T_2 s + 1)} \tag{9-53}$$

仍然选取 PI 控制器,且取 $\tau_1 = h T_2$,$K_{\mathrm{p}} K_2 / (\tau_1 T_1) = K$,则校正后系统的开环传递函数为

$$G_{\mathrm{op}}(s) = \frac{K_{\mathrm{p}}(\tau_1 s + 1)}{\tau_1 s} \cdot \frac{K_2}{T_1 s(T_2 s + 1)} = \frac{K(h T_2 s + 1)}{s^2(T_2 s + 1)} \tag{9-54}$$

即校正后的系统为典型Ⅱ型系统。

2. 积分环节＋双惯性环节的控制器设计

当被控对象为一个积分环节与双惯性环节的组合时，其控制对象的传递函数为

$$G_{obj}(s) = \frac{K_2}{s(T_1 s+1)(T_2 s+1)} \qquad (9-55)$$

如果 T_1、T_2 大小相当，则采用 PI 控制器难以将其校正为典型系统。因此，考虑控制器选用 PID 控制器，由此构成的系统结构框图如图 9-15 所示。

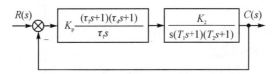

图 9-15　积分环节＋双惯性环节的校正

取 $\tau_1=T_1$，$\tau_d=hT_2$，$K_2 K_p/\tau_1=K$，则校正后系统的开环传递函数为

$$G_{op}(s) = K_p \frac{(\tau_1 s+1)(\tau_d s+1)}{\tau_1 s} \cdot \frac{K_2}{s(T_1 s+1)(T_2 s+1)} = \frac{K(hT_2 s+1)}{s^2(T_2 s+1)}$$

$$(9-56)$$

由式(9-56)可知，校正后的系统为典型Ⅱ型系统。

实际系统的传递函数形式多样，校正为典型系统时的控制器选取也各不相同，表 9-9 和表 9-10 列出了几种校正为典型Ⅰ型系统和典型Ⅱ型系统的控制对象和控制器结构，其中有的对象在校正时根据简化条件进行了近似处理。

本节分析的方法主要是基于对消原理的串联校正，对于更加复杂的对象或者性能要求更高的系统，有时还需要用到微分负反馈、扰动前馈补偿等其他校正方法。

表 9-9　校正成典型Ⅰ型系统时的调节器选择

控制对象	控制器	参数选择
$\dfrac{K_2}{(T_1 s+1)(T_2 s+1)}$ $(T_1 > T_2)$	$\dfrac{K_p(\tau_1 s+1)}{\tau_1 s}$	$\tau_1 = T_1$
$\dfrac{K_2}{Ts+1}$	$\dfrac{K_p}{\tau_1 s}$	—
$\dfrac{K_2}{s(Ts+1)}$	K_p	—
$\dfrac{K_2}{(T_1 s+1)(T_2 s+1)(T_3 s+1)}$ $(T_1, T_2, T_3$ 差不多大，或 T_3 略小$)$	$K_p \dfrac{(\tau_1 s+1)(\tau_d s+1)}{\tau_1 s}$	$\tau_1 = T_1, \tau_d = T_2$
$\dfrac{K_2}{(T_1 s+1)(T_2 s+1)(T_3 s+1)}$ $(T_1 \gg T_2, T_3)$	$\dfrac{K_p(\tau_1 s+1)}{\tau_1 s}$	$\tau_1 = T_1, T_\Sigma = T_2 + T_3$

表 9 – 10　校正成典型 Ⅱ 型系统时的调节器选择

控制对象	控制器	参数选择
$\dfrac{K_2}{s(Ts+1)}$	$\dfrac{K_p(\tau_1 s+1)}{\tau_1 s}$	$\tau_1=hT$
$\dfrac{K_2}{(T_1 s+1)(T_2 s+1)}$ $(T_1\gg T_2)$	$\dfrac{K_p(\tau_1 s+1)}{\tau_1 s}$	$\tau_1=hT_2$,且认为 $\dfrac{1}{T_1 s+1}\approx\dfrac{1}{T_1 s}$
$\dfrac{K_2}{s(T_1 s+1)(T_2 s+1)}$ $(T_1,T_2$ 差不多大$)$	$K_p\dfrac{(\tau_1 s+1)(\tau_d s+1)}{\tau_1 s}$	$\tau_1=hT_1$(或 hT_2) $\tau_d=T_2$(或 T_1)
$\dfrac{K_2}{s(T_1 s+1)(T_2 s+1)}$ $(T_1,T_2$ 都较小$)$	$\dfrac{K_p(\tau_1 s+1)}{\tau_1 s}$	$\tau_1=h(T_1+T_2)$
$\dfrac{K_2}{(T_1 s+1)(T_2 s+1)(T_3 s+1)}$ $(T_1\gg T_2,T_3)$	$\dfrac{K_p(\tau_1 s+1)}{\tau_1 s}$	$\tau_1=h(T_2+T_3)$,且认为 $\dfrac{1}{T_1 s+1}\approx\dfrac{1}{T_1 s}$

9.3　调节校正方法在电气自动化系统中的应用

9.3.1　多闭环系统调节校正基本方法

　　前面分析了基于典型系统的控制器设计方法的基本原理与设计过程,其分析对象主要是单闭环系统。从前述各章分析可知,在各类电气自动化系统中,除了单闭环系统外,还大量采用双闭环、三闭环以及复合控制等多种结构形式,本节将进一步探讨多闭环系统控制器的设计。其一般设计方法是:从内环开始,先设计好内环控制器,然后将内环整体当作外环的一个环节,再设计外环的控制器。这样一环一环的逐步向外扩展,直到所有环的控制器都设计好为止。考虑到转速-电流双闭环控制系统结构比较典型,本节以其为例进行分析。

　　转速-电流双闭环控制系统的动态结构如图 9 – 16 所示,较之图 5 – 28,本节分析时增加了电流滤波、转速滤波和两个给定滤波环节。电流滤波环节用于滤除电流检测信号中的高频噪声,其滤波时间常数 T_{oi} 可根据噪声分量所处的频带选定。为了平衡滤波环节带来的延滞作用,方便控制器设计,在给定信号通道中也增设了一个相同时间常数的惯性环节,称作给定滤波环节。同样地,转速环也增设低通滤波环节和相应的给定滤波环节。

　　根据上述分析的多环控制系统设计方法,对于转速-电流双闭环控制系统,先从电流环入手,设计好电流调节器,然后把整个电流环看作是转速调节系统中的一个环节,设计转速调节器。

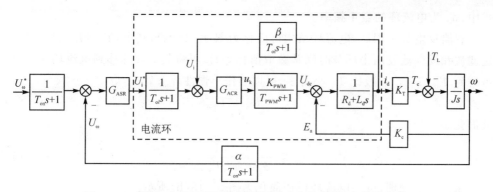

图 9 - 16 转速-电流双闭环控制系统的动态结构图(含滤波环节)

9.3.2 电流调节器设计——典型 I 型系统

1. 电流环结构图的简化

电流环结构如图 9 - 16 中虚框所示,其环内存在反电动势产生的交叉反馈作用,大小与电机转速成正比,这种反馈作用反映了转速环对电流环的影响,在转速调节器设计之前分析其影响比较困难。考虑到在实际系统中,电机电磁时间常数一般都远小于机电时间常数,电流的调节过程往往比转速的变化过程快得多,即比反电动势变化快得多,因此在电流环设计时可以近似地认为反电势基本不变(即 $\Delta E_a = 0$),当然这种近似是有条件的,下面首先分析反电势近似处理的条件。

电流环中包含反电动势部分的结构如图 9 - 17(a)所示。为了分析方便,暂不考虑阻转矩影响,即 $T_L = 0$,并将反电势反馈环节引出点前移至电流环内,可将其结构转化为图 9 - 17(b)。

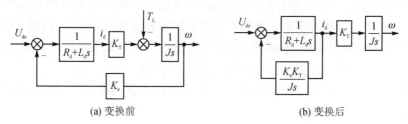

(a) 变换前   (b) 变换后

图 9 - 17 电流环中包含反电动势部分的结构

根据图 9 - 17(b),容易求得

$$\frac{i_d(s)}{U_{dc}(s)} = \frac{s}{L_d s^2 + R_d s + K_e K_T/J} \tag{9-57}$$

当 $L_d \omega^2 \gg K_e K_T/J$ 时,可进一步将其近似为

$$\frac{i_d(s)}{U_{dc}(s)} \approx \frac{s}{L_d s^2 + R_d s} = \frac{1}{L_d s + R_d} \tag{9-58}$$

即与不考虑反电势影响时的传递函数相同,由此可得忽略反电势作用的近似条件为

$$\omega_{ci} \geqslant 3\sqrt{\frac{K_e K_T}{L_d J}} \tag{9-59}$$

式中，ω_{ci} 为电流环的截止频率。

忽略反电势作用后，电流环结构可简化为图 9-18(a)，其中，$T_2 = L_d/R_d$。当给定滤波和反馈滤波两个环节时间常数取值相等时，可将其等效的移到电流环内，同时考虑到 T_{oi}、T_{PWM} 一般比 T_2 小得多，可以当作小惯性环节处理，取

$$T_{\Sigma i} = T_{oi} + T_{PWM} \qquad (9-60)$$

其简化条件为

$$\omega_{ci} \leqslant \frac{1}{3} \sqrt{\frac{1}{T_{oi} T_{PWM}}} \qquad (9-61)$$

采用上述处理，可将电流环模型简化为图 9-18(b)所示。

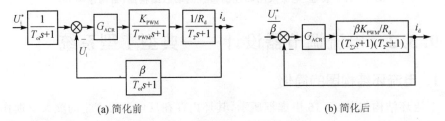

(a) 简化前   (b) 简化后

图 9-18 电流环动态结构及其简化

2. 电流调节器结构与参数的选择

在设计电流调节器时，首先需要根据电流环性能要求考虑将其校正成哪一类典型系统。从稳态要求来看，希望电流无静差，以得到理想的启动、制动特性，典型 I 型系统和典型 II 型系统都是满足要求的。从动态跟随性能来看，实际系统不允许电枢电流在突加控制作用时有过大的超调，以保证电流在动态过程中不超过允许值，因此典型 I 型系统比较理想。9.1.2 节分析表明，当控制对象的两个时间常数之比 $m = T_{\Sigma i}/T_2 \geqslant 1/10$ 时，典型 I 型系统的抗扰恢复时间还是可以接受的，因此一般多按典型 I 型系统来设计电流环，下面对其设计方法进行分析。如果有特殊要求，需要按典型 II 型系统设计，其设计方法与之类似，此处不再赘述。

由图 9-18(b)可知，电流环控制对象为双惯性环节，根据 9.2.2 节设计方法，可直接得到控制器传递函数为

$$G_{ACR}(s) = \frac{K_{p,i}(\tau_{I,i}s + 1)}{\tau_{I,i}s} \qquad (9-62)$$

其中，$K_{p,i}$ 为电流调节器的比例放大系数，$\tau_{I,i}$ 为积分时间常数。选择 $\tau_{I,i} = T_2$，则可将电流环校正为典型 I 型系统，其开环传递函数为

$$G_{op,i}(s) = \frac{K_{op,i}}{s(T_{\Sigma i}s + 1)} \qquad (9-63)$$

式中，开环增益为 $K_{op,i} = \beta K_{p,i} K_{PWM}/(R_d \tau_{I,i})$。当按照表 9-3，取 $K_{op,i} = \omega_{ci} = 0.5/T_{\Sigma i}$，可得电流调节器的比例放大倍数为

$$K_{p,i} = \frac{R_d T_2}{2\beta K_{PWM} T_{\Sigma i}} \qquad (9-64)$$

当实际系统的动态跟随性能指标要求不同时，$K_{op,i}$ 取值亦应进行相应改变。电流控制器设计完毕后，需要对近似条件式(9-59)、式(9-61)进行校验，如果电流环的动态抗扰性能指标有要求时，还应对设计后的系统抗扰性能进行校验。

9.3.3 转速调节器设计——典型Ⅱ型系统

1. 电流环的等效闭环传递函数

如前所述，在设计转速调节器时，可把设计好的电流环当作转速环内的一个环节，与其他环节一起构成转速环的控制对象。因此，需要求出电流环的等效闭环传递函数。根据式(9-63)，并取 $K_{op,i}=0.5/T_{\Sigma i}$，可求得电流环闭环传递函数为

$$G_{cl,i}(s)=\frac{i_d(s)}{U_i^*(s)/\beta}=\frac{K_{op,i}}{T_{\Sigma i}s^2+s+K_{op,i}}=\frac{1}{2T_{\Sigma i}^2s^2+2T_{\Sigma i}s+1}$$

$$(9-65)$$

根据9.2.1节中的近似处理方法，可将其简化为

$$G_{cl,i}(s)=\frac{i_d(s)}{U_i^*(s)/\beta}\approx\frac{1}{2T_{\Sigma i}s+1} \qquad (9-66)$$

亦即是

$$\frac{i_d(s)}{U_i^*(s)}\approx\frac{1/\beta}{2T_{\Sigma i}s+1} \qquad (9-67)$$

容易求得，其近似条件为

$$\omega_{cn}\leqslant\frac{1}{3\sqrt{2}\,T_{\Sigma i}} \qquad (9-68)$$

式中，ω_{cn} 为转速环截止频率。

综上分析可知，校正前的电流环控制对象可以近似看作是一个双惯性环节，其时间常数分别为 $T_{\Sigma i}$、T_2。采用电流调节器校正后的整个电流环可近似为只有小时间常数 $2T_{\Sigma i}$ 的一阶惯性环节，即是说，通过电流闭环可改造控制对象，从而加快电流跟随作用，这也是多环控制系统中局部闭环(内环)的一个重要功能。

2. 转速环结构图的简化

采用电流环等效闭环传递函数式(9-67)替代图9-16中的电流闭环，则整个双闭环控制的动态结构图可简化为图9-19(a)所示。与分析电流环类似，当给定滤波和反馈滤波两个环节时间常数取值相等时，可将其等效的移到转速环内。进一步，将双惯性环节近似为一个一阶惯性环节，即

$$\frac{\alpha}{T_{on}s+1}\cdot\frac{1/\beta}{2T_{\Sigma i}s+1}\approx\frac{\alpha/\beta}{T_{\Sigma n}s+1} \qquad (9-69)$$

式中，$T_{\Sigma n}=T_{on}+2T_{\Sigma i}$。其简化条件为

$$\omega_{cn}\leqslant\frac{1}{3}\sqrt{\frac{1}{2T_{on}T_{\Sigma i}}} \qquad (9-70)$$

采用上述处理，可将转速环模型简化为图9-19(b)所示。

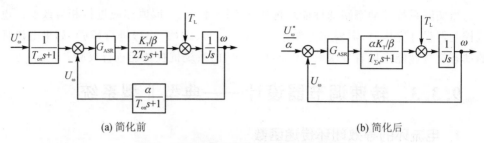

(a) 简化前　　　　　　　　　　　　　　　　(b) 简化后

图 9 - 19　转速环的动态结构图及其简化

3. 转速调节器结构与参数的选择

与电流调节器设计类似,首先需要根据转速环性能要求考虑将其校正成哪一类典型系统。从图 9 - 19(b) 可以看出,转速环控制对象的传递函数中包含一个积分环节和一个惯性环节,且积分环节在负载扰动点之后。为了提高系统对各种给定信号的跟随能力,减小稳态误差,应该在扰动作用点之前设置一个积分环节,构成典型Ⅱ型系统。从动态抗扰性能看,典型Ⅱ型系统也能更好的满足抗扰指标要求;对于动态跟随性能来说,当考虑饱和因素作用时,实际系统超调量会大大降低。因此,综合上述分析,大多数双闭环控制系统的转速环都按典型Ⅱ型系统进行设计。由图 9 - 19(b) 可知,转速环控制对象为积分环节+惯性环节,根据 9.2.2 节设计方法,将其校正为典型Ⅱ型系统时,可采用 PI 控制器,其传递函数为

$$G_{ASR}(s) = \frac{K_{p,n}(\tau_{I,n}s + 1)}{\tau_{I,n}s} \tag{9-71}$$

式中,$K_{p,n}$ 为转速调节器的比例放大系数,$\tau_{I,n}$ 为积分时间常数。由此可求得转速环的开环传递函数为

$$G_{op,n}(s) = \frac{K_{p,n}(\tau_{I,n}s + 1)}{\tau_{I,n}s} \cdot \frac{\alpha K_T/\beta}{T_{\Sigma n}s + 1} \cdot \frac{1}{Js} = \frac{K_{op,n}(\tau_{I,n}s + 1)}{s^2(T_{\Sigma n}s + 1)}$$

$$\tag{9-72}$$

式中,$K_{op,n}$ 为转速环开环增益,且有

$$K_{op,n} = \frac{\alpha K_{p,n} K_T}{\beta \tau_{I,n} J} \tag{9-73}$$

当按照表 9 - 7 和表 9 - 8,取 $h = \tau_{I,n}/T_{\Sigma n} = 5$,可得转速调节器的参数为

$$\begin{cases} \tau_{I,n} = 5T_{\Sigma n} \\ K_{p,n} = \dfrac{3\beta J}{5\alpha K_T T_{\Sigma n}} \end{cases} \tag{9-74}$$

当实际系统要求不同的动态跟随性能和抗扰性能指标时,h 取值亦应进行相应改变。在转速调节器设计完毕后,需要对近似条件式(9 - 68)、式(9 - 70)进行校验。

9.3.4　考虑转速调节器饱和情形的跟随性能分析

如前所述,如果转速调节器没有饱和限幅约束,将转速环校正为典型Ⅱ型系统时,系统启动快,但存在很大的转速超调(见图 9 - 20(a))。当实际系统增加转速调

节器饱和约束后,在突加给定电压时,转速调节器很快就进入饱和状态,输出恒定的电压 U_{im}^*,启动电流为 $i_d \approx i_{dm} = U_{im}^*/\beta$,使电动机在恒流条件下启动,转速 ω 按线性规律增长,因此其启动过程(见图 9-20(b))要比没有采用限幅约束(见图 9-20(a))时慢一些,也即是电流限幅会在一定程度上牺牲系统的快速性。

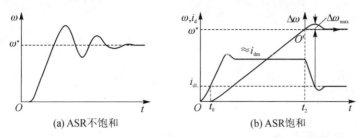

(a) ASR不饱和   (b) ASR饱和

图 9-20 转速环按典型 Ⅱ 型系统设计的调速系统启动过程

对于超调量,5.4 节已经给出分析,转速调节器一旦饱和后,必须要等到转速 ω 上升至给定转速 ω^* 后,转速偏差才开始出现负值,使转速调节器退出饱和,因此在启动过程中转速必然超调。但是,这已经不是按线性系统规律的超调量,而是经历了饱和非线性区域之后产生的超调量,通常被称为退饱和超调量。

对于退饱和超调量大小的计算,可采用分段线性化的方法,按照转速调节器饱和与退出饱和两个阶段,分别用线性系统的规律分析。

根据 5.4.3 节中的分析,在转速调节器饱和阶段,转速可近似为按线性规律增长,设转速开始增长的时刻为 t_0,系统转速可描述为

$$\omega(t) = \frac{K_T}{J}(i_{dm} - i_{dL})(t - t_0) \cdot 1(t - t_0) \tag{9-75}$$

式中,$1(t-t_0)$ 为从 t_0 开始的单位阶跃函数。容易求得当 $t = t_2$ 时,有

$$\omega(t_2) = \frac{K_T}{J}(i_{dm} - i_{dL})(t_2 - t_0) = \omega^* \tag{9-76}$$

由此,可得

$$t_2 = \frac{J\omega^*}{K_T(i_{dm} - i_{dL})} + t_0 \tag{9-77}$$

且有 $i_d(t_2) \approx i_{dm}$,$\omega(t_2) = \omega^*$。

当转速调节器退出饱和后,系统恢复到线性范围内运行,系统微分方程与转速调节器没有饱和限幅约束时一致,但是初始条件发生了变化:

① 当转速调节器没有饱和限幅约束时,分析启动过程的初始条件为 $i_d(0) = 0$,$\omega(0) = 0$。根据 9.3.3 节设计方法,可将转速环结构描述为如图 9-21 所示。

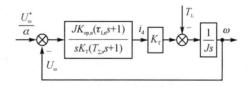

图 9-21 转速调节器无饱和约束时系统结构图

② 当考虑转速调节器限幅约束时,取退出饱和时刻作为初始状态,即将时间坐标零点由 $t=0$ 移到 $t=t_2$ 时刻,其初始条件变为 $i_d(0) = i_{dm}$,$\omega(0) = \omega^*$。由于系统不再满足零初始条件,根据 2.2.1 节

分析,系统结构不再满足图 9-21 所示的结构。考虑到两种情况下系统微分方程相同,可通过图 9-21 求取系统微分方程,然后再考虑初始状态影响,求取新的系统结构图,具体过程如下。

设状态变量 $x_1=\omega$,$x_2=i_d$,$x_3=\dot{i}_d$,可得系统微分方程为

$$\begin{cases} \dot{x}_1=\dfrac{1}{J}(K_T x_2-T_L) \\[2mm] \dot{x}_2=x_3 \\[2mm] \dot{x}_3=-\dfrac{JK_{op,n}}{K_T T_{\Sigma n}}x_1-\dfrac{K_{op,n}\tau_{I,n}}{T_{\Sigma n}}x_2-\dfrac{1}{T_{\Sigma n}}x_3+\dfrac{JK_{op,n}}{K_T T_{\Sigma n}}\cdot\dfrac{U_\omega^*}{\alpha}+\dfrac{K_{op,n}\tau_{I,n}}{K_T T_{\Sigma n}}T_L \end{cases}$$

$$(9-78)$$

将上式表示为向量形式,有

$$\dot{X}=AX+BV \tag{9-79}$$

式中,$X=\begin{bmatrix} x_1 & x_2 & x_3 \end{bmatrix}^T$,$V=\begin{bmatrix} U_\omega^*/\alpha & T_L \end{bmatrix}^T$,

$$A=\begin{bmatrix} 0 & \dfrac{K_T}{J} & 0 \\[2mm] 0 & 0 & 1 \\[2mm] -\dfrac{JK_{op,n}}{K_T T_{\Sigma n}} & -\dfrac{K_{op,n}\tau_{I,n}}{T_{\Sigma n}} & -\dfrac{1}{T_{\Sigma n}} \end{bmatrix}, \quad B=\begin{bmatrix} 0 & -\dfrac{1}{J} \\[2mm] 0 & 0 \\[2mm] \dfrac{JK_{op,n}}{K_T T_{\Sigma n}} & \dfrac{K_{op,n}\tau_{I,n}}{K_T T_{\Sigma n}} \end{bmatrix}$$

对式(9-79)两边取 Laplace 变换,可得 $X(s)$ 为

$$X(s)=[sI-A]^{-1}X(0)+[sI-A]^{-1}BV(s) \tag{9-80}$$

式中

$$[sI-A]^{-1}=\dfrac{\begin{bmatrix} T_{\Sigma n}s^2+s+K_{op,n}\tau_{I,n} & K_T(T_{\Sigma n}s+1)/J & K_T T_{\Sigma n}/J \\ -JK_{op,n}/K_T & T_{\Sigma n}s^2+s & T_{\Sigma n}s \\ -JK_{op,n}s/K_T & -K_{op,n}\tau_{I,n}s-K_{op,n} & T_{\Sigma n}s^2 \end{bmatrix}}{T_{\Sigma n}s^3+s^2+K_{op,n}\tau_{I,n}s+K_{op,n}}$$

$$X(s)=\begin{bmatrix} x_1(s) & x_2(s) & x_3(s) \end{bmatrix}^T$$
$$X(0)=\begin{bmatrix} \omega^* & i_{dm} & 0 \end{bmatrix}^T$$
$$V(s)=\begin{bmatrix} \dfrac{U_\omega^*}{\alpha s} & \dfrac{T_L}{s} \end{bmatrix}^T$$

根据式(9-80),可求得

$$x_1(s)=\dfrac{\left(T_{\Sigma n}s^2+s+K_{op,n}\tau_{I,n}\right)\left(\omega^*-\dfrac{T_L}{Js}\right)+\dfrac{\left(T_{\Sigma n}s+1\right)}{J}K_T i_{dm}+K_{op,n}\left(\dfrac{U_\omega^*}{\alpha s}+\dfrac{\tau_{I,n}}{J}\cdot\dfrac{T_L}{s}\right)}{T_{\Sigma n}s^3+s^2+K_{op,n}\tau_{I,n}s+K_{op,n}}$$

$$(9-81)$$

将 $\omega^*=U_\omega^*/\alpha$,$\omega(s)=x_1(s)$ 代入上式,化简可得

$$\omega(s)=\dfrac{\omega^*}{s}+\dfrac{\left(T_{\Sigma n}s+1\right)(K_T i_{dm}-T_L)}{J\left(T_{\Sigma n}s^3+s^2+K_{op,n}\tau_{I,n}s+K_{op,n}\right)} \tag{9-82}$$

进一步,设 $\Delta\omega(s)=\omega(s)-\omega^*/s$,可得

$$\Delta\omega(s)=\frac{\left(T_{\Sigma n}s+1\right)\left(K_{\mathrm{T}}i_{\mathrm{dm}}-T_{\mathrm{L}}\right)}{J\left(T_{\Sigma n}s^3+s^2+K_{\mathrm{op,n}}\tau_{\mathrm{I,n}}s+K_{\mathrm{op,n}}\right)}$$

$$=\frac{\dfrac{1}{Js}}{1+\dfrac{K_{\mathrm{op,n}}(\tau_{\mathrm{I,n}}s+1)}{s^2\left(T_{\Sigma n}s+1\right)}}\cdot\frac{K_{\mathrm{T}}(i_{\mathrm{dm}}-i_{\mathrm{dL}})}{s} \qquad (9-83)$$

其初始条件为 $\Delta\omega(0)=0$,满足零初始条件,由此可得系统结构图如图9-22所示。对比图9-21可知,由于初始条件发生了改变,尽管两种情况下系统微分方程完全相同,但是其动态结构图的输入量与信号传递关系已经发生了明显变化。因此,系统过渡过程也不一样,退饱和超调量不能再按照典型 II 型系统跟随性能中的超调量计算方法进行分析。

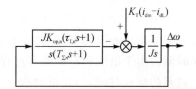

图 9-22 转速控制器退出饱和时系统结构图

进一步分析可以发现,图9-22所示系统可以看作是系统在扰动 $K_{\mathrm{T}}(i_{\mathrm{dm}}-i_{\mathrm{dL}})$ 作用下的动态响应过程,与图9-11所示系统一致,因此可以利用表9-8的典型 II 型系统抗扰性能分析结论来计算退饱和超调量。其中,

$$C_{\mathrm{b}}=2\times\frac{1}{J}\cdot K_{\mathrm{T}}(i_{\mathrm{dm}}-i_{\mathrm{dL}})T_{\Sigma n} \qquad (9-84)$$

进一步,令 i_{N} 为电机额定电流,$\lambda=i_{\mathrm{dm}}/i_{\mathrm{N}}$ 为电机允许的过载倍数,$z=i_{\mathrm{dL}}/i_{\mathrm{N}}$ 为电机允许的负载系数,Δn_{N} 为调速系统开环机械特性的额定速降,且有 $\Delta n_{\mathrm{N}}=30i_{\mathrm{N}}R_{\mathrm{d}}/(\pi K_{\mathrm{e}})$,代入式(9-84)可得

$$C_{\mathrm{b}}=2\times\frac{1}{J}\cdot K_{\mathrm{T}}(\lambda-z)\cdot\frac{\pi K_{\mathrm{e}}}{30R_{\mathrm{d}}}\Delta n_{\mathrm{N}}\cdot T_{\Sigma n}=2(\lambda-z)\cdot\frac{\pi\Delta n_{\mathrm{N}}}{30}\cdot\frac{T_{\Sigma n}}{T_{\mathrm{m}}}$$

$$(9-85)$$

式中,T_{m} 为电机机电时间常数,且有 $T_{\mathrm{m}}=R_{\mathrm{d}}J/(K_{\mathrm{e}}K_{\mathrm{T}})$。

设给定角速度为 ω^*,表9-8中所列最大动态降落比$(\Delta C_{\max}/C_{\mathrm{b}})\times100\%$值为 C_{h},则可求得系统的转速超调量 $\sigma_{\mathrm{n}}\%$ 为

$$\sigma_{\mathrm{n}}\%=C_{\mathrm{h}}\cdot\frac{C_{\mathrm{b}}}{\omega^*}\times100\%=2C_{\mathrm{h}}(\lambda-z)\frac{T_{\Sigma n}}{T_{\mathrm{m}}}\cdot\frac{\Delta n_{\mathrm{N}}}{n^*}\times100\% \qquad (9-86)$$

式中,$n^*=30\omega^*/\pi$。

举例来说,设 $\lambda=1.5,z=0$(理想空载启动),$\Delta n_{\mathrm{N}}=0.3n_{\mathrm{N}}$,$T_{\Sigma n}/T_{\mathrm{m}}=0.1$,当选择 $h=5$,并且启动到额定转速 $n^*=n_{\mathrm{N}}$ 时,其退饱和超调量为

$$\sigma_{\mathrm{n}}\%=2\times1.5\times0.1\times0.3\times81.2\%\approx7.3\% \qquad (9-87)$$

由此可见,退饱和超调量要比线性条件下的系统超调量小得多。

综合上述分析,可知:

① 转速调节器的饱和非线性,使得转速-电流双闭环控制系统启动过程的退饱

和超调量大大降低,且其计算方法与负载扰动条件下最大动态速降计算方法相同,因此在增加转速调节器饱和约束后,系统的动态跟随性能与抗扰性能不再是相互矛盾、相互制约的。

② 由式(9-86)可知,退饱和超调量的大小除了受转速环时间常数比值 $T_{\Sigma n}/T_m$、额定速降、过载倍数 λ、负载大小等因素影响,还与给定稳态转速 n^* 有关。对于上述例子中,如果只启动到 $n^* = 0.2n_N$ 低速运行时,退饱和超调量变化为

$$\sigma_n'\% = 2 \times 1.5 \times 0.1 \times \frac{0.3}{0.2} \times 81.2\% \approx 36.5\% \qquad (9-88)$$

其值就比启动到额定转速时大得多。

③ 增加转速调节器饱和约束后,系统的启动过程调节时间由两部分组成:一是转速调节器饱和段的恒加速时间 t_2,其大小由式(9-77)计算;二是退出饱和后的过渡时间。由于退饱和超调调节过程与抗扰过程一致,因此其过渡时间也就是等效抗扰过程的恢复时间 t_v,仍可由表9-8计算得到。

*9.3.5 抗负载扰动控制方法

对于转速-电流双闭环控制系统来说,通常要求其同时兼具优良的动态跟随性能和抗扰性能。采用前述工程设计方法往往不能完全满足系统性能要求,通常还需在此基础上增加其他控制方法来提高系统的抗扰性能。本节介绍两种实际系统中常用的抗负载扰动控制方法,即转速微分负反馈控制和基于扰动观测器的负载转矩抑制方法。

1. 转速微分负反馈控制

根据5.4.3节的分析,转速微分负反馈对启动过程中的超调具有很好的抑制作用,因此被广泛的应用于实际系统中,本节将分析其另一个重要功能,即提高系统抗扰性能。为了分析方便,假设电流调节器与转速调节器仍采用前述设计方法,结合图9-21,可得到采用转速微分负反馈时的系统结构如图9-23所示。

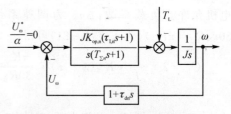

图9-23 含转速微分负反馈时的系统结构图

在阶跃扰动下,令 $T_L(s) = T_L/s$,可得

$$\Delta\omega(s) = \frac{\dfrac{1}{Js}}{1 + \dfrac{K_{op,n}(\tau_{I,n}s+1)}{s^2(T_{\Sigma n}s+1)}(1+\tau_{dn}s)} \cdot \frac{T_L}{s}$$

$$= \frac{K_2 T_L (T_{\Sigma n}s+1)}{T_{\Sigma n}s^3 + (1+K_{op,n}\tau_{I,n}\tau_{dn})s^2 + K_{op,n}(\tau_{I,n}+\tau_{dn})s + K_{op,n}} \qquad (9-89)$$

式中,$K_2 = 1/J$。仍取 $C_b = 2K_2 T_L T_{\Sigma n}$,有

$$\frac{\Delta\omega(s)}{C_b} = \frac{0.5\left(T_{\Sigma n}s + 1\right)}{T_{\Sigma n}^2 s^3 + (1 + K_{op,n}\tau_{I,n}\tau_{dn})T_{\Sigma n}s^2 + K_{op,n}(\tau_{I,n} + \tau_{dn})T_{\Sigma n}s + K_{op,n}T_{\Sigma n}}$$

$$(9-90)$$

进一步，取中频段宽 $h = \tau_{I,n}/T_{\Sigma n} = 5$，且按 $M_{r\,min}$ 准则确定参数时，有

$$\frac{\Delta\omega(s)}{C_b} = \frac{0.5T_{\Sigma n}\left(T_{\Sigma n}s + 1\right)}{T_{\Sigma n}^3 s^3 + (1 + 0.6\delta)T_{\Sigma n}^2 s^2 + (0.6 + 0.12\delta)T_{\Sigma n}s + 0.12} \quad (9-91)$$

微分负反馈
系统抗扰性能
仿真模型

式中，$\delta = \tau_{dn}/T_{\Sigma n}$。

采用数值计算方法，可计算出 δ 取不同值时对应的 $\Delta\omega(t)/C_b$ 动态过程曲线，从而求取输出量的最大动态降落 $\Delta\omega_{max}$ 和对应的时间 t_m，以及允许误差带为 $\pm 5\% C_b$ 时的恢复时间 t_v，如表 9-11 所列。

表 9-11　带微分负反馈的转速环抗负载扰动性能指标

$\delta = \tau_{dn}/T_{\Sigma n}$	最大动态降落比值 $(\Delta\omega_{max}/C_b)\times 100\%$	最大降落时间 t_m	恢复时间 t_v
0	81.2%	$2.85T_{\Sigma n}$	$8.8T_{\Sigma n}$
0.5	67.7%	$2.95T_{\Sigma n}$	$11.2T_{\Sigma n}$
1	58.3%	$3.0T_{\Sigma n}$	$12.8T_{\Sigma n}$
2	46.3%	$3.5T_{\Sigma n}$	$15.3T_{\Sigma n}$
3	39.1%	$4.0T_{\Sigma n}$	$17.3T_{\Sigma n}$
4	34.3%	$4.5T_{\Sigma n}$	$19.1T_{\Sigma n}$
5	30.7%	$4.9T_{\Sigma n}$	$20.7T_{\Sigma n}$

注：控制结构和阶跃扰动作用点如图 9-23 所示，参数关系符合 $M_{r\,min}$ 准则，且 $h=5$。

由上表可知，引入微分负反馈可有效抑制系统的动态速降，δ 越大，动态降落越小，同时恢复时间越长。

2. 基于扰动观测器的负载转矩抑制

(1) 扰动观测器的基本原理

以图 9-24(a) 所示的系统为例，设被控对象的传递函数为 $G_{obj}(s)$，其输入量和输出量分别为 u、c，受到的扰动为 d。设定控制目标为 r，控制器传递函数为 $G_c(s)$，期望得到的系统理想跟随特性和抗扰特性分别为 $c/r = 1$、$c/d = 0$。当扰动 d 可测时，为了实现 $c/d = 0$，加入了前馈补偿 $u = u' + d$，如图 9-24(a) 所示。

当扰动 d 不可测时，需要设计扰动观测器，通过系统输出量 c 与控制量 u 计算扰动 d 的估计值 $\hat{d}$，如图 9-24(b) 所示，且有

$$\hat{d} = u - G_{obj}^{-1}(s)c \quad (9-92)$$

式中，$G_{obj}^{-1}(s)$ 为 $G_{obj}(s)$ 的逆函数。控制对象 $G_{obj}(s)$ 的参数往往是时变的，在控制器中只能采用其标称模型 $G_{n,obj}^{-1}(s)$。此外，$G_{obj}(s)$ 一般是严格真有理分式，对应的 $G_{n,obj}^{-1}(s)$ 在工程上难以实现，因此在设计时需要增加一个待定的传递函数 $G_{un}(s)$，使

得 $G_{un}(s)G_{n,obj}^{-1}(s)$ 为有理函数。一般地,$G_{un}(s)$ 具有滤波特性,其选取由系统稳定性、参数鲁棒性和扰动抑制能力等要求来决定。

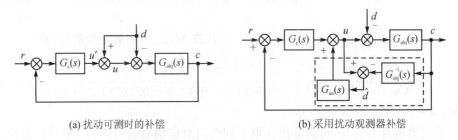

(a) 扰动可测时的补偿 (b) 采用扰动观测器补偿

图 9 - 24 扰动观测器的一般结构

(2) 不考虑电流环动态特性时扰动观测器的设计

假设电流环和转速滤波环节设计响应足够快,可忽略时间常数时,图 9 - 19 所示的双闭环控制系统结构可转化为如图 9 - 25 所示结构。

为了抑制负载转矩 T_L 对转速 ω 的影响,可根据前述扰动观测器设计方法,设计如图 9 - 26(a) 所示的负载转矩扰动观测器。图中,K_{Tn} 为 $\alpha K_T/\beta$ 的标称模型,J_n 为 J 的标称模型,计算的估计值 $\hat{T}_L$ 经增益 $1/K_{Tn}$ 与滤波环节 $1/(1+s/T_F)$ 后补偿到控制器中的电流指令端。当 $K_{Tn}=\alpha K_T/\beta$,

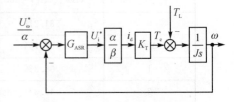

图 9 - 25 $T_{\Sigma n}=0$ 时系统结构图

$J_n=J$ 时,有 $\hat{T}_L=T_L$,不考虑滤波环节时,可求得

$$\omega = \frac{\alpha K_T}{\beta J s}U_{i0}^* \tag{9 - 93}$$

即采用扰动前馈补偿后,系统输出不再受扰动 T_L 影响,仅受电流指令 U_{i0}^* 控制。

低通滤波器 $1/(1+s/T_F)$ 的设置可解决纯微分环节 $J_n s$ 在工程上难以实现的问题。不难计算,当无低通滤波环节时,补偿量 ΔU_i 为

$$\Delta U_i = U_i^* - \frac{J_n s\omega}{K_{Tn}} \tag{9 - 94}$$

即计算 ΔU_i 时需要对 ω 进行微分。当加入低通滤波环节后,补偿量 ΔU_i 变化为

$$\Delta U_i = \left(U_i^* - \frac{J_n s}{K_{Tn}}\omega\right)\frac{1}{1+s/T_F} = -\frac{J_n T_F}{K_{Tn}}\left(1 - \frac{1}{1+s/T_F}\right)\omega + \frac{1}{1+s/T_F}U_i^* \tag{9 - 95}$$

由此,图 9 - 26(a) 所示中虚线框内的扰动观测器计算环节可化为如图 9 - 26(b) 所示。

下面进一步分析观测器对负载扰动的抑制能力。设定转速控制器为

$$G_{ASR}(s) = \frac{K_{p,n}(\tau_{I,n}s+1)}{\tau_{I,n}s} \tag{9 - 96}$$

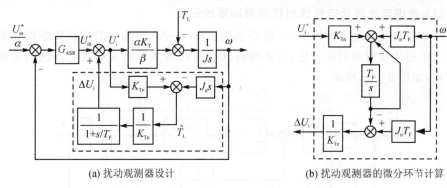

(a) 扰动观测器设计　　　　　(b) 扰动观测器的微分环节计算

图 9－26　双闭环控制系统负载扰动观测器设计

则根据图 9－26(a)，容易求得系统的传递函数为

$$\omega(s)=\frac{K_{T}K_{Tn}K_{p,n}(\tau_{I,n}s+1)(s+T_{F})U_{\omega}^{*}(s)-\beta\tau_{I,n}K_{Tn}s^{2}T_{L}(s)}{\beta J K_{Tn}\tau_{I,n}s^{3}+\alpha K_{T}J_{n}T_{F}\tau_{I,n}s^{2}+\alpha K_{T}K_{Tn}K_{p,n}(\tau_{I,n}s+1)(s+T_{F})}$$

(9－97)

对于单位斜坡扰动 $T_{L}(s)=1/s^{2}$，其稳态误差为

$$e_{ss}=\lim_{s\to0}\frac{\beta\tau_{I,n}K_{Tn}s^{2}}{\beta J K_{Tn}\tau_{I,n}s^{3}+\alpha K_{T}J_{n}T_{F}\tau_{I,n}s^{2}+\alpha K_{T}K_{Tn}K_{p,n}(\tau_{I,n}s+1)(s+T_{F})}\cdot$$

$$s\cdot\frac{1}{s^{2}}=0$$

(9－98)

类似地，可求得未加入负载扰动观测器时，系统的传递函数为

$$\omega(s)=\frac{K_{T}K_{p,n}(\tau_{I,n}s+1)U_{\omega}^{*}(s)-\beta\tau_{I,n}sT_{L}(s)}{\beta J\tau_{I,n}s^{2}+\alpha K_{T}K_{p,n}(\tau_{I,n}s+1)}$$

(9－99)

对于单位斜坡扰动 $T_{L}(s)=1/s^{2}$，其稳态误差为

$$e_{ss}=\lim_{s\to0}\frac{\beta\tau_{I,n}s}{\beta J\tau_{I,n}s^{2}+\alpha K_{T}K_{p,n}(\tau_{I,n}s+1)}\cdot s\cdot\frac{1}{s^{2}}=\frac{\beta\tau_{I,n}}{\alpha K_{T}K_{p,n}}$$

(9－100)

对比式(9－98)和式(9－100)，加入扰动观测器可将系统对单位斜坡扰动的稳定误差由 $\beta\tau_{I,n}/(\alpha K_{T}K_{p,n})$ 减小为 0，也即是说，负载扰动观测器可以有效地提高系统抗扰能力。事实上，图 9－26(a)所示的系统结构还可以转化为如图 9－27 所示的系统结构。由此可见，扰动观测器的设计可等效为在系统控制结构中增加了一个加速度负反馈控制环，由于负载扰动在这个等效的加速度负反馈控制环内，因此该控制环能够很好的抑制其影响。

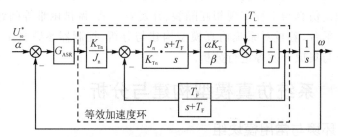

图 9－27　等效加速度环时的系统控制结构

(3) 考虑电流环动态特性时扰动观测器的设计

当考虑电流环动态特性时，系统仍采用如图 9-26(a) 所示的负载转矩扰动观测器。采用前述分析类似的方法，可求得将其扰动观测器等效为加速度环时的系统控制结构，如图 9-28 所示。

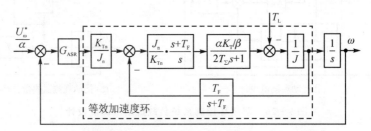

图 9-28 考虑电流环动态特性时的系统结构（等效加速度环）

容易求得系统的传递函数为

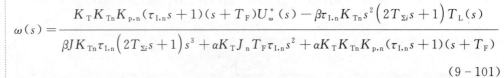

$$\omega(s) = \frac{K_{\mathrm{T}} K_{\mathrm{Tn}} K_{p,n} (\tau_{\mathrm{I},n} s + 1)(s + T_{\mathrm{F}}) U_{\omega}^{*}(s) - \beta \tau_{\mathrm{I},n} K_{\mathrm{Tn}} s^2 \left(2 T_{\Sigma i} s + 1\right) T_{\mathrm{L}}(s)}{\beta J K_{\mathrm{Tn}} \tau_{\mathrm{I},n} \left(2 T_{\Sigma i} s + 1\right) s^3 + \alpha K_{\mathrm{T}} J_n T_{\mathrm{F}} \tau_{\mathrm{I},n} s^2 + \alpha K_{\mathrm{T}} K_{\mathrm{Tn}} K_{p,n} (\tau_{\mathrm{I},n} s + 1)(s + T_{\mathrm{F}})}$$

$$(9-101)$$

与前述类似，可分析得到"负载扰动观测器可以有效地提高系统抗扰能力"的结论。需要说明的是，式(9-97)和式(9-101)的系统传递函数分母均为高阶多项式，扰动观测器参数选取不当时容易导致系统失稳。此外，上述分析中将电流环等效为一阶惯性环节也必须满足相应的条件。因此，在扰动观测器参数设计时必须考虑系统稳定性约束，同时还要对电流环简化条件进行校验。

*9.4 控制器的计算机辅助设计、优化与实现

计算机辅助设计是研究分析电气自动化系统的一种重要手段，在实践中通常与理论分析设计方法结合使用，以进一步提升系统控制性能，并缩短设计周期。例如，前述工程设计方法求取的控制器参数，在应用到实际系统前可通过建立仿真模型分析验证其控制性能。事实上，由于采用工程设计方法时一般都需要对控制对象进行相应的近似处理，导致其实际控制性能往往与理想条件下存在偏差，因此通常还需要利用计算机辅助设计工具对控制参数进行进一步优化。再如，利用仿真模型还可直接生成应用于实际系统的控制器代码，实现控制算法一体化集成开发，有效解决传统设计方法中理论仿真与工程实现相互隔裂、开发效率低、调试困难等问题。本节将基于 MATLAB 平台，着重对系统仿真模型构建与分析、控制器参数整定与优化、控制代码直接生成与集成开发等进行分析。

9.4.1 系统仿真模型构建与分析

1. 仿真环境与常用模块组

MATLAB 是目前流行的计算机仿真平台，其中的 Simulink 提供了使用系统模

型框图进行组态的仿真手段,"Simu"代表计算机模拟,"link"代表系统连接,即通过系统各模块的连接来构建系统模型,正是由于 Simulink 具有的这两大功能和特点,使其成为控制系统计算机仿真的重要工具。

Simulink 模块库由若干个模块组构成,标准的 Simulink 模块库中主要包含:常用模块组(Commonly Used Blocks)、连续系统模块组(Continuous)、非连续系统模块组(Discontinuous)、离散系统模块组(Discrete)、逻辑与位运算模块组(Logic and Bit Operations)、数学运算模块组(Math Operations)、信号与系统模块组(Signal & Subsystems)、输入源模块组(Sources)、输出模块组(Sinks)等。此外,在进行电气自动化系统仿真分析时,还经常会用到电力系统工具箱(Power System Blockset)中的一些专用模块组。电力系统工具箱提供了一种类似电路搭建的方法来构建系统模型,可以在 Simulink 环境下用于电路、电力电子装置、电力传动系统以及电力传输系统等领域的仿真,其主要模块组有:电源模块组(Electrical Sources)、元件模块组(Elements)、电力电子模块组(Power Electronics)、电机模块组(Machines)、连接模块组(Connectors)、测量模块组(Measurements)、附加模块组(Extras)以及演示模块组(Demos)等。

本节以直流 PWM 控制系统为例介绍仿真模型构建方法,采用 MATLAB 软件的版本为 MATLAB R2018a,不同版本模块浏览器窗口可能有所区别,但其基本功能大致相同。

2. 转速负反馈直流 PWM 控制系统仿真分析

打开 MATLAB 软件,单击命令窗口"Simulink"图标或者直接在命令行键入"Simulink"即可进入 Simulink 环境,其模块浏览器窗口如图 9-29 所示。

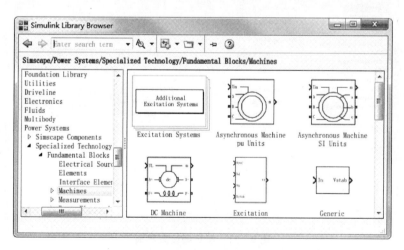

图 9-29 Simulink 模块浏览窗口

以图 5-20 所示的转速负反馈直流 PWM 控制系统结构,将相应的模块拖入模型编辑窗口,可构建其仿真模型,如图 9-30 所示。系统仿真模型主要包括直流电动机模块(DC Machine)、桥式电路模块(Universal Bridge)、PWM 波形生成器(PWM Generator)、转速控制器(ASR)及其给定与反馈电路,此外还有用于检测系统状态的传感器和示波器模块。在建立系统仿真模型时,还需要根据实际系统参数对各个模块进行配置。在配置参数时,双击需要配置的模块,通过修改对话框内容就可进行设定,系统控制器参数可根据前述设计方法计算得到。

转速负反馈
系统仿真模型

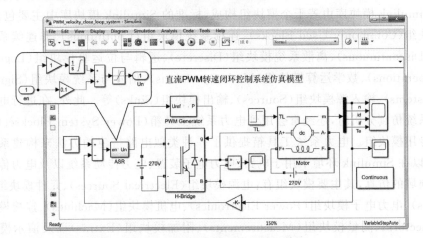

图 9 - 30　转速负反馈直流 PWM 控制系统仿真模型

在对建立好的模型进行仿真前,可根据需要对仿真参数进行设置。设置仿真参数可点击 Simulink 窗口的菜单栏"Simulation",在下拉子菜单中点击"Model Configuration Parameters"进入参数设置对话框,其中,最常需设置的是解算器(Solver),其界面如图 9 - 31 所示。

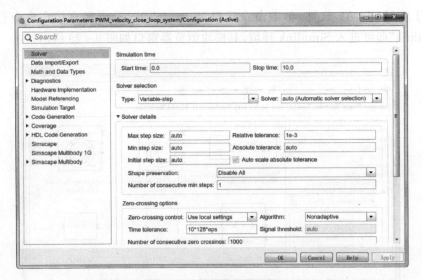

图 9 - 31　解算器设置界面

解算器设置界面中仿真时间(Simulation time)有开始时间(Start time)和终止时间(Stop time)两项,对于连续系统而言,仿真开始时间可从零开始,结束时间根据仿真过程中关注的动态过程进行选择;算法选择(Solver selection)中的计算类型(Type)有可变步长(Variable - step)和固定步长(Fixed - step)两种,在可变步长和固定步长下还有多种数值计算方法可供选择。另外,经常还需要设置的有仿真误差,包括相对误差(Relative tolerance)和绝对误差(Absolute tolerance)两项,选取合适的计算误差对仿真速度和计算收敛性影响很大,尤其在仿真过程不能收敛时,适当放宽误差可能会得到很好的效果,初学者可先采用系统默认参数。

当配置好参数后,单击工具栏的"运行"按钮或者选择"Simulation"→"Start"菜单项,可启动仿真过程。然后双击"Scope"模块可以观察仿真结果,图9-32所示为系统启动过程中转速和电流曲线。由图可知,启动过程转速响应快,但是其电枢电流很大,峰值电流高达60 A以上,容易产生过流导致电枢损坏。

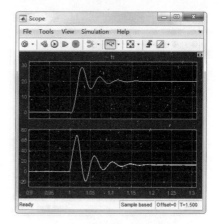

图9-32 转速负反馈系统启动过程中转速和电流曲线

3. 转速-电流双闭环控制系统仿真分析

采用前述类似的方法,可以建立转速-电流双闭环控制系统仿真模型,如图9-33所示。

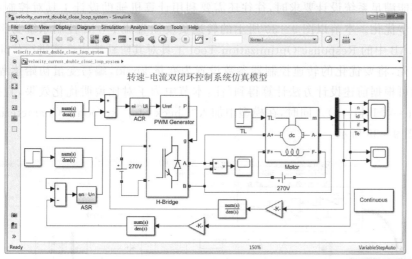

图9-33 转速-电流双闭环控制系统仿真模型

双闭环反馈系统仿真模型

转速调节器(ASR)和电流调节(ACR)均采用带限幅的PI控制器,同时增加电流反馈滤波、转速反馈滤波与两个相应的给定滤波环节。系统启动过程中转速和电流波形如图9-34(a)所示。在启动过程中,电枢电流基本限制在30 A以内,达到稳态后,电流下降至4 A左右,与前述章节理论分析基本吻合。图9-34(b)所示为转速环加入微分负反馈后的启动过程中转速和电流波形,仿真表明,加入微分负反馈可以有效抑制转速超调,但是启动过程会在一定程度上变慢。

在分析系统性能时,也可采用传递函数模型,其建模方法与之类似。限于篇幅,本节不再对其进行详述。

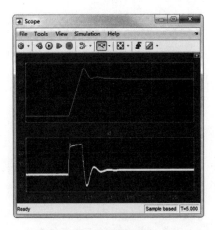 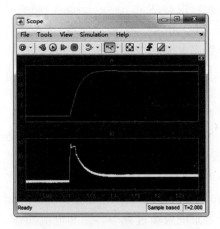

(a) 无微分负反馈   (b) 有微分负反馈

图 9 - 34　转速-电流双闭环控制系统启动过程中转速和电流曲线

9.4.2　控制器的参数整定与优化

前面分析了采用仿真模型分析验证电气自动化系统控制性能的基本方法,当其性能不能满足系统设计要求时,往往还需要利用计算机辅助设计工具对控制参数进行进一步优化。本节以图 9 - 30 所示的转速负反馈直流 PWM 控制系统为例,采用 MATLAB 中的 Response Optimization Tool 工具对其阶跃响应性能进行优化。

首先,将要优化的转速控制器参数设置为变量 kp、ki,编写变量初始化程序,其初始值可根据前述设计方法计算得到(注:本节中为了对比说明优化效果,直接选取初值 kp=0.1,ki=1)。同时,在模型中加入"Check Step Response Characteristic"模块,如图 9 - 35 所示。

系统参数自动
整定模型

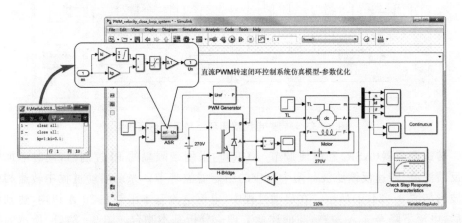

图 9 - 35　转速负反馈直流 PWM 控制系统仿真模型修改

双击"Check Step Response Characteristic"模块,可对期望的阶跃响应性能指标(上升时间、超调量、调节时间、稳态误差等)进行设定,如图 9 - 36 所示。

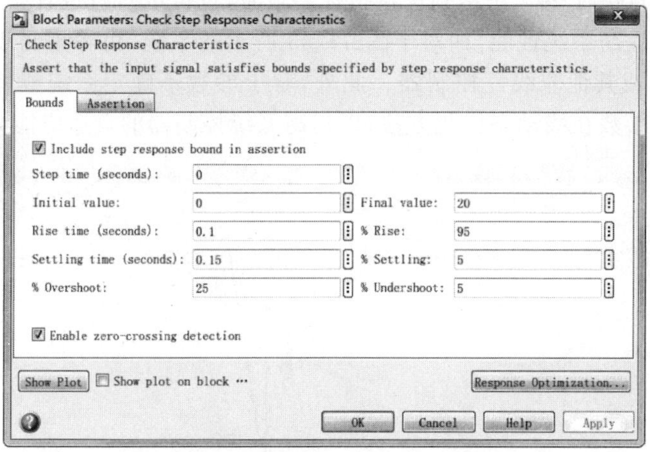

图 9-36 阶跃响应性能指标设定

其次,在性能指标设置完成后,点击"Response Optimization"按钮,进入优化工具环境,如图 9-37 所示。在开始优化前,需要利用"Design Variables Set"菜单对待优化参数进行设置,当待优化参数过多时,可先利用 Sensitivity Analysis 工具对各参数的性能影响灵敏度进行分析,从而选取影响较大的参数作为待优化参数,以提高优化效率。当设置完成后,将 Data to plot 选取为仿真模型中的"Check Step Response Characteristic"模块,然后点击"Plot Model Response"按钮可得到初始参数条件下系统的阶跃响应曲线,如图 9-38(a)所示。由图可知,控制器原始参数不能满足阶跃性能指标要求,点击"Opimize"按钮可进行参数优化,优化后的系统阶跃性能如图 9-38(b)所示。

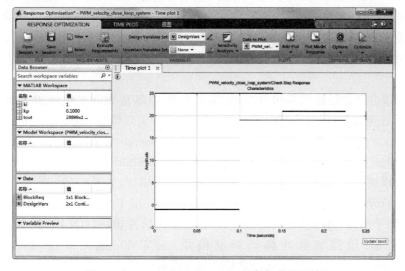

图 9-37 Response Optimization 参数优化环境

除了"Check Step Response Characteristic"模块,Simlink 中还提供有"Check Custom Bounds""Check Bode Characteristics"等模块,可对系统其他指标进行综合优化。当然,优化约束越多,指标要求越高,优化难度也就越大。当利用 Response

Optimization Tool 工具无法达到优化指标要求时,也可以自行设计优化算法或者改进控制策略来提高系统性能,如对于图 9-35 所示的系统,可考虑将 PI 控制器改进为 PID 控制器或其他非线性控制器。此外,对于参数不确定系统或者时变系统,往往还需要采用参数在线动态优化方法,以提高系统控制器的自适应能力。

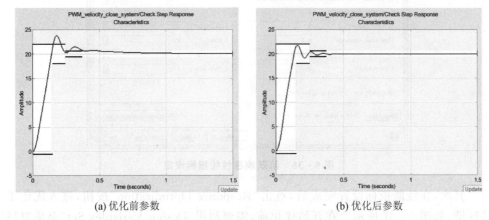

(a) 优化前参数   (b) 优化后参数

图 9-38 系统阶跃响应性能

9.4.3 面向 DSP 的控制算法代码直接生成

传统的控制算法开发一般分为建模仿真和工程实现两个阶段进行,即先采用 MATLAB 等仿真环境构建系统模型,设计控制器并进行数字仿真,分析控制性能,当其满足设计要求后再开始工程研制,在此阶段重新采用与单片机/DSP 等微处理器相对应的语言(如 C/汇编等)编写程序,实现对实际对象的控制。这种算法开发方法过程繁琐,设计效率低,且理论仿真与工程实现过程相互隔裂,开发过程缺乏全流程测试验证,实际系统控制性能往往与理论分析相差甚远,调试比较困难。本节介绍一种利用 MATLAB 模型直接生成面向 DSP 的算法代码生成方法,供读者开发设计时参考。

利用该方法进行控制算法开发时,需要安装 CCS 集成开发环境和 Simulink 库中 C2000 处理器支持包,本节中采用的 CCS 集成开发环境为 Code Composer Studio 7.3.0,C2000 处理器支持包为 Embedded Coder Support Package for Texas Intruments C2000 Processors,DSP 硬件目标对象为 TMS320F28335。安装完毕后,可在 Simulink 模块库中找到常用的 DSP 相关 Simulink 模块,如图 9-39 所示。

电气自动化系统中常用的模块有:PIE 模块,用于中断控制;模数转换模块(ADC),用于电流、电压信号采集;增强型正交编码脉冲模块(eQEP),用于光电编码器信号采集;增强型脉冲编码调制模块(ePWM);通用 I/O 接口(Digital Input&Digital Output),用于开关信号采集和逻辑控制。

此外,系统还提供了 DMC 模块库,包含用于交流电机矢量控制的常用模块,如 Park 变换与反变换模块(Park Transformation & Inverse Park Transformation)、Clarke 变换模块(Clarke Transformation)、空间矢量生成模块(Space Vertor Generator)等,如图 9-40 所示。

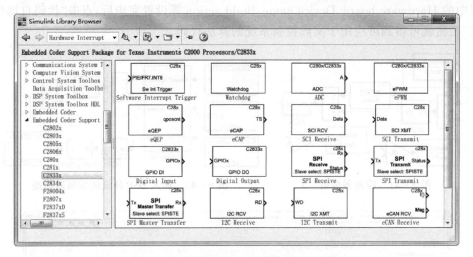

图 9 – 39　常用的 DSP 相关 Simulink 模块

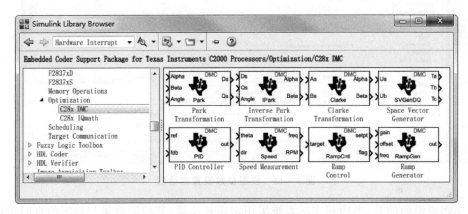

图 9 – 40　DMC 模块库

同时,DMC 模块库还提供了 PID 控制器模块,可实现带有抗饱和校正功能的 32 位数字 PID 控制算法。

下面以图 9 – 33 所示的转速-电流双闭环控制系统仿真模型为例,分析其控制算法代码生成的步骤。首先,去掉仿真模型中与控制对象、信号给定以及示波器等模块,得到如图 9 – 41 所示的控制器模型。然后,在此基础上增加与控制器输入、输出相关的 DSP 外设模块以及相应的数据类型转换、定标模块,可得控制器模型如图 9 – 42 所示。

图 9 – 42 中,系统速度给定由 ADC 模块采集操纵台电位信号获得,电机实际转速由 eQEP 模块采集光电编码器得到,电机的电枢电流由 ADC 模块采集电流传感器信号得到,控制器输出 PWM 波形由 ePWM 模块生成。各个模块的参数可根据实际控制系统中电路硬件连接关系进行配置。此外,控制器模型的转速控制器(ASR)和电流控制器(ACR)也可采用 DMC 模块库中的 PID 控制器模块进行改进。

在模型修改完毕后,还需要对相应的模型配置参数进行设定。点击"Model Configuration Parameters"按钮,打开对话框如图 9 – 43 所示。对模型参数设置对话框中的 Hardware board、Device name、Build action 等设置完毕后,点击"代码自动生成"按钮就可得到可应用于实际控制系统的算法代码。

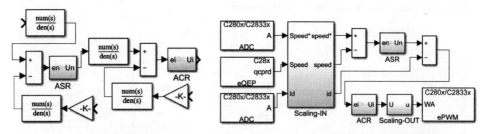

图 9-41 控制器模型   图 9-42 加入 DSP 外设的控制器模型

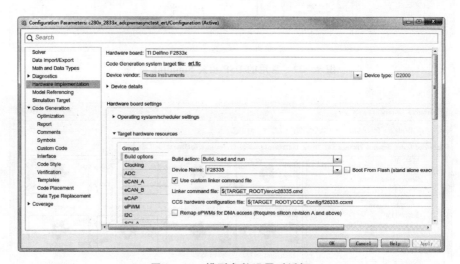

图 9-43 模型参数设置对话框

　　需要说明的是,考虑到实际系统采用定步长运算,其控制效果与数字仿真时可能存在差异,因此在算法代码应用到实际系统之前,往往还需通过硬件在环仿真,对其进行测试并优化。此外,上述模型生成的代码只包含了控制算法部分,还不是实际系统运行代码的全部,如实际系统中通常还有上电逻辑控制、故障保护以及总线通信等功能代码;再如,上述控制算法本身也通常是嵌入在定时中断服务程序中的,因此还应该包含定时器和中断控制代码。这些代码也可以通过 MATLAB 建模,然后按照上述类似的方法生成代码,当对 CCS 开发环境比较熟悉时,也可在 CCS 开发环境中直接编程,然后将其与 MATLAB 模型自动生成的算法代码结合,编译生成完整的可执行文件再下载到 DSP 硬件中。

本章习题

本章重难点
释疑

　　9.1　电气自动化系统设计的基本步骤有哪些? 为什么说控制器设计与系统校正是电气自动化系统设计的重要环节?

　　9.2　典型 I 型系统开环增益 K 取值改变时,系统开环频率特性曲线有何变化,会对系统稳定性和动态性能带来什么影响?

9.3　某反馈系统已校正为典型 Ⅰ 型系统,其时间常数 $T=0.1$ s,要求阶跃响应超调量 $\sigma\% \leqslant 10\%$,且系统的动态响应速度尽可能快,试分析:

(1) 系统的开环增益为多大?

(2) 计算上升时间 t_r 和调节时间 t_s(5%)。

(3) 如果要求上升时间 $t_r \leqslant 0.25$ s,则 K、$\sigma\%$ 分别为多少(尽可能取小值)? 绘制此时系统的开环对数幅频特性曲线,并分析系统稳定性。

习题 9.3 解析

9.4　某控制对象的传递函数为 $G_{obj}(s)=\dfrac{10}{s(0.02s+1)}$,要求将其校正为典型 Ⅱ 型系统,并满足:在阶跃输入下系统的超调量 $\sigma\% \leqslant 30\%$(按线性系统考虑),且系统的动态响应速度尽可能快,试确定调节器的结构,并设计其参数。

习题 9.4 解析

9.5　在一个转速-电流双闭环 PWM 控制系统中,PWM 变换器的放大倍数 $K_{PWM}=35$,电动机的额定数据为:$P_N=60$ KW,$i_N=308$ A,$n_N=1\ 000$ r/min,$C_e\varPhi=0.196$ V·min/r,$R_d=0.1\ \Omega$,电磁时间常数 $T_1=0.01$ s,机电时间常数 $T_m=0.12$ s,电流反馈滤波时间常数 $T_{oi}=0.000\ 6$ s,转速反馈滤波时间常数 $T_{on}=0.04$ s,额定转速时的给定电压 $U_{nN}^*=10$ V,调节器 ASR、ACR 的饱和输出电压 $U_{im}^*=8$ V,$U_{cm}=7.98$ V。系统的静、动态指标为:稳定无静差,调速范围 $D=10$,电流超调量 $T_{on}=0.04$ s,空载启动到额定转速时的转速超调量 $\sigma_n\%=10\%$。试求:

习题 9.5 解析

(1) 转速反馈系数 α 和电流反馈系数 β(假设启动电流限制在 $1.1i_N$ 以内)。

(2) 试设计电流调节器和转速调节器。

(3) 计算电机带 40% 额定负载时启动到最低转速时的超调量。

9.6　某系统采用典型Ⅱ型系统结构,要求频域动态指标 $\omega_c=60\ s^{-1}$,$M_{r\ min}=1.5$,求系统预期开环对数幅频特性曲线、开环传递函数以及阶跃响应的超调量 $\sigma\%$ 和调节时间 t_s。

习题 9.6 解析

9.7　将具有下列传递函数的控制对象,采用单位反馈校正为阻尼系数 $\zeta=0.707$ 的典型 Ⅰ 型系统,请求取控制器的传递函数,并校验近似条件是否满足。

(1) $\dfrac{200}{0.5s(0.008s+1)}$
　　　　(2) $\dfrac{10}{0.25s+1} \cdot \dfrac{10}{0.25s^2+10.025s+1}$

(3) $\dfrac{1}{0.16s+15} \cdot \dfrac{600}{0.07s+1}$
　　(4) $\dfrac{6.4}{0.27s+1} \cdot \dfrac{1.4}{0.34s+2} \cdot \dfrac{1}{0.005s+1}$

习题 9.7 解析

9.8　将具有下列传递函数的控制对象,采用单位反馈校正为中频段宽 $h=5$ 的典型Ⅱ型系统,请求取控制器的传递函数,并校验近似条件是否满足。

(1) $\dfrac{200}{0.5s(0.008s+1)}$
　　　　(2) $\dfrac{70}{0.55s} \cdot \dfrac{2}{0.01s+1}$

(3) $\dfrac{7}{0.78s+1} \cdot \dfrac{16}{0.28s+10} \cdot \dfrac{1}{0.005s+1}$

(4) $\dfrac{10}{s} \cdot \dfrac{0.1}{0.03s+1} \cdot \dfrac{0.2}{0.12s+1} \cdot \dfrac{50}{0.06s+3}$

习题 9.8 解析

9.9　转速微分负反馈方法和基于扰动观测器的负载扰动补偿都可以等效为引入加速度负反馈,那么二者有什么区别? 为什么说后者属于前馈补偿控制?

附录　常用缩略语

ACR	电流调节器
A/D	模/数转换
AFR	励磁电流调节器
APR	位置调节器
ASR	转速调节器
AVR	电压调节器
BQ	位置传感器
CHBPWM	电流滞环跟踪脉冲宽度调制
DSP	数字信号处理器
G	直流发电机
GTR	电力晶体管
IGBT	绝缘栅双极型晶体管
M	直流电动机
ME	拖动电机/原动机
MOSFET	电力场效应管
PDF	伪微分控制
PFM	脉冲频率调制
PI	比例积分控制
PID	比例积分微分控制
PMSM	永磁同步电机
PR	比例谐振控制
PSD	功率变换装置
PWM	脉冲宽度调制
SPWM	正弦波脉冲宽度调制
SVPWM	电压空间矢量脉冲宽度调制
TA	电流互感器
TG	测速发电机
UPEF	励磁电流变换装置

参考文献

[1] 马晓军，袁东，魏曙光. 坦克武器电力传动控制原理与应用[M]. 北京：国防工业出版社，2023.

[2] 马晓军，袁东. 坦克武器稳定系统建模与控制技术[M]. 北京：国防工业出版社，2019.

[3] 臧克茂，马晓军，李长兵. 现代坦克炮控系统[M]. 北京：国防工业出版社，2007.

[4] 杨耕，罗应力. 电机与运动控制系统[M]. 北京：清华大学出版社，2014.

[5] 阮毅，杨影，陈伯时. 电力拖动自动控制系统-运动控制系统（第5版）[M]. 北京：机械工业出版社，2016.

[6] 臧克茂，马晓军. 装甲车辆电力传动系统及其设计[M]. 北京：国防工业出版社，2004.

[7] 王成元，夏加宽，孙宜标. 现代电机控制技术[M]. 北京：机械工业出版社，2008.

[8] 冯国楠. 现代伺服系统的分析与设计[M]. 北京：机械工业出版社，1990.

[9] 陈明俊，李长红，杨燕. 武器伺服系统工程实践[M]. 北京：国防工业出版社，2013.

[10] 尔桂花，窦曰轩. 运动控制系统[M]. 北京：清华大学出版社，2002.

[11] 汤天浩. 电力传动控制系统（上册:基础篇）[M]. 北京：机械工业出版社，2015.

[12] 汤天浩. 电力传动控制系统-运动控制系统[M]. 北京：机械工业出版社，2010.

[13] 张红莲，王立玲，刘崇伦，等. 电机与电力拖动控制系统[M]. 北京：机械工业出版社，2013.

[14] 张兴，张崇巍. PWM整流器及其控制[M]. 北京：机械工业出版社，2017.

[15] 卢京潮，赵忠，刘慧英，等. 自动控制原理[M]. 北京：清华大学出版社，2017.

[16] 刘丁. 自动控制理论[M]. 北京：机械工业出版社，2016.

[17] 许丽佳，罗航，庞涛. 自动控制原理[M]. 北京：机械工业出版社，2020.

[18] 黄坚. 自动控制原理及其应用（第3版）[M]. 北京：高等教育出版社，2018.

[19] 胡寿松. 自动控制原理（第7版）[M]. 北京：科学出版社，2019.